油库建设与管理百问百答

马秀让　徐浩勐　主编

中国石化出版社

内 容 提 要

本书将油库工程建设准备、油库工程设计工作、油库工程总体设计、油罐及罐区设计与建设、油品装卸区设计与建设、油库管路建设、油库附属建筑工程建设等油库建设与管理者必须掌握的知识，归纳出110个有针对性的问题并解答，并配有相关图表，具有知识性、适用性和针对性的特点。

本书可供油库建设与管理者使用，也可供石油院校相关专业师生参考。

图书在版编目(CIP)数据

油库建设与管理百问百答 / 马秀让，徐浩勐主编．
—北京：中国石化出版社，2021.3
ISBN 978-7-5114-6150-6

Ⅰ.①油… Ⅱ.①马… ②徐… Ⅲ.①油库-建设-问题解答②油库管理-问题解答 Ⅳ.①TE972-44 ②F407.22-44

中国版本图书馆 CIP 数据核字(2021)第 042845 号

中国石化出版社出版发行

地址：北京市东城区安定门外大街 58 号
邮编：100011　电话：(010)57512500
发行部电话：(010)57512575
http://www.sinopec-press.com
E-mail：press@sinopec.com
北京柏力行彩印有限公司印刷
全国各地新华书店经销

*

710×1000 毫米 16 开本 18 印张 321 千字
2021 年 4 月第 1 版　2021 年 4 月第 1 次印刷
定价：78.00 元

《油库建设与管理百问百答》编委会

主　审　郭守香　齐本军

主　编　马秀让　徐浩勐

副主编　穆祥静　许胜利　张文想　王立明

　　　　范尚武

编　委　(按姓氏笔画为序)

　　　　马月红　王俊杰　刘　刚　刘志文

　　　　杨　恩　吴　锴　沈伟伟　屈再生

　　　　赵长龙　赵希凯　秦朝臻　徐伟达

　　　　曹振华　彭　杨　谭　冠

前言

Preface

油库是易燃易爆的危险场所，搞好油库建设与管理必须懂得多学科知识，既要靠完善的管理规章制度，还要靠广泛吸取宝贵的经验。这些经验的积累就要依靠长期的工作实践，而且要不断地实践、总结、提高。

编者将过去发表的专业文章，及在油库报告会、座谈会、培训班做的报告、演讲、授课时资料，经收集、修改，加上油库建设与管理者在建设与管理中遇到的问题及必须掌握的知识，共归纳了110个问题，并以最新理论、现行规范标准等对110个问题深入解析，写成《油库建设与管理百问百答》一书。

本书编者均为油料专业毕业，有的是油库一线的专家，有的是科研与教学精英，有的是技术骨干，他们均有坚实的专业理论基础和丰富的工作实践经验。所以本书实是油库建设与管理专家技术成果的精选与提炼，是油库建设与管理经验的总结与发挥，值得内行探讨、读者借鉴。

本书虽以问答形式编写，针对性强，但不是一问一答，而是以某一方面问题为中心展开论述，对问题讲得比较透彻、全面，可以使读者从一个问题中举一反三地学到不少知识。对深入理解科学知识、领会规范标准、吸收先进成熟经验，可起到引领作用，可供油库管理和建设者使用，也可供石油院校相关专业师生参考。

本书在编写过程中得到专家的指导、编者单位的支持，并参考了同类书籍，在此一并表示感谢。

由于油库涉及专业面较广，学术性较强，本书难以将油库问题全部说到，将每个问题都讲透，恳请同行指正，欢迎读者批评。

马秀让

目录

Contents

上篇　油库工程建设问答

下篇　油库业务管理问答

上篇
油库工程建设问答

CHAPTER 1 / 第一章

油库工程建设准备阶段问答

【001】油库工程建设应遵循什么程序及依据

油库建设全面、广泛、深层的含义包括物、人、精神的建设，所谓物的建设就是工程建设，人的建设就是编制体制、人员选择、培养、使用的建设，精神建设就是人的政治思想建设。油库工程建设是油库的基础建设，属油库的硬件建设，是油库建设的首要任务，是为油库其他建设创造条件的建设，所以必须首先抓好。油库工程建设应遵循什么程序及依据，是油库工程建设首先应确定的问题，也是油库工程建设和管理人员应掌握的常识。

（一）油库工程建设应遵循的程序

油库工程建设程序，随工程规模、复杂程度的不同而有所增减，其通常建设程序为：工程立项及选址→工程勘察→工程设计→工程材料、设备采购→工程施工→工程检查验收→投产试运行。对于有些简单工程或小型工程，有些程序可以合并进行，这需要建设单位与承建单位商量确定，并报上级批准后实施。

1. 工程立项及选址

（1）工程立项的程序及选址，不同行业、不同时期有所不同，但工程立项的一般程序却大同小异，通常为：建设单位提出项目建议书或可研报告，并会同有关单位选址→建设单位编写立项申报文件→按审批程序和权限逐级上报相应的业务主管部门→报请当地规划、消防、环保、建委、发展改革委等有关部门审批→本系统上级对同意建设的工程项目正式批复。

（2）工程立项申报文件的内容，不同行业、不同时期、申报本系统和申报当地政府有关部门的要求也有所不同，其主要内容应包括：

① 工程新建或改、扩建的必要性和可行性；

② 建设位置（油库选址附图）及占地面积；

③ 建设项目、形式、规模、油料品种及储/输油能力；

④ 地形、地质、交通、水电等情况；

⑤ 计划开工、竣工时间；

⑥ 投资及经费来源等。

2. 工程勘察、设计

工程勘察与设计密不可分，通常由一个单位承担。勘察、设计队伍的选择及对勘察、设计的具体要求将在本章的第五、第七个问题和第二章详细介绍。

3. 工程材料、设备采购

工程材料、设备采购，大体上有两种方法：一是由建设单位自己采购直接供应；二是由施工单位总承包方负责采购。不管何种采购，所采购的材料、设备的名称、型号、规格、性能指标、形状尺寸等都应符合设计要求；设计无具体要求时，应符合国家和行业标准。要求产品质量可靠、技术资料齐全、有检验合格证书。

4. 工程施工和检查验收

选择施工单位在本章第七个问题中介绍。施工准备、组织施工、质量管控和检查验收在第九章中专门介绍。

5. 工程投产试运行

油库工程竣工验收后到正式投产前，应有投产试运行程序，目的是整体检验油库设备设施的运行情况、安全储油情况。

（二）油库工程建设应遵循的依据

油库工程建设包括勘察、设计、施工、验收的全过程，工程建设依据也应包括这些阶段应遵循的内容，归纳起来可分为文件依据和标准依据两类。

1. 油库工程建设主要文件依据

（1）发展改革委、建设部、消防局、环保局、审计局等国务院相关部门，关于工程建设的土地利用、建设标准、工程质量、消防安全、环境保护、经费控制等有关文件。

（2）中国石油、中国石化、中国海油、中国航油等企业，关于油库工程建设的有关文件。

（3）工程招标、投标、合同签订法规文件等。

2. 油库工程建设主要标准依据

（1）国家和行业工程建设综合类标准；

（2）油罐、管线及工艺设备类建设标准；

（3）防火消防类标准；

（4）电气仪表自动化类标准；

（5）建筑与结构类标准；

（6）设备设施防腐类标准等。

以上这些标准中每种又包括工程设计、施工、质量验收的标准。

（三）懂得工程建设程序及依据的必要性

油库工程建设通常是投资巨大、多个单位参加、建设时间很长、管理很复杂的过程，所以必须严格遵守工程建设程序及依据，才能使工程建设顺利推进，才能保质保量完成工程任务，才可创造优质工程，否则可能造成返工浪费，延误工期，保证不了工程质量。如：过去有的工程建设边设计、边施工，个别工程甚至无设计就施工，不按正确的工程建设程序进行，虽然一开始加快了工程进度，但保证不了工程质量，造成返工浪费，最终反而延长了工程进度；有的工程设计未遵循设计规范，工程施工违背施工规程，未遵守工程建设依据，影响了工程质量，为将来管理留下了隐患。这些教训充分说明严格遵守工程建设程序及依据的必要性，也提醒工程建设和管理人员掌握工程建设程序及依据的必要性。

【002】怎样编制《油库工程建设项目建议书》和《油库工程建设项目可行性研究报告》

《油库工程建设项目建议书》和《油库工程建设项目可行性研究报告》均应由油库建设单位组织编制，或建设单位委托设计单位编制，但应由建设单位上报本系统上级部门。对于小型油库或技术不复杂的油库工程，也可不编制《油库工程建设项目可行性研究报告》。

（一）怎样编制《油库工程建设项目建议书》

《油库工程建设项目建议书》重点是阐明建库的必要性，是建设单位根据石油经营需求及建设长远规划要求，经过调查预测，结合本地区、本系统的具体情况，提出拟建油库项目，申报上级审批的技术文件。其主要内容如下。

1. 区域油库现状和建库的必要性

分析拟建库区域现有油库的分布、容量、储油品种及油品消耗情况和保障程度，预测区域今后油品消耗的增长情况，进而说明建库与否对地区经济发展与现代化建设的影响。

2. 建库的规模和内容

根据计划经营任务量或应达到的储备和供应量，按照规定的周转系数(周转次数)，计算出各种油品的理论容量，再考虑适当的安全系数，得出油库建设规模。再根据油库规模，经营或储备性质和任务，确定建库内容和主要辅助项目、人员编制以及行政管理和生活福利设施等。

3. 库址的选择

应阐明所选库址能满足建库规模和建设内容的需要；论述库址符合地域发展规划及环境保护和安全要求；讲清与相邻单位和有关部门的协调意见及会签手

续；分析建设成本、建成后的安全运行、经营费用及社会效益等。

4. 平面布置方案及工艺流程

简单绘制平面布置图、工艺流程方案。

平面布置图应能标明拟建库方位、友邻单位情况、交通道路状况，与电力、水源距离等。图上无法标明者，应用文字说明。

工艺流程方案应标出油库收油、发油、倒罐、管路放空等作业中油品流向及流动方法。

5. 筹建机构和人员配备

提出筹建机构、人员配备和筹建管理费用；提出投产后油库人员编制，为计算行政管理和确定生活设施提供依据。这也是考核经济效益的一项内容。

6. 主要设备和材料及投资估算

根据拟建库的各个项目及工程量，按照现行地方概算、预算定额及市场价格，概算主要设备和材料的数量，估算拟建各个项目的投资，并进行汇总。

7. 资金来源

资金来源有国拨、银行借贷、自筹、利用外资等，或者两种、多种资金来源结合。

在申报时，可同时提出建设资金来源请求。若有国外引进项目，必须专门办理申请手续。

8. 建库项目及工期安排

说明设计、开工及竣工投产的日期。建库项目建议书中无需将施工计划编写得太具体。

9. 经济效益分析

建库项目建议书对项目经济效益应作出粗略评估。经济效益应包括单位效益、社会效益，军用油库尚应说明军事效益。

10. 建库项目建议书附件

（1）建库的各个项目及投资估算表；

（2）主要设备和材料汇总表；

（3）筹建组织及人员编制表；

（4）地理位置及地形图；

（5）总平面规划方案图；

（6）工艺流程图；

（7）主要建筑物简图。

（二）怎样编制《油库工程建设项目可行性研究报告》

在《油库工程建设项目建议书》的基础上，对油库工程建设项目可行性的进一步论证。根据可行性研究结论，报请上级审批的报告，即称《油库工程建设项目可行性研究报告》。

可行性研究报告是油库工程建设项目能否成立的主要依据，应对建设的必要性和可行性，建库设定方案的先进性、适用性、经济性、合理性、安全性、可靠性，以及建设项目的经济、社会效益进行研究和评估。编制可行性研究报告的主要内容如下。

1. 建库的必要性

（1）在《油库建设项目建议书》的基础上，进一步预测分析建库对区域经济发展、能源结构调整、国防建设的保障，肯定和充实建设项目的必要性。

对扩、改建的油库，还要说明油库现有概况及存在问题，阐明对油库扩、改建的必要性。

（2）根据全国或某一地区油库供应网点（或储备点）的合理布局，详细调查分析该供应范围内的年销售量及今后发展远景。

① 根据前3年经营（生产）实际情况，预测未来5~10年的发展及资源、货源（原料）和运输流向情况。

② 阐明经营地区内其他兄弟企业的经营情况。对扩、改建的油库还应说明本油库原有设备能力同拟建油库建设项目的关系和影响。

③ 阐明油库的建设规模及业务范围，如：油库的总容量和储存油品的种类及各自的储油容量（或各自的年周转量及年周转数）；散装油品和整装油品的比例（包括储存和发放）；散装油品的装卸能力和桶装油品的灌装能力；辅助作业内容及处理量。

2. 建库的可行性

（1）选址方案及建库条件：

① 建库地址多方案比较与选择意见；

② 库址的地理位置及社会政治经济现状；

③ 库址的气象、水文、地质、地形条件；

④ 库址的交通运输、水、电、气等现状条件和发展规划、趋势；

⑤ 职工生活福利的安排设想；

⑥ 对扩、改建的油库还应说明原有房屋建筑、设备的利用改造、拆迁意见。

（2）主要协作条件落实情况：

① 城建、规划、消防、环保等部门，对征用土地、选址、消防、“三废”等有关方面的书面意见；

② 所需公用设施的数量（如水、电、气）、供应方式的有关协议；

③ 交通、铁路、航运部门对公路走向、铁路专用线接轨、修建码头等协作条件的协议文件；

④ 其他协作条件和有关部门的协议文件。

3. 可行性研究的主要内容

（1）核准的企业投资项目：从建设项目功能定位，国民经济和社会发展角度论证必要性：具体应做市场分析、建设方案、投资估算、融资方案、财务分析、经济分析、经济影响分析、资源利用分析、土地利用及移民搬迁安置方案分析、社会评价或社会影响分析、敏感性分析及盈亏平衡分析、风险分析，最后得出结论与建议。

（2）对于备案的企业投资项目，其可行性研究报告内容可以适当简化。

（3）其他投资项目：对于政府投资建设的社会公益性项目、公共基础设施项目和环境保护等项目，除上述各项内容外，还应包括：政府投资的必要性；项目需实施的代建制方案；政府投资项目的投资方式。对采用资本金注入方式的项目，要分析出资人代表的情况及其合理性；对没有营业收入或收入不足以弥补运营成本的公益性项目，要从项目运营的财务可持续性角度，分析、研究政府提供补贴的方式和数额。

4. 可行性研究的深度

（1）内容齐全、数据准确、论据充分、结论明确，满足决策者定方案、定项目需要；

（2）主要设备的规格、参数满足预订货要求，引进技术设备的资料满足合同谈判要求；

（3）重大技术、财务方案，应有两个方案以上比选；

（4）主要工程技术数据，应满足项目初步设计要求；

（5）建设投资和生产成本的估算应采用分项详细估算法；

（6）融资方案应满足项目资本金筹措及使用计划对投资数额、时间和币种的要求，满足金融机构信贷决策的需要；

（7）应反映可行性研究过程中出现的某些方案的重大分歧及未被采纳的理由；

（8）应附有评估、决策审批所需的合同、协议和城市规划、土地使用、资源利用、节约能源、环境保护、水土保持、交通运输等相关主管部门的意见，出具相应行政许可文件。

5. 附图及附表

应附关于油库选址的“库址位置图”、油库总平面设计方案的“油库总图”等；应附油库主要设备设施及材料表、工程投资及不同方案的造价比较表等。

【003】怎样编制《油库工程设计任务书》和《油库工程建设总体部署》

《油库工程设计任务书》和《油库工程建设总体部署》均应由油库建设单位组织编制，或建设单位委托设计单位编制《油库工程设计任务书》，委托施工单位编制《油库工程建设总体部署》，但两份文件均应由建设单位上报本行业上级部门。对于小型油库或技术不复杂的油库工程，也可不编制《油库工程建设总体部署》。

（一）怎样编制《油库工程设计任务书》

1. 油库工程设计任务书编制依据

（1）上级批准的油库工程建设项目建议书或可行性研究报告；

（2）油库工程建设前有关会议纪要、上级指示等；

（3）与油库设计有关的合同、协议；

（4）《石油库设计规范》及其他有关设计规范、规定、标准等；

（5）油库设计有关基础资料等。

2.《油库工程设计任务书》的主要内容

（1）建库战略意图和设计指导思想：根据国家的方针政策和行业的建库要求，提出对设计的指导思想。

（2）建库依据：建库依据同设计任务书编制依据。

（3）建库地点：说明库址位置、相邻单位和占地面积及征地和拆迁情况。

（4）建库条件：油库地理位置、地形、地质、气象、水文、交通、水电及材料供应等情况；当地社会政治、经济现状；临近单位和企业可协作的项目及消防力量等。

（5）建库规模：油库总容量；储油品种及各种油品储量或储存比例；罐装和桶装油料的分别储量或储存比例；罐装油料的装卸能力和桶装油料灌装能力；辅助作业的项目容量及建筑面积；办公生活用房的面积；油库体制和人员编制等。

（6）主要建筑、构筑物的结构形式及建筑装修标准，如：油罐、油泵站、铁路收发油栈桥、桶装库、器材库、化验室、油料更生间、洗修桶间、机修间等结构形式及装修标准。

（7）主要系统的设计方案或设计要求：

① 油工艺系统：铁路收发油流程；码头收发油流程；汽车发油和油桶灌装流程等的设计方案或设计要求。

② 给排水及消防系统：水源、水量、水压及水管网布置和水处理等设计方案或设计要求。

③ 供热系统：热源选择、黏油加热方式、管网敷设等设计方案或设计要求。

④ 供电及通信系统：电源选择、配电分区、通信网络等设计方案或设计要求。

⑤ 油库信息化、自动化、机械化设计程度和要求等。

(8) 技术要求：油库库区绿化、环境保护及抗震、人防等技术要求。

(9) 建库进度：设计、施工单位落实情况，设计期限及开工、竣工时间。

(10) 工程投资：投资总概算及分期投资控制额；概算定额选择及取费标准。

(11) 对设计的基本要求：设计分段、设计时间、设计人员素质及设计质量保证措施、设计文件的审批程序及要求、对设计文件的保密要求。

(12) 其他：其他需要说明的问题。

(二) 怎样编制《油库工程建设总体部署》

《油库工程建设总体部署》的编制工作由油库建设单位在可行性研究报告批准和项目管理机构组建后开始筹划，在初步设计批准后一个月内编制完成。

《油库工程建设总体部署》应以国家或上级部门批准的可行性研究报告、初步设计文件为依据，结合工程实际情况进行编制。

编制《油库工程建设总体部署》应结合本工程项目实际和工程建设特点，对工程项目管理机构、勘察设计、物资采办、施工生产准备、施工管理及方法、竣工验收、投料试车、外事工作、资金筹措等各项工作通盘考虑，做出部署安排。不同工程可根据实际情况调整增减内容，但总体框架不变。

《油库工程建设总体部署》中的工期、质量、投资控制指标，依据批准的可行性研究报告或初步设计、国家或行业法规，要体现其严肃性，做到切实可行、便于操作。

《油库工程建设总体部署》要有明确的质量方针、目标，以及保证设计、施工、物资采办、试运投产生产准备等要求的主要措施。

《油库工程建设总体部署》作为申请开工报告的附件。

《油库工程建设总体部署》编制提纲举例如下，供参考。

1. 前言

主要阐述编制依据、目的和原则。

2. 总论

(1) 工程概况：

① 建设依据：包括国家、部门批准的项目建议书批复和可行性研究报告批复、初步设计批复、环境影响报告书批复、劳动安全卫生预评价报告批复等批准立项文件。

② 建设意义：是指对国家、地方、社会及经济的意义。

③ 工程现场条件：包括地理位置、气象条件、工程及水文地质、原材料、燃料及水、电等来源、交通运输条件等。

④ 环境影响及保护：说明工程项目的主要污染源、污染程度、控制指标及治理、监测措施。

⑤ 主要建设内容及主要实物工程量。

⑥ 综合技术经济指标：说明工程项目的建设规模、主要设计技术经济指标、工程占地面积、总定员、总投资、效益预测、三材消耗。

⑦ 工程建设特点：包括工程建设组织、设计、施工、环境和社会依托等方面。

（2）工程建设指导思想和管理目标：工期控制管理目标，质量控制管理目标，投资控制管理目标，安全施工控制管理目标。

（3）外部条件：与地方政府劳动、消防、环保、工业卫生、技术监督、海关等部门有关手续办理的安排意见；工程建设中需要有关部门协调解决的重大问题。

3. 项目管理

（1）项目管理模式、管理机构图、管理机构职责分工、工程监理的单位确定及监理的范围和内容。

（2）工程进度控制：工程综合进度安排原则的说明；工程建设总体网络计划及关键控制点；保证工期的措施；进度控制工作流程图。

（3）质量控制：工程质量保证体系图；质量控制流程图及控制程序；质量控制的措施。

（4）投资控制：概算总投资及其费用的构成；分年度建设资金需用计划；资金管理工作程序；投资分解控制指标，按批准的概算控制投资的措施；控制现场签证的措施。

（5）安全管理：现场施工安全管理的主要措施；预试车和投料试车安全管理的主要措施；事故预案及演练安排。

4. 设计管理

（1）概况：可行性研究报告及初步设计审批情况；设计单位选择原则及设计分工情况；设计工作进度并列表说明；工艺流程及设计特点简述。

（2）管理：设计管理工作流程；建设单位对设计文件质量和进度的要求及保证措施；组织施工图设计交底、图纸会审、设计现场服务措施；对技术谈判、设计合同及设计总的管理措施；控制设计变更的措施。

5. 物资采办管理

（1）概况：概述工程物资采购总量(包括品种、数量、金额)；根据工期安排和关键控制点简述并列表说明主要设备及三材的计划交货时间。

（2）管理：物资采办的工作程序及网络；采取招标采购，控制采购资金的措施；器材设备到货与工程进度衔接的保证措施，对长周期及关键设备订货的组织和管理措施；保证设备材料订货质量的措施。

（3）设备材料接、保、检、运：设备材料检验，包括检验机构设置及职责；检验工作程序及工作制度；不合格器材设备的处理措施；设备材料的运输、接收和保管；超限大件汇总情况；超限大件运输主要措施。

6. 施工管理

（1）施工任务落实：施工任务特点；工程标段划分及施工队伍招标选择。

（2）进度计划：施工总体网络计划编制原则、部署意见、管理目标及关键控制点；施工总体进度计划网络图（按月做一级总体网络，图面应做到主次线路分明）；交叉施工方案及措施。

（3）重大技术措施：工程施工难点、新工艺、新技术、新材料及特殊施工要求所采取的重大技术措施；特殊施工机械的需求及解决方案、说明及汇总；冬季、雨季、高温等环境下的施工措施。

（4）施工总平面管理：施工现场总平面布置原则及总平面布置图；施工总平面管理和现场文明施工管理措施；工地施工用水、电、路、通信、汽等需用量和实施方案；施工用大型预制厂、站的设置原则及实施方案；大型临时设施布置情况。

（5）施工质量管理：质量管理方针和目标；质量保证体系、控制要素与控制程序；工程质量监督的申报意见；工程检测任务的安排意见；制定施工质量奖惩办法的原则意见。

（6）投资控制措施：按施工顺序的要求，合理安排各单项工程进度及资金使用计划的措施；控制现场签证的措施；施工技术方案经济性优化措施。

7. 外事管理

（1）引进工作程序。

（2）外方人员现场服务满足工程需要的措施。

（3）外文技术资料翻译与管理。

（4）出国培训业务管理。

8. 生产准备及试车

（1）生产准备：生产管理机构、编制及定员；人员培训及进厂计划；生产物资准备安排及产品销售市场情况；生产提前介入设计、物资采办、施工的安排。

（2）试运投产：试运投产方案编制。

9. 竣工验收

（1）竣工验收资料的收集归档安排。

（2）竣工验收计划时间安排。

10. 附图、附表

应附“油库施工平面布置图”等；应附油库施工用主要设备及材料表等。

【004】怎样选择油库库址

选好库址是建好油库的关键一步，关系到油库与周围单位的共同安全、油库将来管理难易程度、经营效益、发展前景等，所以库址选择一定要遵循以下原则，经过如下过程。

（一）选址原则

选址原则在《石油库设计规范》(GB 50074—2014)规范中有所要求，现摘编如下。

（1）油库的库址选择应根据建设规模、地域环境、油库各区的功能及作业性质、重要程度，以及可能与邻近建(构)筑物、设施之间的相互影响等，综合考虑库址的具体位置。并应符合城镇规划、环境保护、防火安全和职业卫生的要求，且交通运输应方便。

（2）为城镇服务的商业油库，在符合城镇规划、环境保护和防火安全要求的前提下，应靠近城镇，以便减少运输距离，保证及时供油。

（3）企业附属油库的库址，应结合该企业主体工程统一考虑，并应符合城镇或工业区规划、环境保护和防火安全的要求。

（4）油库的库址应具备良好的地质条件，不得选择在有土崩、断层、滑坡、沼泽、流沙及泥石流的地区和地下矿藏开采后有可能塌陷的地区。

（5）人工洞油库的库址，应选在地质构造简单、岩性均一、石质坚硬与不易风化的地区，并宜避开断层和密集的破碎带。覆土立式油罐区宜在山区或建成后能与周围地形环境相协调的地带选址。

（6）一、二、三级油库的库址，不得选在地震基本烈度为 9 度及以上的地区。一级石油库不宜建在抗震设防烈度为 8 度的Ⅳ类场地地区。

（7）油库应选在不受洪水、潮水或内涝威胁的地带；当不可避免时，应采取可靠的防洪、排涝措施。

（8）一级油库防洪标准应按重现期不小于 100 年设计；二、三级油库防洪标准应按重现期不小于 50 年设计；四、五级油库防洪标准应按重现期不小于 25 年设计。

（9）当库址选定在海岛、沿海地段或潮汐作用明显的河口段时，库区场地的最低设计标高，应高于计算水位 1m 及以上。在无掩护海岸，还应考虑波浪超高。计算水位应采用高潮累积频率 10%的潮位。

(10) 油库的库址应具备满足生产、消防、生活所需的水源和电源的条件，还应具备污水排放的条件。

(11)《石油库设计规范》(GB 50074—2014)规范要求，油库与库外居住区、公共建筑物、工矿企业、交通线的安全距离，不得小于本规范中表 4.0.10 的规定。

(12)《石油库设计规范》(GB 50074—2014)规范要求，企业附属油库与本企业建(构)筑物、交通线等的安全距离，不得小于本规范中表 4.0.16 的规定。

(13)《石油库设计规范》(GB 50074—2014)要求，相邻两个油库之间的安全距离应符合下列规定：

① 当两个油库的相邻储罐中较大罐直径大于 53m，两个油库的相邻储罐之间的安全距离不应小于相邻储罐中较大罐直径，且不应小于 80m。

② 当两个油库的相邻储罐直径小于或等于 53m，两个油库的任意两个储罐之间的安全距离不应小于其中较大罐直径的 1.5 倍，对覆土罐且不应小于 60m，对储存Ⅰ、Ⅱ级毒性液体的储罐且不应小于 50m，对储存其他易燃和可燃液体的储罐且不应小于 30m。

③ 两个油库除储罐之外的建(构)筑物、设施之间的安全距离应按本规范表 5.1.3 的规定增加 50%。

(14)《石油库设计规范》(GB 50074—2014)要求，当重要物品仓库(或堆场)、军事设施、飞机场等，对与油库的安全距离有特殊要求时，应按有关规定执行或协商解决。

(15) 油库的储罐区、水运装卸码头与架空通信线路(或通信发射塔)、架空电力线路的安全距离，不应小于 1.5 倍杆(塔)高；油库的铁路罐车和汽车罐车装卸设施、其他易燃可燃液体设施与架空通信线路(或通信发射塔)、架空电力线路的安全距离，不应小于 1.0 倍杆(塔)高；以上各设施与电压不小于 35kV 的架空电力线路的安全距离不应小于 30m。

(16) 油库的围墙与爆破作业场地(如采石场)的安全距离，不应小于 300m。非油库用的库外埋地电缆与油库围墙的距离不应小于 3m。

(17) 油库与石油化工企业之间的距离，应符合现行国家标准《石油化工企业设计防火规范》(GB 50160)的有关规定；油库与石油储备库之间的距离，应符合现行国家标准《石油储备库设计规范》(GB 50737)的有关规定；油库与石油天然气站场、长距离输油管道站场之间的距离，应符合现行国家标准《石油天然气工程设计防火规范》(GB 50183)的有关规定。

(二) 选址过程

1. 初选库址

根据拟建油库的性质、级别、经营油品的种类和数量、国家有关部门制定的油品总流向、供销关系、批复的投资总额及资金来源，拟建油库地区油罐有关政策、法规，建库地区的地形地质、水文气象、水电供应、交通状况等资料，结合当地建设项目用地规划，在区域地形图上进行选址，一般初定2个以上库址，上报建设单位。

2. 库址比选

库址方案比选，一般包括下列内容：

（1）当地政府的支持度：库址区域规划；土地所有性质；土地价格；与建库有关的其他项目扶持力度。

（2）技术条件比较：库址位置与附近城乡关系；场地及线路占用农田数量及拆迁情况；可利用的用地面积；地形地势情况；土石方工程量；工程地质情况；库址周边环境情况；交通运输情况；供水、排水、供电、消防设施、电信情况；协作情况；施工条件等。

（3）基建投资比较：征地费用；占地、拆迁补偿费；土石方工程及场地整治费；库外市政工程依托或开口费(包括供电、供水、电信、排水、消防、道路衔接等)；铁路工程(包括桥涵、隧道、设备及运输设施等)；公路工程(包括桥涵、隧道、路段迁移或扩宽、设备及运输等)；水运工程(包括码头、防洪、排洪等)；基建办公费；设计费、投标费、评估费、监理费；测量费、地质勘察费；其他费用等。

【005】怎样做好油库库址的勘察

油库库址勘察是对所选库址的最后确认，也是为设计收集的重要的第一手基础资料，必须认真对待，工程建设勘察经过初勘和复勘两个阶段，具体要求如下。

（一）工程建设初勘要求

1. 初勘时机

初勘时机应选择有利于勘察的季节，有利于提高勘察效果，有利于观察地形、地质构造等情况。

2. 勘察中调查的主要内容

在初勘阶段，通过对初勘点的调查，主要是摸清初勘点的自然、经济、政治等情况。方法是向当地群众和有关部门做深入细致的调查，力求准确、全面地弄清各种情况。

（1）自然条件：包括地理位置、地形、地质、水文、气候等。

① 地理位置：指初勘点的地点(如省、县、乡、村、沟名)及附近情况。

② 地形：初勘点的山形、相对高度、海拔高度、坡度、山体肥瘦、山腿长短、走向等；沟形、沟长、沟底宽度、坡度、支沟分布、隐蔽程度等；植物的种类、分布、凹凸地、雨裂、冲击沟等。

③ 地质：地质构造、岩石性质、名称、坚硬系数；岩层分布、走向、褶曲、岩层的风化程度；其他各种地质现象，如土质、矿种、有无利用价值、有无地震历史等。

④ 水文：水沟、河流、湖泊的深度、宽度、流量(m^3/s)、流速(m/s)；洪水期最高水位、平水期平均水位、枯水期最低水位、结冰期冰面水位、冰面厚度、水质情况等；地下水露头情况及其分布，水位和气候变化的关系，水文和地质构造的关系等。

⑤ 气候：年最高温度与最低温度，气温平均最冷与最热月份；雨季时间，年、月平均最大与最低降雨量，暴雨持续时间及最大雨量；积雪厚度等；风向、最大风速、风级；土地冻结厚度、时间与开化时间。

(2) 经济技术条件：包括交通、电源、水源、耕地、材料等。

① 铁路：预定接轨(中转)站名、站级、站况、货运量、机车牵引力、预定接轨点、车站与库址距离、线路坡度、曲率半径、路径地段的地形、地质以及是否需要建设桥梁、隧道、涵洞等。

② 公路：靠近初勘点的公路情况(如国防或民用)、公路等级、距离、通往方向，需要修建路段的长短、坡度、工程量等。

③ 水路：河宽、河深、码头地点、距离、最大通行吨位、通行条件等。

④ 电源：与外线电源距离、电压、容量、剩余容量、线路概况、电源性质(如工业用或农业用)、是否需要建变电所及接线的位置等。

⑤ 经济：有无较大的城镇、工矿、居民点及工农业发展情况。有无民用或国际航空线路通过；建库需占耕地、园林的数量以及居民的生活影响如何；建库时可能就地取材的种类、数量等。

(3) 社会政治条件：勘察点附近居民的分布、人口、成分以及需迁居民的数量；消防组织及训练情况；同时调查国家在勘察地区经济建设的发展规划以及居民对油库建设的反映等。

3. 选择地形

在库址选择的条件中，地形是主要条件之一，通过走、看、想，搞清库址的山、沟、石、水、路等自然情况，然后根据油库总体配置要求，全面地进行分析比较。地形条件的好坏，往往是库址选择的主要矛盾方面，它决定着能否容纳规划的油库容量及其是否符合建造各种技术设施的条件。

当油库容量较大时，采用固定铁路输转油料时，首先必须考虑满足修建铁路专用线的条件。当油库容量较小时，远离铁路干线和中转站，用汽车或用管路输转油料时，就应考虑修建公路和选择管路的走向问题。

4. 现场做总体配置方案

库址初勘阶段，对每个勘察点经过认真的现地勘测和调查研究后，根据库址选择的条件，拟建油库的规划，确定拟建油库各个区域的主要建筑和它们的相对位置，并将其绘制在地形图上，然后附以布置意见和必要的说明，以供进一步研究比较和选定。

5. 初步勘察报告

初勘阶段结束后，对有使用价值的库址，写出初勘报告，报请领导审议。

初步勘察报告的主要内容包括：勘察的依据；勘察的方向与地区；勘察的时间与参加人员；勘察点的地形、地质、水电、交通等情况；对勘察点的总体配置、优点、缺点与存在的问题提出处理意见，并附以总体配置示意图。

在初勘过程中，往往需要勘察许多点，经过反复研究比较，最后才能选定一个或几个条件较好的库址，有时在指定的勘察地域内很难选出比较合适的库址，这时应根据需要扩大勘察地域再行选择。

（二）工程建设复勘要求

1. 初勘与复勘的关系

复勘是对库址的进一步勘察。初步勘察报告经过上级审议后，为了对有使用价值的库址进行更全面的研究，进一步修订和充实总体配置方案，并对某些重大问题的处理提出具体意见，以便在初勘的基础上选出更为合适的库址，这时就要进行复勘工作。初勘是选择库址的基础，复勘是选择库址的关键。

2. 复勘的实施

复勘时除参加初勘的人员必须到场外，有关主管业务部门相关人员也应参加。复勘中一般应进行地形测量和地质勘探，设计单位应根据设计方案提出地形测量和地质勘探的重点和要求。一般经过复勘选定的库址，在条件上更加合适，使用的可能性也比较大。

通过复勘，根据主管业务部门意见，对总体配置方案再做某些必要的修订，整理好各种技术资料，并对油库建设提出具体意见，报请上级审批定点。

【006】油库建设需要收集哪些基础资料及通用资料

有无完整、准确的建设资料是决定油库建设是否合理、可靠的重要条件。因此，在进行勘察选址时应注意收集资料，作为油库工程建设的依据。一般应收集的资料概述如下。

（一）需收集的油库建设基础资料

需要收集的油库建设基础资料主要有如下内容：

(1) 位置及政治、经济资料：油库地点(如省、市、县、乡、村名)及库址周围社会政治经济条件，工、农、商业状况、征地搬迁情况、地方性行政收费项目及收费标准等。

(2) 地形资料：指山形、相对高度、海拔高度、坡度及走向；沟形、沟长、沟底宽度、坡度及支沟布置；植物种类及分布；地形自然防护隐蔽程度等。

(3) 地质资料：地质结构、岩层覆盖、岩层的完整性，岩、土的物化性质，地下水的特性、地震、有无开采价值的矿藏。

(4) 交通资料：

① 铁路：预定接轨中转站名、站级、站况；预定接轨点的轨面标高；车站与库址距离、线路坡度、曲率半径；路径地段的地形、地质以及是否需要建筑桥梁、隧道、涵洞等。

② 水运：历年平均最高水位和最低水位；最小通航保证深度、最大通行吨位、河流的封冻和开冻日期；沿岸泥沙淤积和沿岸冲刷情况；水深、水速、波高及回流等情况；现有码头的位置、结构及使用情况；新建码头的可能性，码头至库区距离及沿途地形情况等。

③ 公路：库外原有公路的名称、性质、起讫点、运输条件、公路等级、路基路面宽度，现有路面质量和养护情况；库外需建路段可能通过的沿线地形情况；库内与库外公路连接点的位置、标高、距库区距离；当地一般道路做法(结构层厚度及材料)、桥涵孔径等。

(5) 气象资料：气温、气压、空气湿度；降雨量、降雪量；风向风速；云雾及日照；土壤冻结最大深度、时间与开化时间；土壤性质及地下水位高度等。

(6) 水文及排水消防资料：地下水的特征及水位变化情况；历年洪水最高水位、50 年一遇的最高水位、泄洪沟的最大允许流量；供水方式(河水、井水、自来水)和水源地点；可能的最小供水量和水源的可靠程度；水质情况；作业及生活污水的排泄场地及对周围农田有无影响等；当地消防依托。

(7) 电源资料：线路概况；与外线电源距离；电压、容量、剩余容量；电源性质(如工业用或农业用)；供电的可靠性；系统短路电流及土壤电阻率；电费；是否需要建变电所与备用电源等。

(8) 电信资料：周边电话、转播站及各种信号及设备情况；电话、网络系统的型式；线路情况等。

(9) 供热、供气资料：

① 可能供给的热源和热量；接管点到油库的距离、管径、压力和流量；接

管点的坐标、标高；管道输送的动力、计量交接；蒸汽或热水的温度和价格。

② 可能供给的气量、气压及化学组分资料；接管点到油库的距离、管径；接管点的坐标、标高；管道输送的动力、计量交接；蒸汽或热水的温度和价格。

(10) 概(预)算资料：建筑材料和设备价格；交通单位运价；水电单价；建(构)筑物每平方米造价；地方工资、材料差价和换算率；当地的概(预)算定额等。

(11) 地形图收集：地理位置地形图，比例为(1：25000)~(1：50000)；区域位置地形图，比例为1：10000；库址地形图，比例为(1：500)~(1：2000)；库外铁路、库外公路；输水管线、排污管线、供电线路、油品输送管线、供热和供气管道等经过地带的带状地形图，比例为(1：500)~(1：2000)。

(二)需收集的油库建设通用资料

1. 油品特性

油品有易燃烧、易爆炸、易蒸发、易流动、有毒等特性，其特性数据是根据相关标准、规范综合整理的概念性数据，供油库工程设计管理中参考使用。

(1) 常用成品油的主要性质；

(2) 油品火灾危险性分类；

(3) 油品分类；

(4) 常用油品的闪点、燃点、自燃点、沸点、凝点；

(5) 常用油品的饱和蒸气压；

(6) 油品爆炸极限及爆炸压力；

(7) 油罐储存油品损耗的影响因素；

(8) 油品损耗标准；

(9) 油品的密度及换算；

(10) 油品的体积及换算；

(11) 几种油品受热体胀系数；

(12) 常用油品的运动黏度；

(13) 油品储存年限。

2. 常用材料的主要物理性质

天然石材、散粒材料、砖、混凝土、木材、金属、塑料等的主要物理性质。

3. 土壤的特性

土壤的容重、内摩擦角、坚实系数、弹性系数、与管体的摩擦系数等。

4. 常用钢材的规格及相关参数

常用钢板理论质量；热轧圆钢、方钢、六角钢理论质量；角钢规格及相关参数；热轧扁钢规格及理论质量；槽钢规格及相关参数等。

5. 自然环境

主要城市的气象资料、风级划分及风压变化系数、降雨量强度划分；主要城市雷暴日、地震震级与烈度等。

【007】怎样选择油库建设队伍

油库建设队伍主要有油库勘察队伍、设计队伍、施工队伍、监理队伍、设备和材料采购供应队伍等5类。有的设计单位也可勘察，所以勘察与设计也可由同一单位承担。油库建设队伍通常由油库建设单位或建设单位的上级单位选择。

建设队伍直接承担建设任务，建设质量的好坏与建设队伍有直接关系，所以选择建设队伍必须受到重视。

(一) 油库建设队伍选择中存在的问题

过去在建设队伍选择中有的建设单位存在如下问题：

(1) 有的工程项目按规定要求招标的没有招标，而直接找一个认为称职的单位来承担，甚至个别建设单位找不称职的关系户来承担。

(2) 有的建设单位虽然招标了，但招标方式不符合招标规定；或者有的在评标中有不公正的暗箱操作。

(二) 油库工程正确的招标方式

油库工程招标的方式分为公开招标和邀请招标两种。

1. 公开招标

(1) 招标人以招标公告的方式邀请不特定的法人或者其他组织投标。招标公告，应当通过国家指定的报刊、信息网络或者其他媒介发布。全部使用国有资金投资或者国有资金投资占控股或者主导地位的以及国家重点项目，应当依法公开招标。

(2) 招标公告应当载明招标人的名称和地址、招标项目的性质、数量、实施地点和时间以及获取招标文件的办法等事项。

2. 邀请招标

招标人以投标邀请书的方式邀请特定的法人或者其他组织投标。有下列情形之一的，经批准，可邀请招标。

(1) 技术复杂或者有特殊要求、只有少数潜在投标人可供选择的；

(2) 受资源和环境条件限制、只有少数潜在投标人可供选择的；

(3) 其他不适宜公开招标的。

邀请招标，应当向三个以上具备承担招标项目的能力、资信良好的特定法人或者其他组织发出投标邀请书。

(三)油库工程招标的过程

油库工程招标的过程大体分为以下五步:

第一步,发出招标邀请

发出招标公告,让有意投标的单位初步了解招标的有关事宜,从而确定是否参加投标。

第二步,出售招标文件

将招标文件出售给投标单位,让其详细了解投标范围、性质、要求等有关内容,为做投标文件准备有关资料。

第三步,组织投标单位赴现场踏勘

使投标人有感性认识,了解现场实际,找到项目特点、难点,为做投标文件(或初步设计方案)等收集资料。

第四步,组织开标、评标

招标单位组织开标、评标,通过评标,确定中标候选人,写出评标报告。

第五步,签订合同

招标单位(建设单位)与中标单位签订合同。

(四)油库工程招标文件的主要内容

招标人或招标代理机构应当根据招标项目的特点和需要,编制招标文件。招标文件一般由下列部分组成:

(1)投标人须知:包括投标方法和标准、编制投标文件的要求、投标方式、投标截止时间、开标地点和投标有效期。

(2)合同主要条款及协议书格式。

(3)要求投标人提供的资格和资格证明、投标函及附件、履约担保证件、授权委托书的格式和说明。

(4)投标价格要求及其计算方法。

(5)技术条款:包括招标项目范围、性质、规模、数量、标准和主要技术要求及交货或者提供服务时间。

(6)图纸或者其他应提供的资料。

(7)其他应当说明的问题。

(五)从招标不理想中找到关键点后取得理想的结果

某油库系统的上级部门为本系统油库选择设计队伍招标时,评标选出的设计单位总不理想。有一次选出的洞式油库设计单位,从来就没有设计过这类油库,而设计洞库很擅长的单位却落选。从多次失败的教训中找到了招标文件应重视的三大关键点:其一是计算好招标的综合标底,综合标底定得过高或过低都选不到合适的队伍;其二是评分标准及打分方法,这一点最重要,选择油库建设队伍,一定要将供油方面的项目分数占的比例提高，才能选到油库建设的专业队伍；其三是查看该单位曾经的业绩及从事过的专业工程，一定要选择业绩多、专业对口的单位。后来按这三点修改了打分标准和评分办法，果然找到了理想的队伍。

（六）要掌控入场工作的人员组成

选中好的建设队伍后，不能只看单位，而应掌控好入场工作的人员组成，综合考虑人员的知识结构、专业搭配、工作经历、男女比例、年龄层次等情况，以保证工程建设质量。

CHAPTER 2 / 第二章

油库工程设计工作问答

【008】油库工程设计应分几段及各段应达到怎样的深度

油库建设单位和管理部门想要成为确定设计分段和审查设计文件的内行，必须要清楚油库工程设计分为哪几个阶段，每段应达到什么样的深度。

（一）油库工程设计应分几段

按照国家建委关于颁发试行的《设计文件的编制与审批办法》的通知，一般工程建设项目按两个阶段进行设计，即初步设计和施工图设计。

对于技术上复杂而又缺乏设计经验的项目，经主管部门指定，可增加技术设计阶段。

目前国内油库用的主要设备大部分已定型化、系列化，油库设计单位已有不少定型图纸可以利用，因此油库工程大多采用初步设计和施工图设计两段设计。

（二）油库工程设计各段应达到的深度

1. 初步设计应达到的深度

初步设计是对建库方案的具体落实。其深度应能满足主要设备及材料的订货、基建投资的控制、土地征用、施工图和施工组织设计的编制、施工准备和投产准备等方面的要求。初步设计文件可分为说明书、概算、设备材料表和图纸等4部分。

说明书一般应包括以下主要内容：

（1）设计依据和设计指导思想；

（2）建设规模；

（3）基础资料（地理位置、地形、地质、水文、气象、地震烈度、水、电、交通、通讯、环境污染等资料）；

（4）总平面布置、占地面积和土地使用情况；

（5）建筑工程规划、方案和重大问题的决策；

（6）主要建筑物、构筑物的建筑结构形式；

(7) 工艺流程；

(8) 主要设备选型及配置；

(9) 新技术、新材料、新设备的采用情况；

(10) 环境保护、抗震和人防设施；

(11) 外部协作配合情况；

(12) 设备和主要材料规格数量；

(13) 工程总概算；

(14) 各项技术经济指标；

(15) 建设顺序和进度安排；

(16) 扩(翻)建工程，还应说明原有工程情况及新旧工程的关系。

油库设计应做概算，施工应做预算。概算依据应按当地概算指标。

油库初步设计应提出设备材料表，材料表应满足订货的需要。

油库初步设计的图纸主要有：油库工艺总流程图、总平面布置图及油泵站、作业区等主要单体设计平面图。

2. 施工图设计应达到的深度

施工图设计是依据批准的初步设计或技术设计来完成的，它是指导施工的技术文件，其详细程度应满足施工的要求，对工程任何一个细节都必须用图纸或文字说明表达清楚。

施工图设计由各专业设计人员共同完成，因此在施工图设计中应特别注意各个专业之间的联系。在整个设计中，施工图的工作量是很大的，为了减少设计工作量，缩短设计时间，在条件允许的情况下，应尽量重复利用现成的图纸或定型图与标准详图。

油库工艺施工图设计文件应包括：油库工艺设计总说明、油库总平面图、总工艺流程图、油罐施工图、工艺管线施工图、业务用房工艺设备布置图等。

施工图设计结束时，应组织设计、施工、建设等有关单位会审。

油库施工完毕后，一般应当绘制竣工图。竣工图反映了油库工程项目和主要设备的竣工情况。在施工过程中对原设计的修改，均应反映在竣工图上。竣工图是油库设备管理和维修的重要资料。

【009】油库工程设计应有专业及各专业之间应如何配合

要保证油库工程设计质量，必须配齐各专业设计人员，对口承担设计项目，并且各专业要密切配合。

（一）油库工程设计应有的专业

油品是一种特殊物质，油库是易燃易爆的场所，油库工程是特殊的工程。油库内有专用的设备设施和独特的油料收、发、储的系统流程，这种设计就必须有石油储运专业，即油库工艺专业。而油库内又有供电、供水、供气、供暖、通风、通信等普通共用系统及相应的配套建筑。所以油库工程设计与普通工业和民用建筑设计有相同之共性，也有不同之特性。

油库设计专业性强、专业面广，需要由油库工艺、总图、建筑、结构、供电、给排水、暖通、通信、自控等专业设计人员共同完成。

（二）各专业的任务及之间应如何配合

1. 工艺专业的设计任务及与其他专业的配合

上述专业中以油库工艺专业为主，在设计工作的全过程中都起着抓总的作用，协调各专业的工作，对设计进度和设计质量均起着重要作用。油库工艺专业不但要承担油库内专用的设备设施和油料收、发、储的系统流程设计，而且应向其他专业提出设计要求，有时要配合别的专业共同完成设计任务。如油库总图设计就离不开油库工艺的配合；又如油库消防是由给排水专业承担，但也离不开油库工艺专业的配合；再如油库的配套建筑如化验室、灌桶间、桶装库、油泵房、机修间等辅助用房的长、宽、高及功能要求都要由油库工艺专业提出。所以一名称职的油库工艺设计者不但应精通本专业，而且还应懂得其他专业的知识。

2. 总图专业的设计任务及与其他专业的配合

油库总图设计是以总图专业为主，如各建筑物、构筑物的布置位置（即坐标）及标高的确定，油库围墙及周围相邻单位的标注，库区道路和绿化布局，确定总图比例并绘图等工作都由总图专业完成。总图设计的完成需要其他专业配合，但总图完成以后又提供给工艺、供电、给排水、暖通、自控等专业做库内线路的布置设计。

3. 建筑专业的设计任务及与其他专业的配合

各建筑物的长、宽、层高、门、窗设计，建筑模数的确定，以及建筑图的绘制等工作是由建筑专业完成。筑物的长、宽、层高、门、窗设计需要各设备专业提出要求，但建筑设计完成后又提供给工艺、供电、给排水、暖通、自控等专业做室内的布置设计。

4. 结构专业的设计任务与其他专业的配合

各建筑物的结构和油罐结构设计计算和结构图的绘制，由结构专业完成。建筑物的结构设计需与建筑专业配合，油罐结构设计需与工艺专业配合。

5. 电气专业的设计任务与其他专业的配合

油库供电线路的引入和变压器及变配电系统、自发电站、各建筑物的供配电、油库防雷防静电等设计，应由电气专业完成。电气专业进行油库用电量的统计、供电的要求、防雷防静电的布设等都需要与其他专业配合。

6. 给排水专业的设计任务与其他专业的配合

油库水源确定、储水池工艺管道、生产生活给水系统、消防给水系统、排水系统、污水处理等设计，应由给排水专业完成。但所需总水量、储水池的大小、污水量的多少、消防给水的要求、水质的要求等都需要与其他专业配合。

7. 暖通专业的设计任务与其他专业的配合

油库锅炉房供暖、黏油加热、洞库和油泵房等通风、建筑内空调等设计，应由暖通专业完成。但黏油加热参数、洞库和油泵房等通风、建筑内空调的要求等都需要与其他专业配合。

8. 自控专业的设计任务与其他专业的配合

油料收、发、储存自动控制，库区安全视频监控、消防报警、门禁掌控、巡检到位显示等设计，应由自控专业完成。但这些设计需要与工艺专业、电气专业配合。

油库的总体设计及各单项工程设计虽以某专业为主，但需要各专业相互配合，这样才能使设计工作可顺利进行，因此通常一个油库的设计任务应由同一个设计单位承担，并请设计单位选派一名设计工作负责人在设计现场统一指挥。

【010】油库工程设计应遵循哪些依据

油库工程设计应遵循两方面的依据：一是针对本油库设计的文件类依据；二是国家与行业设计的标准类依据。但有的设计单位只重视一方面的依据，有的为了满足本油库的要求而违背了国家或行业的设计标准，给今后油库管理使用留下了安全隐患。

（一）油库工程设计文件类依据

油库工程设计文件类依据，是专为本油库工程设计特制的文件，不同油库有所不同。因为各个油库的规模、性质、服务对象不同，所需工程项目就有所不同，则设计文件就不同，但应遵循的文件类型是相同的，主要有：油库设计任务书；油库上级管理部门对油库设计提出的指示文件；针对油库设计的会议纪要及建设单位与设计单位签订的设计合同等。

（二）油库工程设计标准类依据

油库工程设计应遵循的标准类依据主要是国家和行业工程设计的规范、规定、标准。各专业都有自己的标准。现将各专业需要的主要标准举例如下。

1. 油库工艺专业应遵循的主要标准

《石油库设计规范》（GB 50074—2014），《石油库设计文件编制标准》（GB/T

51026—2014)，《石油储备库设计规范》(GB 50737—2011)；《成品油库建设标准设计》(中国石油 2010 标准)，《中国石化销售企业成品油库建设标准》(中国石化 2010 标准)；《国家储备成品油库建设标准》(建标 168—2014)；《石油库节能设计导则》(SH 3002—2000)；《输油管道工程设计规范》(GB 50253—2014)；《工业金属管道工程施工规范》(GB 50235—2010)；《工业金属管道工程施工质量验收规范》(GB 50184—2011)；《泵站设计规范》(GB 50265—2010)；《输油泵组安装技术规范》(SY/T 0403—2014)；《压缩机、风机、泵安装工程施工及验收规范》(GB 50275—2010)；《建筑设计防火规范》(GB 50016—2014)；《装卸油品码头防火设计规范》(JTJ 237—1999)等。

2. 结构专业应遵循的主要标准

《立式圆筒形钢制焊接油罐设计规范》(GB 50341—2014)；《立式圆筒形钢制焊接储罐施工规范》(GB 50128—2014)；《卧式容器》标准释义与算例(NB/T 47042—2014)；《钢制储罐地基基础设计规范》(GB 50473—2008)；《储罐区防火堤设计规范》(GB 50351—2014)；建筑结构方面的标准等。

3. 供电专业应遵循的主要标准

《供配电系统设计规范》(GB 50052—2009)；《低压配电设计规范》(GB 50054—2011)；《20kV 及以下变电所设计规范》(GB 50053—2013)；《爆炸危险环境电力装置设计规范》(GB 50058—2014)；《建筑电气工程施工质量验收规范》(GB 50303—2015)；《建筑物防雷设计规范》(GB 50057—2010)；《石油与石油设施雷电安全规范》(GB 15599—2009)；《液体石油产品静电安全规程》(GB 13348—2009)；《电气装置安装工程接地装置施工及验收规范》(GB 50169—2016)；《液体石油产品静电安全规程》(GB 13348—2009)；《防止静电事故通用导则》(GB 12158—2006)等。

4. 给排水与暖通专业应遵循的主要标准

《石油化工企业设计防火规范》(GB 50160—2008)；《火灾自动报警系统设计规范》(GB 50116—2013)；《泡沫灭火系统设计规范》(GB 50151—2010)；《建筑灭火器配置设计规范》(GB 50140—2005)；《给水排水构筑物施工及验收规范》(GB 50141—2008)，《给水排水管道工程施工及验收规范》(GB 50268—2008)；《建筑给水排水及采暖工程施工质量验收规范》(GB 50242—2002)；《通风与空调工程施工质量验收规范》(GB 50243—2016)等。

5. 通信、自控专业应遵循的主要标准

《通信电源集中监控系统工程验收规范》(YD/T 5058—2005)，《自动化仪表工程施工及质量验收规范》(GB 50093—2013)。

还需强调的是，标准随着科技的发展会不断修改，选用时一定要用现行标准。

【011】如何保证油库设计质量并提高设计效率

保证设计质量、提高设计效率，即多、快、好、省地完成设计任务，这是建设单位希望的结果，也是设计单位追求的目标。为此作者认为应抓好以下几点。

（一）编制好设计任务书

油库设计任务书理应由油库建设单位编制上报批准，交给设计单位作为设计遵循的依据。但因油库设计任务书技术性很强，通常建设单位委托设计单位编制，建设单位配合，所以抓好设计质量应从编制设计任务书开始。

即使设计任务书由设计单位编制，建设单位也应以科学的、认真负责的态度配合编制，内容上不得缺项，设计周期、设计进度不打折扣，对设计单位的要求不能降低。

（二）选择好设计队伍

打铁还得自身硬，要保证设计质量、提高设计效率，必须选择技术水平高、设计态度过硬的设计队伍。技术水平不高的设计队伍，会心有余而力不足，做不出高水平的成果；设计态度不过硬的设计队伍，会不好配合、不听指挥、不按时完成任务，还会出不少差错，所以一定要选择个好的设计队伍。

（三）订好设计合同

合同是对双方各自责任约束的法律条款，特别是对设计方约束的条款要想得周到、写得清楚，特别是对设计分段、设计深度、设计项目、设计要求、完成时间写具体，这样才能得到设计方的重视，保证设计质量，提高设计效率，保质保量按期完成设计任务。

（四）组成设计成果评审班子

杜绝差错、出好作品是每位设计者的主观愿望和追求的目标，但一点不出差错是难以做到的。为杜绝差错、出高水平的成果，设计单位有一套成熟的制约机制，设计者出的成果必须经过本科室校对、审核、审定、单位终审等各层把关，然后才交建设单位。

建设单位不能完全依赖设计单位的把关，而应邀请建设、监理、施工、设计单位懂技术、责任心强的专业人员组成设计成果评审班子，根据设计合同要求、国家和行业的规范标准，对设计成果进行评审验收，再次对设计成果把关。

对初步设计应经过预审和审查，施工图设计应经过会审。

1. 初步设计预审

预审应按专业对口进行，预审结束后，应形成预审意见。预审意见主要包括以下内容：

（1）设计内容深度和设计质量是否达到规定要求；

(2) 设计所采用的基础数据和原始资料是否准确可靠并符合实际;

(3) 工艺技术方案是否符合批准的可行性研究报告，工艺流程是否先进合理;

(4) 说明对总平面布置的意见，占地面积是否符合国家规定;

(5) 对主要技术、经济指标的意见;

(6) 对主要设备选型及材料选用的意见，以及能否满足订货需要;

(7) 公用工程、辅助工程与主体装置配套是否合理，有无漏项及修改意见;

(8) 综合利用、三废治理、消防、环境保护、劳动安全卫生、节能降耗等设计是否可行，是否符合标准、规范要求，有何修改意见。

2. 初步设计审查

初步设计审查是在初步设计预审基础上，进一步审定。要认真负责，并提出审查意见。

3. 施工图会审

施工图会审包括符合性审查、工艺要求会审和施工条件会审三部分内容。工艺要求会审和施工条件会审统称技术性会审。

(1) 符合性审查指审查施工图设计是否按照批准的初步设计确定的原则和内容进行，有无与初步设计不一致或重大修改。

(2) 工艺要求会审指施工图设计能否满足工艺要求，确保正常开工投产，安全平稳运行。

(3) 施工条件会审指施工图设计实现施工的可能性，能否保证施工工序的正常进行和工程质量。

(五) 抓好施工图设计技术交底

施工图设计技术交底是由设计单位向建设单位和施工单位交底。施工图设计技术交底由建设单位组织，交底地点应在建设项目所在地为好。交底的方法、任务如下。

(1) 建设单位接到施工图设计文件后，应立即分发到承担工程施工的各单位，以及建设单位的基建、供应、技术和生产准备等部门，并组织他们对施工图进行预审。

(2) 由建设单位汇总预审提出的主要问题，并以书面形式寄送设计单位。

(3) 设计单位接到建设单位预审意见后，应立即分发给各有关专业，各专业设计负责人按照预审提出的问题编写施工图设计交底提纲，然后与建设单位商定施工图会审时间。

(4) 施工图设计技术交底的主要任务是：交代设计意图；说明设计文件组成和查找办法，以及图例符号表达的工程意义；明确设计施工验收应遵守的标准、规范；介绍同类工程的经验教训；解答建设单位和施工单位提出的问题等。

【012】油库设计单位应担当哪些责任、设计者应遵守何职业道德

油库设计单位的责任本单位都很清楚，设计合同中也很明确，作为建设单位明了这些责任为的是更好地配合和支持油库设计单位工作。设计者应遵守的职业道德是每位设计者自觉要求的高尚品德，作为建设者明了这些也是对他们的敬重。

（一）油库设计单位应担当的责任

工程设计是工程建设的第一步，也是很重要的一步。所以油库设计单位对油库建设的好坏肩负着重大责任。

（1）设计单位应按设计合同的要求，保质保量按时完成承担的设计任务，为按期开工给施工单位创造条件。

（2）设计单位应严格贯彻国家工程建设的方针政策，按国家与行业的规范标准进行设计，设计出符合国家与行业要求的设计成果。

（3）设计成果力争达到技术先进、经济合理、安全可靠、适用管理、方便操作、便于维修，并不折不扣地达到各设计阶段应有的设计深度。

（4）主动做好施工图技术交底，根据建设单位审查施工图时提出的问题，通过技术交底解答清楚，并充分说明设计意图，讲清图纸组成和查阅方式。

（5）虚心听取施工单位在施工中发现的设计上的问题，若修改设计对工程有好处，应主动抓紧时间进行修改，尽量不延误工期，并应认真做好设计变更。

（6）主动与施工、监理、建设单位密切配合，参加隐蔽工程的中间验收和竣工验收，为确保工程质量做出应有的贡献。

（7）认真做好竣工图的绘制。小的修改可在原图上直接修改，大的变更必须重新绘制，以供建设单位存档。

（8）对工程质量中设计上的问题应永远负责，任何时候发现设计上的问题都应及时负责处理，应主动承担因设计原因造成的经济损失。

（9）协助建设单位总结工程建设中的经验教训。

（二）设计者应遵守的职业道德

工程设计是一项高尚的职业，设计者均受过专业教育，多数受过高等教育，应严格遵守职业道德，搞好本职工作，主要应做到以下几点。

（1）有认真负责的态度和高度的敬业精神，精心设计，高标准完成设计任务。

（2）增强法制意识，认真贯彻国家工程建设的方针政策，按国家与行业规范标准进行设计，设计出符合国家与行业要求的设计成果。

（3）高标准、严要求，力争创造技术先进、经济合理、安全可靠、适用管理、方便操作、便于维修的优秀作品。

（4）努力钻研业务，要有创新精神，不断提高技术水平。

（5）谦虚谨慎，能者为师，不断提高设计效率，保质保量按时完成承担的任务。

（6）坚持实事求是，坚持真理，修正错误。

（7）从大局出发，搞好专业之间的配合，发挥集体力量，共同完成好任务。

（8）树立“建为用”的思想，处处为使用单位考虑，为操作人员着想。争取设计出减小体力、使用方便、操作简单、便于维修的成果。

（9）增强责任心，对自己的设计要永远负责，任何时候发现设计上的问题都应及时负责处理，并注意总结经验教训。

CHAPTER 3 / 第三章

油库工程总体设计问答

【013】油库总图设计包括哪些内容及应采取什么方法步骤绘制

严格讲，油库总图是在所选的油库地形图上绘制的油库总平面布置和标高设计图，即在地形图上将油库平面设计和竖向设计合二为一的设计。在图上有地形等高线及地物显示，有油库全部建(构)筑物的平面位置和实际大小的显示，并在其上有标高设计数字。所以总图是很重要的一张图，通常由总图设计专业为主，其他专业配合来完成，尤其是油库工艺专业必须全力配合。

(一) 总图设计内容

总图设计内容在《石油库设计文件编制标准》(GB/T 51026—2014)中有明确规定，总图运输部分基础工程设计文件应包括下列内容：

(1) 说明书；

(2) 设计规定；

(3) 运输装卸设备表；

(4) 材料表；

(5) 库区区域位置图；

(6) 库区总平面布置图；

(7) 库区竖向布置图；

(8) 库区道路及排雨水图；

(9) 土方工程图；

(10) 单元(主项)竖向布置图。

(二) 总图设计方法步骤

油库总图运输设计应采取由粗到细、由浅到深、分段考虑、逐步完成的方法。设计步骤一般可按方案设计、初步设计和施工设计三步进行，产生三种不同深度的总图。

1. 方案设计总图

方案设计总图应初步反映设计意图、总平面布局特点和分区情况及交通运输、储输油、给排水、供电、供热等系统的选择和概况。图面不必过细，但应做多方面比较，如：比较油库与周围单位的相互协作和影响，土地利用率，地形、地貌利用情况，油罐等主要设备设施所占场址的地质条件，油库施工难易程度和工期长短，一次投资费用，油库经营管理费用及使用管理难易程度等，以供审核方案优劣时参考。

2. 初步设计总图

初步设计总图应按规定图例分别绘出原有、拟建及将来扩建的建(构)筑物的位置，并注明坐标及设计标高。对于油罐区防火堤、库区道路、围墙、各种管路走向、库区绿化美化等都应予以标识，为指导整体施工和协调各单体设计关系提供遵循的依据。

3. 施工设计总图

施工设计总图其要求与初步设计总图基本相同。在初步设计总图的基础上，进一步详细准确地标识。根据各项单体设计结果，不断修正初步设计总图，使其上各建(构)筑物的形状、大小及平面、立面位置都应与各单体设计相符合。总图设计举例如图 3-1 所示。

【014】油库各总图应表示哪些内容

油库的总图有库区区域位置图、库区总平面布置图、库区竖向布置图、库区道路及排雨水图、土方工程图、单元(主项)竖向布置图等 6 种，各种总图有各自的作用，也有相应的内容，这在《石油库设计文件编制标准》(GB/T 51026—2014)中有明确规定，现摘编如下。

(一) 库区区域位置图

库区区域位置图应表示下列内容：

(1) 风玫瑰图、图例、说明等内容。

(2) 与本工程有关的已建及已规划的相邻企业或设施之间的位置关系。

(3) 库区与库外配套工程的位置及边界线。

(4) 进出库区的铁路、公路、高压输电线、给排水管道、工艺管道、热力管道、排洪沟、排水沟等的走向和位置。

(5) 库区与码头之间的道路、管廊等路由。

(二) 库区总平面布置图

库区总平面布置图宜表示下列内容：

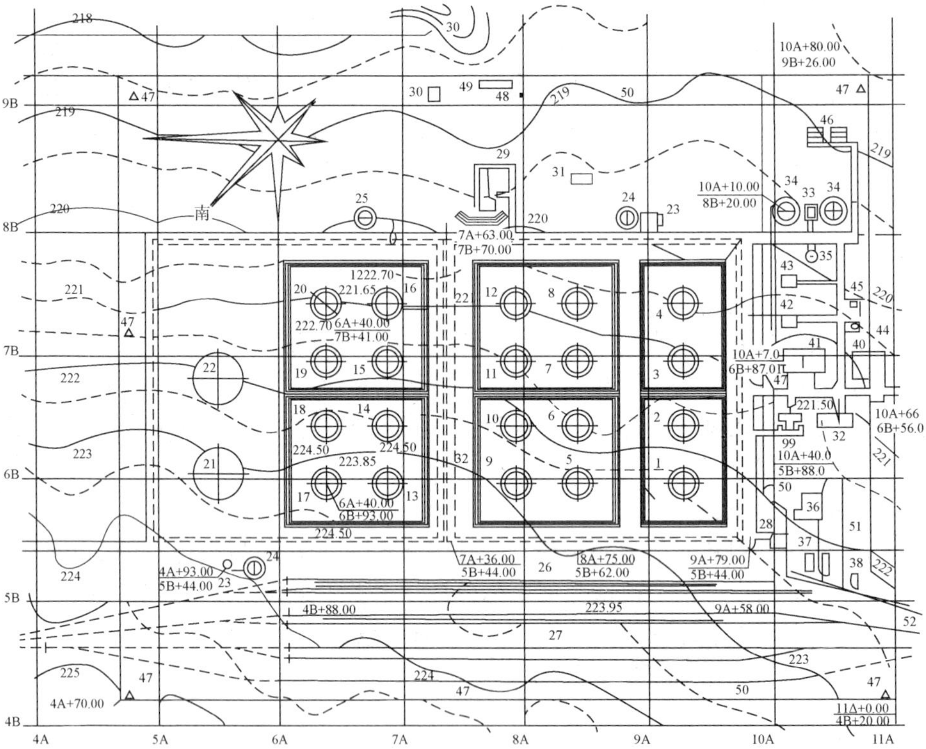

图 3-1　油库施工图设计总图

1~4—柴油罐；5~12—煤油罐；13~20—汽油罐；21、22—集气罐；23、24—泡沫站；25、34—储水池；26、27—铁路装卸栈桥；28—工人休息室；29—油泵站；30—从输油干线接收油的阀井；31—变电所；32—机修厂和汽车库；33—水泵房；35—水塔；36—锅炉房；37—煤场；38—灰场；39—浴室；40—办公室；40a-传达室；41—消防车库；42—警卫宿舍；43—电话室；44—化验室；45—油样库；46—警犬棚；47—警卫室；48—滤砂池；49—隔油池；50—围墙；51—运渣轨道；52—铁路

（1）测量坐标网、建筑坐标网、风玫瑰图、图例和说明等内容。

（2）自然地形、地貌或现状图。

（3）库区用地边界线、围墙、大门及守卫室的位置及坐标；库内道路的位置及坐标，以及人流、物流出入口；库内铁路、挡土墙、护坡和排洪沟等的位置及坐标。

（4）各设施的边界线、坐标、设施内主要设备及建(构)筑物的平面布置。

（5）铁路线路、计量设施、运输装卸设施等的位置及坐标；库区内外铁路分界点坐标。

（6）与周边主要设施的防火、安全防护间距。

(7) 库区主要管网的走向。

(三) 库区竖向布置图

库区竖向布置图应表示下列内容:

(1) 指北、图例、说明和工程量表等。

(2) 库区围墙大门及守卫室、各设施的边界线、库区道路、铁路、挡土墙、护坡等的位置、坐标和控制点标高。

(3) 各设施及主要建(构)筑物的名称。

(4) 库区和各设施的设计标高或坡向及主要建筑物室内、室外地坪标高。

(5) 库区场地的最终设计标高。

(四) 库区道路及排雨水图

库区道路及排雨水图宜表示下列内容:

(1) 指北、图例、说明和工程量表等。

(2) 库区围墙、大门及守卫室的平面位置;各设施的边界线、名称及坐标;铁路线路、计量设施、运输装卸设施等平面位置及坐标。

(3) 道路的平面位置及中心坐标,路面宽度,道路交叉点及变坡点的路面设计标高;道路纵坡的坡向、坡度及坡长,平交道口、广场、回车场的位置;排雨水明沟、桥涵、急流槽、跌水设施的位置,排水沟的宽度、坡度、坡向、沟长、起点及终点的沟底标高。

(4) 道路、水沟等的断面图。

(五) 土方工程图

土方工程图应按下列规定绘制相应的图表:

(1) 采用方格网法计算土方时,土方工程图应表示下列内容:

① 指北、图例和说明;

② 场地平整范围线、各设施的边界线、围墙大门和库区道路的位置;

③ 绘制方格网图时,方格宜采用 20m×20m 或 40m×40m,在方格网各角点标注自然地面标高、设计标高和施工高度;

④ 绘制填、挖方零线,计算方格内的土方量并汇总填、挖方总量。

(2) 采用断面法计算土方时,土方工程图应表示下列内容:

① 在场地平整图上确定所取断面的位置并编号;

② 在断面图上绘出自然地面线和设计地面线,计算出填、挖方的断面面积;

③ 根据各个断面的填挖方面积以及各个断面之间的间距,列表计算填、挖方总量。

(六) 单元(主项)竖向布置图

单元(主项)竖向布置图应表示下列内容:

（1）指北、图例、说明和工程量表等内容。

（2）单元（主项）边界线与边界线内的设备及建（构）筑物的布置。

（3）单元（主项）边界线的坐标。

（4）设计标高及坡向，独立建筑物的竖向布置图尚应注明室内地坪标高。

（5）车行铺砌、人行铺砌、人行道、回车场的位置、转弯半径及尺寸；排雨水明沟的位置、宽度、坡度、坡向、沟长、起点及终点的沟底标高；防火堤及隔堤的位置、坐标和堤顶标高；涵洞、跨越梯、跨越桥、排水截油阀、集水井等的位置。

（6）单元（主项）边界线外的场地设计标高及坡向；单元引道的位置、坐标、路面宽度、转弯半径、交叉点及变坡点的路面设计标高、引道的纵坡坡向、坡度和坡长。

【015】油库总平面应怎样分区布置

油库总平面分区布置合理与否，不但直接影响工程造价，而且会对油库建成后的使用、管理、经营费用、安全程度等产生很大影响。

总平面分区布置的设计涉及各个专业，要考虑多方面的因素，既要符合设计规范，又要顾及实际情况。

（一）规范对油库分区的要求

《石油库设计规范》（GB 50074—2014）对油库的分区和各区的建（构）筑物有明确的规定：石油库的总平面布置，宜按储罐区、易燃和可燃液体装卸区、辅助作业区和行政管理区等分区布置。油库各区内的主要建（构）筑物或设施，宜按表3-1的规定布置。

表3-1　油库各区内的主要建（构）筑物或设施

序号	分区		区内主要建（构）筑物或设施
1	储罐区		储罐组、易燃和可燃液体泵站、变配电间、现场机柜间等
2	易燃和可燃液体装卸区	铁路装卸区	铁路罐车装卸栈桥、易燃和可燃液体泵站、桶装易燃和可燃液体库房、零位罐、变配电间、油气回收处理装置等
		水运装卸区	易燃和可燃液体装卸码头、易燃和可燃液体泵站、灌桶间、桶装液体库房、变配电间、油气回收处理装置等
		公路装卸区	灌桶间、易燃和可燃液体泵站、变配电间、汽车罐车装卸设施、桶装液体库房、控制室、油气回收处理装置等

续表

序号	分区	区内主要建(构)筑物或设施
3	辅助作业区	修洗桶间、消防泵房、消防车库、变配电间、机修间、器材库、锅炉房、化验室、污水处理设施、计量室、柴油发电机间、空气压缩机间、车库等
4	行政管理区	办公用房、控制室、传达室、汽车库、警卫及消防人员宿舍、倒班宿舍、浴室、食堂等

注：企业附属石油库的分区，尚宜结合该企业的总体布置统一考虑。

（二）油库分区现场发现的问题

从表3-1中看出：分区应明显，划区要合理，避免非生产人员和车辆往返穿行储油区、装卸区等重要区域。但在现场发现有的油库在总平面分区上不尽合理。

（1）有的油库分区不明显。区与区之间的建(构)筑物有不必要的穿插，如有的在储油区内布置了汽车收发油设施，而在装卸区内又布置了单罐容量较大、个数较多的油罐，使本区的主体不突出。

（2）有的油库分区太机械，误认为储油区内像倒罐泵房这样的输油设施不应当有，而装卸区内像零位罐、高架罐、放空罐这样的小油罐也不应当有。因此使倒罐泵房远离油罐区，高架罐又远离零发油设施，这样就造成使用不便，并且加大了投资。

（3）有的油库对各区的位置安排不当。如：有的储油区没有设置在相对安全的油库后方；而行政管理区又未能布置在油库出入口的地方。这不仅造成外来人员办公不便，而且降低了油库的安全度。

【016】油库总体布局应遵循哪些防火安全距离

油库防火安全距离在《石油库设计规范》(GB 50074—2014)和其他相关规范中有明确规定，必须严格遵守。防火安全距离可分为两大类：一类是在库址选择时要求的防火安全距离；另一类是在油库总平面布置时要求的防火安全距离。

（一）库址选择时要求的防火安全距离

库址选择时要求的防火安全距离，是保障油库与邻近单位互不造成危险的安全最小距离，具体要求如下。

（1）油库与库外居住区、公共建筑物、工矿企业、交通线的安全距离应遵守《石油库设计规范》(GB 50074—2014)中表4.0.10的规定。

（2）油库及库内的建（构）筑物与库外其他建（构）筑物应具有的安全距离应符合下列规定：

① 石油库的储罐区、水运装卸码头与架空通信线路（或通信发射塔）、架空电力线路的安全距离，不应小于1.5倍杆（塔）高；石油库的铁路罐车和汽车罐车装卸设施、其他易燃可燃液体设施与架空通信线路（或通信发射塔）、架空电力线路的安全距离，不应小于1倍杆（塔）高；以上各设施与电压不小于35kV的架空电力线路的安全距离，不应小于30m。

② 石油库的围墙与爆破作业场地（如采石场）的安全距离，不应小于300m。

③ 非石油库用的库外埋地电缆与石油库围墙的距离不应小于3m。

④ 石油库与石油化工企业之间的距离，应符合现行国家标准《石油化工企业设计防火规范》（GB 50160）的有关规定。石油库与石油储备库之间的距离，应符合现行国家标准《石油储备库设计规范》（GB 50737）的有关规定。石油库与石油天然气站场、长距离输油管道站场之间的距离，应符合现行国家标准《石油天然气工程设计防火规范》（GB 50183）的有关规定。

（3）相邻两个石油库之间的安全距离应符合下列规定：

① 当两个石油库的相邻储罐中较大罐直径大于53m时，两个石油库的相邻储罐之间的安全距离不应小于相邻储罐中较大罐直径，且不应小于80m。

② 当两个石油库的相邻储罐直径小于或等于53m时，两个石油库的任意两个储罐之间的安全距离不应小于其中较大罐直径的1.5倍，对覆土罐且不应小于60m，对储存同Ⅰ、Ⅱ级毒性液体的储罐且不应小于50m，对储存其他易燃和可燃液体的储罐且不应小于30m。

③ 两个石油库除储罐之外的建（构）筑物、设施之间的安全距离应按《石油库设计规范》（GB 50074—2014）中表5.1.3的规定增加50%。

（4）当重要物品仓库（或堆场）、军事设施、飞机场等，对与石油库的安全距离有特殊要求时，应按有关规定执行或协商解决。

（二）在油库总平面布置时要求的防火安全距离

（1）《石油库设计规范》（GB 50074—2014）中对油库内建（构）筑物安全防火距离的规定：

① 油库内建（构）筑物、设施之间的防火距离（储罐与储罐之间的距离除外），不得小于本规范中表5.1.3的规定。

② 企业附属油库与本企业建筑物、构筑物、交通线等的安全距离，不得小于本规范中表4.0.16的规定。

（2）“非商用油库设计”有关规范中规定：油库储油区与其他区间最小安全距离见表3-2，油库洞口与其他建构筑物的最小安全距离见表3-3。

表 3-2 油库储油区与其他区之间的最小安全距离 m

区域	储油区			
	一级	二、三级	四级	五级
油品收发区、辅助作业区	60	50	40	35
行政生活区	75	70	60	55

注：1. 表中储油区的级别按在同一储油区或同一军事禁区内的储油总容量计算。

2. 地上油罐区与油品收发区相邻各建（构）筑物之间的距离，可按 GB 50074 规定的防火距离执行。

3. 行政生活区与油品收发区、辅助作业区，以及辅助作业区与油品收发区相邻各建（构）筑物之间的距离，不宜小于 50m。

表 3-3 油库洞口与其他建（构）筑物之间最小安全距离 m

名称		洞口		油罐通气管口	
		甲、乙类油品	丙类油品	甲、乙类油品	丙类油品
油罐通气管口	甲、乙类油品	20	20	—	—
	丙类油品	8	5	—	—
油泵站	甲、乙类油品	15	15	10	5
	丙类油品	12	—	10	—
通风系统排风口		20	20	8	5

注：1. 油泵站与通风系统排风口的距离，不应小于 10m。

2. 通风系统排风口和甲、乙类油品的油罐通气管口，不宜设在洞口的正前方和主导风向侧。

（3）防火安全距离不是固定不变的。国内与国外、同一国家的不同时期，对油库选址和总平面布置时防火安全距离的要求都有所不同，选用时应遵守本国现行的规范及行业的有关规定，绝不允许任意变更，特别应注意以下几点。

① 应遵守油库与周围单位的防火安全距离不小于现行国家和行业设计规范的规定，避免相互影响。特别是储油区和油库有爆炸危险的场所，须避开有明火的邻居或重要公共企事业单位。绝不允许在选定库址后，为了充分利用本库土地，缩小与邻近单位的防火安全距离。

② 应严格控制油库内建（构）筑物之间的防火安全距离，使其不小于现行规范的相关规定，以提高油库安全系数。绝不允许在划定的建库范围内，为了增加建设项目或扩大建设规模，缩小油库内建（构）筑物之间的防火安全距离，为油库安全留下隐患。

当然，也不必加大油库内建（构）筑物之间的防火安全距离，造成土地浪费、投资增加、使用管理上的不便。

③ 当确有实际困难，达不到防火安全距离要求，但相差很小时，须经相关

部门批准、设计单位同意，采取有效措施，可适当缩小一点防火安全距离。

对油库内行政管理区和辅助作业区内使用性质相近的建(构)筑物，在符合生产使用和安全防火要求的前提下，可合并建设。这样可能既节省占地面积，又节省工程投资。

【017】油库总平面布置如何充分利用土地、地形、地质并兼顾竖向布置

油库总平面布置能否充分利用土地、地形、地质并兼顾竖向布置，这是衡量设计水平高低和设计技巧应用好坏的关键。若利用得好，设计将会达到经济合理、安全可靠、好用好管的效果，所以这方面是总平面设计者追求的目标。

(一) 充分利用土地

土地是国家的宝贵财富，一定要珍惜，充分利用，应严格执行国家的土地政策。在满足防火安全距离的前提下，紧凑布置建(构)筑物，并考虑到油库今后的发展，应适当留有扩建余地。不要因为本期工程不建这么多油罐，而将本来可以建两排油罐的地皮，就在中间布置了一排油罐，使今后没有再扩建的可能。

(二) 巧妙利用地形

巧妙利用地形可节省投资、节约劳力、缩短工期、保护环境。

原有地形、地貌不要轻易破坏，要合理利用。尽量利用其自然环境，做好库区隐蔽伪装。

充分利用有利地形，造成便于自流收发油作业的条件，从而提高油料供应保障的可靠程度，减少经营费用，减少操作上的工作量。

(三) 慎重利用地质

油库内像油罐、高楼这样的大型建(构)筑物，应布置在地质条件良好的场地。应选择地质结构坚固、稳定性好、完整性好、地基耐压力高、地下水位低的位置。

(四) 油库平面布置兼顾竖向布置的问题

油库平面布置与竖向布置应相互兼顾，平面布置应考虑到竖向布置的可能性，竖向布置又应考虑到平面布置的合理性。比如：洞式油罐应选择有高山的地方，半地下油罐应选择有丘陵的地方，铁路、公路装卸区应选择平坦而且便于与外部铁路、公路接线的地方，等等。这些都是既应考虑平面位置又应考虑竖向标高的问题，两者应反复权衡。

再者，尚应考虑使施工中的挖方与填方达到最好的平衡，减少土石方量，减少工程投资。

为了保证油库安全，现行规范要求油库场地设计标高，应符合下列规定：

（1）库区场地应避免洪水、潮水及内涝水的淹没。

（2）对于受洪水、潮水及内涝水威胁的场地，当靠近江河、湖泊等地段时，库区场地的最低设计标高，应比设计频率计算水位高 0.5m 及以上；当在海岛、沿海地段或潮汐作用明显的河口段时，库区场地的最低设计标高，应比设计频率计算水位高 1m 及以上。当有波浪侵袭或壅水现象时，尚应加上最大波浪或壅水高度。

（3）当有可靠的防洪排涝措施，且技术经济合理时，库区场地也可低于计算水位。

【018】怎样处理库内有生产联系的建(构)筑物平面布置及库内绿化、道路布置及围墙设置的问题

库内有生产联系的建(构)筑物平面布置及库内绿化、道路布置及围墙设置的问题是油库总平面布置必须考虑的问题，相关规范中已做了明确要求。

(一) 库内有生产联系的建(构)筑物平面布置问题

库内有密切联系的建(构)筑物，如洗修桶间、堆桶场、灌桶间及桶装库等建(构)筑物之间就有密切联系，又如铁路装卸区内的装卸线、装卸油泵站、零位罐、桶装库房等之间也有密切联系，则这些建(构)筑物就应按生产顺序合理布置流向，并在满足防火安全距离的前提下，尽量靠近，缩短运距。

若流向不符合生产顺序，则会影响生产效率，提高运营成本，造成往返运输，增加劳动强度。

(二) 库内绿化与道路布置的问题

1. 油库内的绿化

油库内的绿化不同于一般单位的绿化，既要考虑美化环境，又不能影响安全，因此除行政管理区外，不应栽植油性大的树种；防火堤内不应植树，但在气温适宜地区可考虑铺设高度不超过 0.15m 的四季常绿草皮；在消防车道与防火堤之间不宜种树。库内绿化，不应妨碍消防作业。

2. 油库内的道路布置

油库内的道路也不同于一般单位的道路，它的路面宽度、转弯半径、布置与连接方式，相关规范都有明确规定，不得任意确定。

《石油库设计规范》GB 50074—2014 中对库区道路有以下规定：

（1）石油库储罐区应设环形消防车道。位于山区或丘陵地带设置环形消防车道有困难的下列罐区或罐组，可设尽头式消防车道：包括覆土油罐区；储罐单排

布置，且储罐单罐容量不大于5000m³的地上罐组；四、五级油库储罐区等。

（2）地上储罐组消防车道的设置，应符合下列规定：

① 储罐总容量大于或等于120000m³的单个罐组应设环形消防车道。

② 多个罐组共用1个环形消防车道时，环形消防车道内的罐组储罐总容量不应大于120000m³。

③ 同一个环形消防车道内相邻罐组防火堤外堤脚线之间应留有宽度不小于7m的消防空地。

④ 总容量大于或等于120000m³的罐组，至少应有2个路口能使消防车辆进入环形消防车道，并宜设在不同的方位上。

（3）除丙B类液体储罐和单罐容量小于或等于100m³的储罐外，储罐至少应与1条消防车道相邻。储罐中心至少与2条消防车道的距离均不应大于120m；条件受限时，储罐中心与最近一条消防车道之间的距离不应大于80m。

（4）铁路装卸区应设消防车道，并应平行于铁路装卸线，且宜与库内道路构成环形道路。消防车道与铁路罐车装卸线的距离不应大于80m。

（5）汽车罐车装卸设施和灌桶设施，应设置能保证消防车辆顺利接近火灾场地的消防车道。

（6）储罐组周边的消防车道路面标高，宜高于防火堤外侧地面的设计标高0.5m及以上。位于地势较高处的消防车道的路堤高度可适当降低，但不宜小于0.3m。

（7）消防车道与防火堤外堤脚线之间的距离，不应小于3m。

（8）一级石油库的储罐区和装卸区消防车道的宽度不应小于9m，其中路面宽度不应小于7m；覆土立式油罐和其他级别石油库的储罐区、装卸区消防车道的宽度不应小于6m，其中路面宽度不应小于4m；单罐容积大于或等于100000m³的储罐区消防车道的宽度应按现行国家标准《石油储备库设计规范》（GB 50737）的有关规定执行。

（9）消防车道的净空高度不应小于5.0m，转弯半径不宜小于12m。

（10）尽头式消防车道应设置回车场。两个路口间的消防车道长度大于300m时，应在该消防车道的中段设置回车场。

（11）石油库通向公路的库外道路和车辆出入口的设计，应符合下列规定；

① 石油库应设与公路连接的库外道路，其路面宽度不应小于相应级别石油库储罐区的消防车道。

② 石油库通向库外道路的车辆出入口不应少于2处，且宜位于不同的方位。受地域、地形等条件限制时，覆土油罐区和四、五级石油库可只设1处车辆出入口。

③ 储罐区的车辆出入口不应少于 2 处，且应位于不同的方位。受地域、地形等条件限制时，覆土油罐区和四、五级石油库的储罐区可只设 1 处车辆出入口。储罐区的车辆出入口宜直接通向库外道路，也可通向行政管理区或公路装卸区。

④ 行政管理区、公路装卸区应设直接通往库外道路的车辆出入口。

(12) 运输易燃、可燃液体等危险品的道路，其纵坡不应大于 6%。其他道路纵坡设计应符合现行国家标准《厂矿道路设计规范》(GBJ 22)的有关规定。

(三) 油库围墙设置的问题

油库的围墙设置也不同于一般单位，它的高度、形式在相关规范中都有明确规定，不得任意确定。《石油库设计规范》(GB 50074—2014)中对石油库的围墙设置有下列规定：

(1) 石油库四周应设高度不低于 2.5m 的实体围墙。企业附属石油库与本企业毗邻一侧的围墙高度可不低于 1.8m。

(2) 山区或丘陵地带的石油库，当四周均设实体围墙有困难时，可只在漏油可能流经的低洼处设实体围墙，在地势较高处可设置镀锌铁丝网等非实体围墙。

(3) 石油库临海、邻水侧的围墙，其 1m 高度以上可为铁栅栏围墙。

(4) 行政管理区与储罐区、易燃和可燃液体装卸区之间应设围墙。当采用非实体围墙时，围墙下部 0.5m 高度以下范围内应为实体墙。

(5) 围墙不得采用燃烧材料建造。围墙实体部分的下部不应留有孔洞(集中排水口除外)。

【019】库内主要建(构)筑物平面布置应掌握哪些要点

油库内铁路、水运、公路油品装卸区和油品储存区、道路、管道、线路的布置也是油库总平面布置不可忽视的问题，《石油库设计规范》(GB 50074—2014)中有明确要求。

(一) 铁路油品装卸区布置要点

(1) 装卸区的方位须与铁路专用线进库方向一致，并尽量布置在库区边缘地带，应避免与库内道路交叉。

(2) 装卸区布置应兼顾到油泵房、器材库、桶装库等相关建筑布置的可行性。

(3) 装卸区与周围建(构)筑物的安全防火距离除满足 GB 50074—2014 中表 5.1.3 的要求外，还应满足以下常用的安全系数：

① 装卸线上罐车车列的始端车位车钩中心线至前方铁路道岔警冲标的安全距离，不应小于 31m；终端车位车钩中心线至装卸线车挡的安全距离不应小

于 20m。

② 铁路专用线的中心线距油库铁路大门边缘，有附挂调车作业时不应小于 3.2m；无附挂调车作业时不应小于 2.44m。中心线距装卸油暖库大门边缘，不得小于 2m。暖库大门的净空高度(自轨面算起)不应小于 5m。

(二) 水运油品装卸区布置要点

(1) 内河油码头应建在其他相邻码头或建(构)筑物的下游，如确有困难时，在设有可靠的安全设施条件下，亦可建在上游。

(2) 海港(含河口港)装卸油码头，不宜与其他码头建在同一港区水域内。

(3) 油码头与其他码头或建(构)筑物的安全距离不小于相应规范的规定。

(三) 公路油品装卸区布置要点

(1) 装卸区应布置在油库面向公路的一侧，油库出入口附近，并尽量靠近公路干线。

(2) 人员和车辆来往较多区域，宜设栏杆墙与其他各区隔开，并应设单独的出入口。

(3) 装卸区的场地要根据来车的车型大小和来车量，规划行车路线、倒车和回车面积，出入口外应设停车场。

(4) 有拖拉机提运油的油库，必须设专门的拖拉机灌装场。

(四) 油品储存区布置要点

油品储存区是油库的核心部位，是油库平面布置的重点，其布置要点如下。

(1) 须满足设计任务书要求的防护能力。如要求建洞库，应选择高度和宽度能布置足够容量的山体；如要求建掩体地下罐，则应选择丘陵或坡地。

(2) 与周围建(构)筑物的安全防火距离须满足 GB 50074—2014 中表 5.1.3 的规定。

(3) 应使收发油作业方便、可靠、省动力，既满足泵送能力，又尽量能自流发油，并尽量使输油管路短，管路施工简单。

(4) 尽量选择地质条件好的位置。

(五) 库内道路的布置要点

(1) 一级油库油品储存区和油品装卸区消防车道的宽度不应小于 9m，其中路面宽度不应小于 7m，覆土立式油罐和其他级别油库的油品储存区和油品装卸区消防车道的宽度不应小于 6m，其中路面宽度不应小于 4m；单罐容积大于或等于 100000m^3的油品储存区消防车道的宽度应按现行国家标准《石油储备库设计规范》(GB 50737)的有关规定执行。

(2) 油品储存区应设环形消防道。位于山区或丘陵地带设置环形消防车道有困难的下列罐区或罐组，可设尽头式消防车道：包括覆土油罐区；储罐单排布置，且储罐单罐容量不大于5000m^3的地上罐组；四、五级油库油品储存区等。

（3）铁路油品装卸区应设消防道，并应平行于铁路装卸线，且宜与库内道路构成环形道路。消防车道与铁路罐车装卸线的距离不应大于80m。

（4）油库通向库外道路的车辆出入口不应少于2处，且宜位于不同的方位。受地域、地形等条件限制时，覆土油罐区和四、五级石油库可只设1处车辆出入口。

（六）油库内各种管道、线路的布置要点

（1）库内各种管道、线路的布置应综合考虑，由总图设计协调平衡，划定走向与范围，统一布置。

（2）管道、线路尽量平行布置，减少交叉。

（3）管道、线路尽量避免穿越跨建（构）筑物。

（4）管道、线路之间的垂直和平行净距离应符合有关规范和规定的要求。

（5）管道、线路布置尽量缩短长度，节省投资。

【020】库区竖向布置应遵循哪些原则、应采取什么方法步骤

油库竖向布置的目的：其一，合理确定各建（构）筑物和管线的标高，保证油库有良好的作业条件；其二，合理利用地形地貌，平衡土石方挖、填量，减少工程投资；其三，全面规划库内地势，便于排泄地面水，保证管线及道路坡度均匀，美化库内环境。

（一）库区竖向布置应遵循的原则

（1）为了使各建筑物内保持干燥，各建筑物室内的地坪最好高出最高地下水位0.3~0.5m。

（2）为了延缓管线的腐蚀和减少散热量，各种埋地管线宜敷设在最高地下水位以上，管顶距地面不应小于0.5~0.8m，水管应敷设在冰冻线以下。

（3）铁路作业线专为用来卸油的，最好布置在油库最高处，专为装油的则最好布置在油库最低处，以便实现自流作业。

（4）库内铁路作业线应为平坡段，其轨面标高应与库外专用线的技术条件相适应。

（5）公路油品装卸区的场地标高，应与库外公路专用线的技术条件相适应，并最好低于油品储存区标高，以便实现自流灌装。

（6）对于铁路或公路运输相联系的建（构）筑物，应根据交通工具及运送的物品来决定其标高。如桶装站台的地坪标高应比轨顶高出1.1m；桶装库、桶装站

台等在竖向布置上，还要照顾到重桶走向，防止出现重桶上坡现象。

（7）地面油品储存区一般应布置在较高的地方，油罐基础顶面应高出防火堤内设计地面0.5m。

（8）山洞库和覆土隐蔽库的罐区标高，宜高于铁路、水路和公路油品装卸区，以利实现自流作业和输油管的放空。

（9）要充分利用地形、地势，减少和平衡挖、填方工程量，一般挖方应稍多于填方，力求就近平衡。沿山坡布置建（构）筑物时，要顺着等高线布置。

（10）立面布置需要大开挖、大削坡时，需详细核对地形、地貌和地质资料，注意防止滑坡、塌方等情况发生，尽可能减少挡土墙、护坡等附属工程量。

（11）立面布置应保证场地雨水迅速排除，场地平整应有3‰~5‰的坡度。

（12）运输及消防道路纵高坡度为4%~8%。

（二）库区竖向布置的步骤

油库内各设备、设施是有机整体，标高是相互影响、相互制约的，竖向布置的步骤如下：

第一步，参照与铁路干线接轨处轨顶的标高、专用线长度和坡度，确定库内铁路装卸作业线轨顶标高。

第二步，确定储油区油罐罐底的标高。

第三步，确定作业区泵房的标高。

第四步，确定与管线相联系的其他建（构）筑物的标高。

第五步，确定与管线无联系的其他建（构）筑物的标高。

第六步，全部确定标高后，须在总平面布置图的每个建（构）筑物上标出地坪设计标高，洞口地坪中心线标高，铁路、公路中心线变坡点标高、坡度，排水构筑物的坡度等。

【021】怎样绘制油库库区总图

油库总平面布置的成果标绘在油库地形图上，称为油库总平面布置图。在油库总平面布置图上再标绘出油库立面布置的成果，即为油库库区总图。油库库区总图绘制要求和步骤方法如下。

（一）库区总图绘制要求

（1）全面规划图幅，合理安排建（构）筑物的整体位置、图例、注释等的位置和大小。

（2）测量坐标网绘制应准确无误。图纸分幅时，前后测量坐标线应衔接（即后幅重合前幅同一坐标线），不能断开。

（3）各建（构）筑物绘制比例要和地形图比例大小一致，项目齐全，位置准确（当因建、构筑物很小，不能按比例画出，而只能示意时，应在附注中加以说明）。

（4）地形图等高线（包括测量控制桩和测点）描绘清晰，位置准确，线形圆滑，中间无断头。

（5）图面尺寸、标高单位，统一用“m”表示。

（二）库区总图绘制步骤和方法

第一步，定比例，分图幅

（1）比例：一般是利用原测地形图进行制作，其比例和原测地形图一致。总图的比例根据油库的规模和分散程度而定，一般为（1∶2000）~（1∶5000）。

（2）图幅：总图应尽量布置在一张图纸上，以便通观全貌。但是库区较大时往往做不到，此时应考虑图幅划分。在划分图幅时，要注意使每张图所要表示的主要建（构）筑物（如洞库、铁路站台等）能较完整地表示在该图幅的明显位置上。

第二步，分画坐标网，标定测量控制点

（1）分画坐标网：为便于图纸拼接，统一方位和标定地形、地物、测点、测站的位置，测绘的地形图都绘有测量坐标网，一般坐标网是按南北向布置的。绘制总图坐标网，一般和地形图上的测量坐标网一致，也有的根据布置主要建（构）筑物的方便需要自行分画坐标网（一般绘制间距为50m或100m的坐标方格网），此时需要标明与地形图上测量坐标网的角度关系，以便前后联系。为减少图中线条，保持图纸清晰，坐标网可不贯通，仅在纵横坐标相交处准确画出十字线（线长约2cm）。同时在图纸边四周或纵横各一边的坐标网上方和左侧注明坐标数值，便于查对。

（2）标定测量控制点：一张图纸分画好坐标网后，即可根据测量资料或按相应的地形图底图准确地标定测量控制点（包括建、构筑物定位桩）。

第三步，绘制建（构）筑物

总图应绘制的内容有：

（1）地形：画出原地形等高线、测点高程、控制桩、地貌地物等。

（2）方位：画出测量网坐标、指北方向、原河沟水流方向、原公路与铁路的去向。

（3）洞子：绘出洞子建筑位置、轮廓线和中心线，洞子的排水方向，洞子地面标高和纵向坡度，主洞与支洞的交角，洞子各部位的尺寸线与尺寸，洞口的座标和高程，洞口控制桩或转角。

（4）地面建筑物：画出油泵站、修洗桶间、桶装库、灌装罐、放空罐、锅炉房、器材库、滑油更生间、机修间、发(配)电房、水泵房、化验室、办公室、值班室、汽车库、消防车库等的定位坐标(或边角控制关系)，室内标高，室外标高，建筑轮廓线，各主要部位的尺寸线及尺寸，排水沟的流向和劈坡线等。

（5）铁路：铁路作业线股数，铁路线、站台、作业场地的轮廓线，各部位坐标和标高，纵、横坡度，主要尺寸线与尺寸，排水沟的排水方向等。

（6）公路：公路轮廓线，纵向坡度，坡长，变坡点的标高，转角点编号，桥涵的位置、孔径及标高，里程桩等。

（7）管线：输油管线、供水管线、蒸汽管线和回水管线等的数量、直径、管线轮廓线，走向，变化点标高，特殊管座，主要阀门，管线位置的控制排列尺寸，鹤管位置及轮廓线等。

（8）构筑物：画出排洪沟、截洪沟、挡土墙、护坡等的位置、标高及尺寸，堆渣场范围线、标高，水池、水井、消防栓的位置和标高，绿化伪装位置等。

（9）其他：编写与绘制必要的图例与说明、建(构)筑物的编号与注释等。

上列内容，根据油库具体情况的不同，其项目会有增减。

绘制建(构)筑物的基本顺序是铁路→公路→洞子→地面建筑物→管线→构筑物。

绘制建(构)筑物的基本方法，是根据现场定点定位的实测资料和计算坐标值，在新图纸上按比例标画出建(构)筑物的位置和轴线。然后按已定的建(构)筑物的形状、尺寸等资料准确地画出各建(构)筑物的平面图(即建筑轮廓线)。再标注尺寸、标高、坐标、编号和注释等(标注方法按国家现行总图绘制标准)。

第四步，绘制指北针和图例

指北针：画法按国家现行总图绘制标准规定绘制。

图例：为了统一，最好采用相关规范规定，但洞库我们习惯用实线表示。图例一般布置在图纸的左上方。

第五步，绘制原地形等高线

以原地形图的底图做蓝本来描绘。描绘的顺序是：先描绘测量控制桩和测点；其次是描绘地物，最后是描绘地形等高线。在描绘地形等高线时也应先写控制等高线高程数字；再次是描绘控制等高线(地形图中用粗线表示，一般常以 5m 或 10m 为一根，此线测绘较准确)，最后描绘一般等高线。

第六步，书写图标及图纸编号

第七步，校对及会签

总图反映油库工程的全貌，是各专业共同的设计依据。为了保证设计质量、图纸质量和各专业设计的统一，应认真校对和会签。这一步是各专业设计的一次会审，一定要做好。

【022】油库总工艺流程设计应思考哪些问题

油库工艺流程，简单地说就是油品通过油泵或高差在油管和油罐等设备中的流动过程。油库工艺流程设计的好坏，不但影响所用设备、管路、管件的多少和投资的大小，而且直接涉及油库作业时操作的难易程度和作业的费用多少。因此，油库工艺流程设计是表示油库工艺专业设计水平的标志性设计，油库工艺专业人员想要设计好应思考如下问题。

（一）油库工艺流程功能要求的问题

油库的收油、发油、倒罐、灌装、放空管线、抽吸放空罐中油、从油罐车真空引油和扫仓等全部作业，这就是油库工艺流程的全部功能。但规模小、储油品种少、作业单纯的中小型油库，或企事业油库的工艺流程功能没有这样全。可见油库工艺流程的功能，是由油库规模、性质、任务等因素决定的，不应盲目追求全，但也不能不满足要求。若油库设计任务书中有要求，则应按设计任务书的要求设计。

（二）油库工艺流程简单与复杂的问题

油库工艺流程在满足功能要求的前提下，应力求简单，避免复杂，这样可减少设备、管路、管件，施工简单，节省投资，简化操作、方便管理。这特别适合司泵员轮换频繁的情况。

要使工艺流程简单应从以下三方面考虑：

（1）充分利用地形高差，实现自流作业，尽量不用油泵。这样不建油泵站，既节省设备和投资，又减少设备运转费用，又简化操作程序。

（2）优先选用一泵到底的收、发油流程，或者在收发区和储罐区两边设泵站。尽量不采用中间泵站，进行多个泵串联接力收、发油流程。若中间设泵站，则增加了作业的难度和事故发生的可能性，增加了操作和管理的麻烦及经营管理费用。

（3）尽量采用单泵工作，不采用泵与泵之间的并联或串联。否则使操作反复多变，需要文化程度高的人员操作，这不适用中小型油库司泵员的实际。

（三）油库工艺流程中泵、管专用和备用的问题

油泵、油管的专用或互用，在国家和行业的规范及标准中都有明确要求，设

计油库工艺流程时应严格遵守。

(1) 对航空油料等质量要求高的油品，应考虑油泵、管道专用或分组互用。车用汽油和柴油的油泵、管道在正常情况下应为专用，在故障或其他特殊情况下，如设备或管道检修时，油泵与管道均应可互为备用。

(2) 有的油库采用一泵多用途的流程。不论收油还是倒罐、不管向大罐还是小罐收油、不管向远处还是近处收油，都利用同一台泵。这样使油泵的性能不能充分发挥，油泵不在高效区工作，使作业缺乏经济合理性，这种流程不可取。

【023】油库总工艺流程设计宜采用什么方法步骤

要设计出高水平的油库总工艺流程，作者根据多年的设计经验，总结出了设计油库总工艺流程的三步走和思考油库总工艺流程的两步法。

(一) 设计油库总工艺流程的三步走

第一步，确定油库作业内容，选择作业方式

油库作业的全部内容有收油、发油、倒罐、灌装、放空管线、抽吸放空罐中油、从油罐车真空引油和扫仓等。但不同的油库不一定全部包括这些作业内容，所以工艺流程设计的第一步应根据油库的规模、输油的品种、储输油的设备设施、承担的任务等确定本油库作业内容。再根据作业项目、人员素质、工程投资、地形条件等因素综合考虑选择作业方式。

若设计任务书中有要求时，应根据任务书的要求和实际需要来确定具体作业内容。

第二步，设计主要单体的工艺流程

油库总工艺流程，是由装卸区、油泵站、油罐区等单体的工艺流程组成。因此应先设计各单体的工艺流程，然后合成整体，即成油库总工艺流程。

1. 设计装卸区工艺流程

装卸区包括铁路油品装卸区、水运油品装卸区、公路油品装卸区。公路油品装卸区系指向汽车油罐车、向油桶灌装油的作业。

油品装卸区的工艺流程设计，应根据其装卸油品种、作业项目考虑。

铁路油品装卸区的装卸油鹤管应按不同油品间隔穿插布置，汽油和柴油可共用鹤管，而航空油料鹤管必须专用。集油管必须分油品专设，不得互用。

水运油品装卸区主要是设计码头上装卸油品井的管组系统。

向汽车油罐车、油桶灌装油，通常采用单泵、单管、单鹤管的系统。

2. 设计油泵站工艺流程

油泵站是油库各路输油管线的交汇处，是完成油库各种作业的枢纽和动力。

油泵站工艺流程设计是合理配置管组、阀门和油泵机组等设备，达到完成各种作业目的的过程。设计时，完成同样的几个作业，力求用的阀门少、管线短，而且要求施工简单，操作及维修方便，如图 3-2 所示。

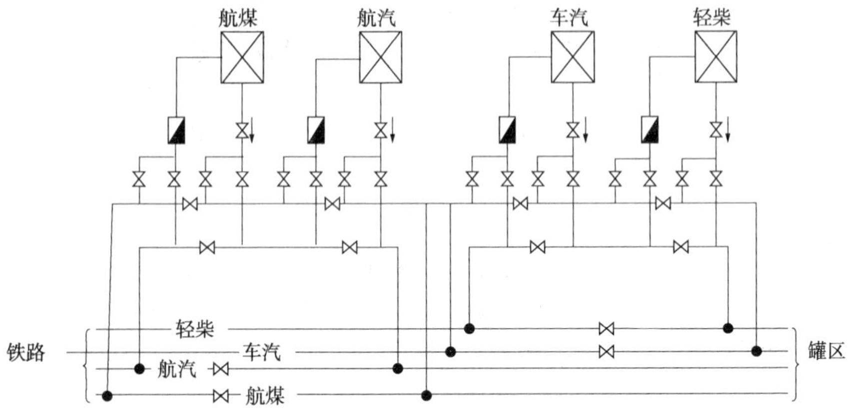

图 3-2 油泵站工艺流程图

3. 设计油罐区工艺流程

油罐区工艺流程的设计，主要是选择罐区的管路系统。罐区的管路系统有单管、双管、独立管三种类型。单管系统是将油罐按储油品种不同分为若干罐组，每组各设一条输油管，在每个罐附近与油罐相连，如图 3-3(a)所示。双管系统的安装方式与单管系统基本相同，只是每组罐设两条输油管，如图 3-3(b)所示。独立管系统是每个油罐都有一条管道通入泵房，如图 3-3(c)所示。

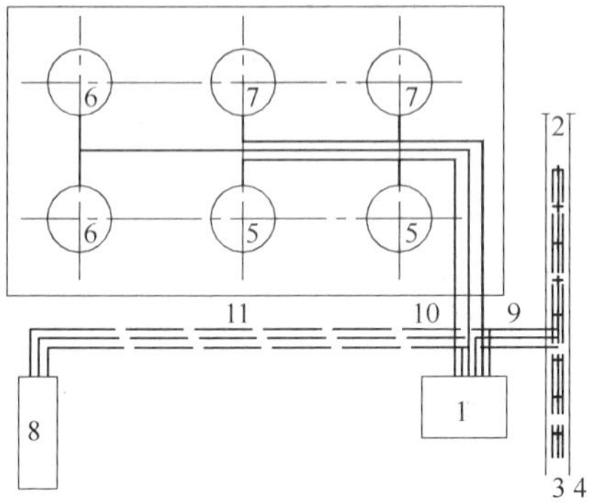

(a)单管系统

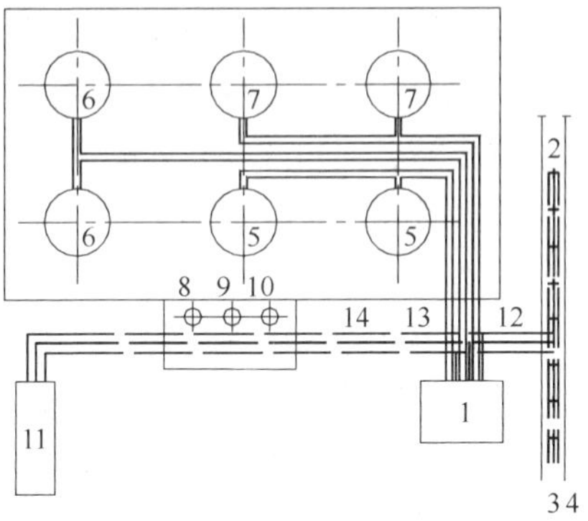

(b)双管系统

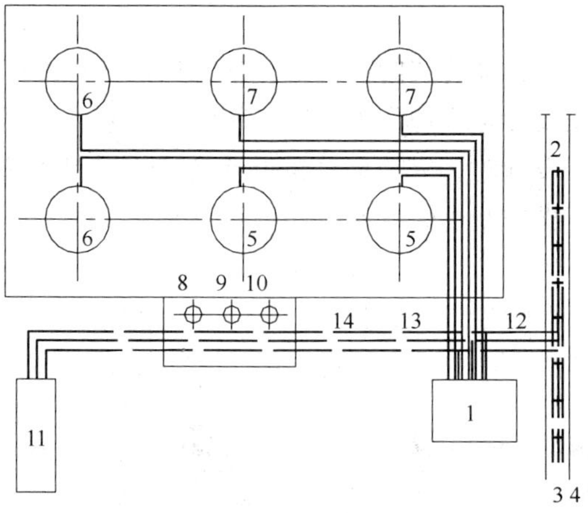

(c)独立管系统

图 3-3　罐区管线系统

1—油泵站；2—卸油鹤管；3—集油管；4—铁路专用线；5—煤油罐；6—汽油罐；7—柴油罐；8—灌桶间；9—装卸油管；10—输油管；11—灌油管；12—柴油灌装罐；13—煤油灌装罐；14—汽油灌装罐

单管系统省管线、省投资，但不能倒罐。独立管系统油罐之间可任意倒换，但费管线，投资大。双管系统同组油罐可以互倒，管线和投资用量居中，因此现在多选用双管系统。

第三步，连接各单体工艺流程成油库总工艺流程

把各单体工艺流程有直接关系的管线连接起来，成为有机的整体，即成油库总工艺流程。

(二) 思考油库总工艺流程的两步法

上文介绍了油库工艺流程设计的步骤分 3 步，是将整体先分成 3 块，对每块分别详细考虑，然后再将考虑好的 3 块拼成一整块，用先分后合化解了难度。

此处是介绍设计油库总工艺流程分两步(由粗到细)的思考方法。先不考虑装卸区、油泵站、油罐区等几处的详细流程，将几处用方块表示，思考几处的内在关系，并将几处用线条联系起来，绘成很粗的方块流程图，如图 3-4 所示，此图称油库总工艺流程方案图，这是方案设计阶段的流程图。然后再分别考虑装卸区、油泵站、油罐区等几处的详细流程，接着将几处的详细流程与它们之间相对应的关系线连接起来，即可构成完整的油库总工艺流程图了，这就是初步设计或施工图设计阶段的流程图，如图 3-5 所示。这就是将复杂的问题由粗到细的两步思考方法。

工艺流程图有平面图和轴侧图两种，工程设计通常用平面图即可。轴侧图有立体感，形象，容易看懂，多为油库建成使用后供参观用。

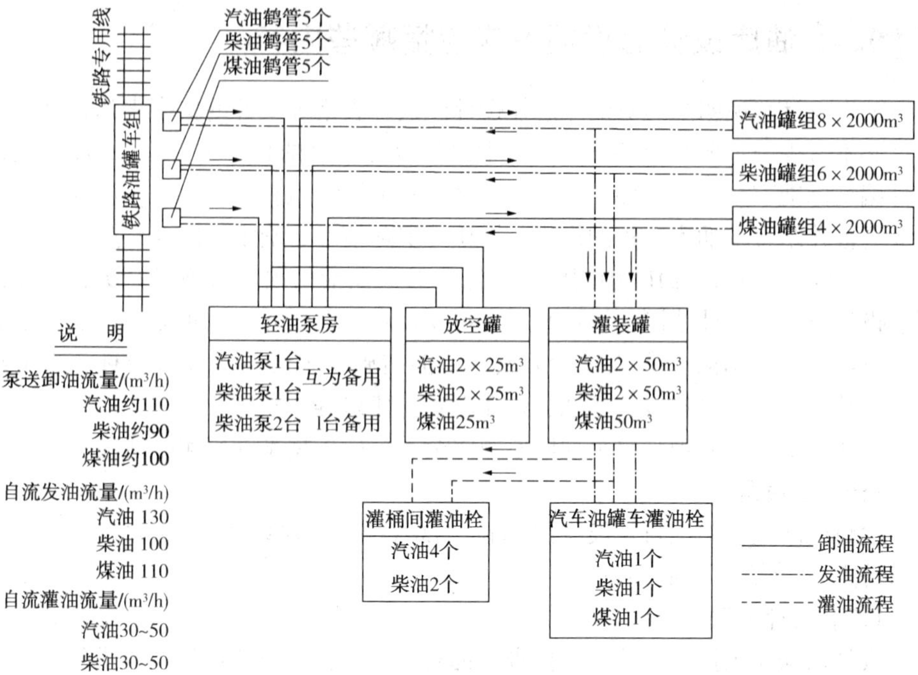

图 3-4 油库总工艺流程方块图

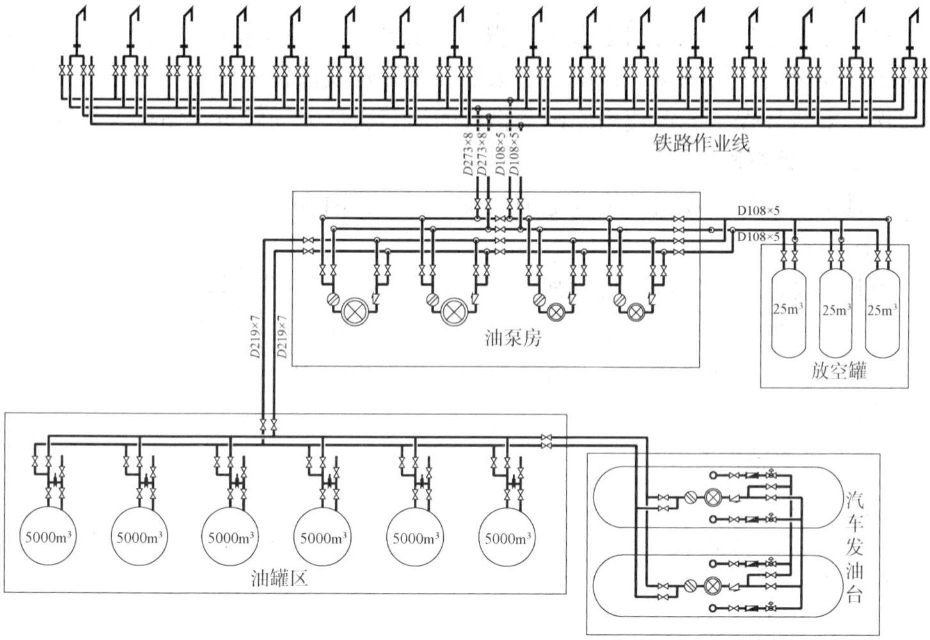

图 3-5 油库总工艺流程平面图

【024】油库设计总说明书应包括哪些内容

油库设计总说明书是对油库总体设计图纸、表格等文件的文字表达，是总体设计必不可少的重要组成部分，是报批总体设计项目的技术文件。《石油库设计文件编制标准》(GB/T 51026—2014)中对总说明的编制有明确规定，设计者应遵循此规范并结合本油库工程的规模、性质等实际情况，确定编制内容。

在GB/T 51026—2014中规定，总说明书应包括的项目有项目概况、设计依据、设计原则、设计范围、设计基础、主要技术方案、环境保护方案、安全设施设置方案、职业病防护设施设计方案、节能措施、主要技术经济指标、人员编制、设计执行的主要规范和标准、存在问题及建议等。

上述规范中所列项目每个油库不一定全有，应根据本油库实际情况确定。

（一）项目概况

项目概况应说明项目建设规模(油库的总容量)、建设性质(经营油品种类和经营特点)和外部可依托条件等。

（二）设计依据

设计依据应包括可行性研究报告及批复文件、各专项评价报告及批复、工程设计合同、有关会议纪要、建设单位及上级单位的函件等。

（三）设计原则

设计原则应包括执行国家有关工程建设法规、政策和规定、技术选用原则、新工艺和新设备选用原则、自动控制水平、项目建设依托原则、物料进出库方式及比例、安全环保、能源使用原则及物料的周转次数、周转量、储存天数等。

（四）设计范围

设计范围应说明项目的设计范围以及主要工程内容。

（五）设计基础

设计基础应说明物料主要性质、公用工程条件、建设区域的自然条件(地理位置、地形地貌、水文、气象、工程地质、地震等级等)、周围环境(与居民点距离、附近有无其他大中型企业或重要建、构筑物和其他危险物品)和水电、运输、通信等情况。

（六）主要技术方案

1. 工艺技术方案

应说明物料进出库方式、储存方式、输送方案、计量方案、管道布置方案和主要设备选型等，详细内容主要有：

（1）工艺流程说明；

（2）铁路(或水运)油品装卸方式、货位(或泊位)的个数、专用线长度；

（3）汽车发油方式、装油的鹤管数、桶装灌油栓个数；

（4）装卸油泵及机组等工艺设备的型号、台数、规格；

（5）油气回收系统；

（6）油罐的结构类型、单个容积及个数。

2. 自动控制方案

应说明自动控制水平及控制系统配置方案（包括系统构成和主要功能、操作站设置、工艺及安防系统自动化、主要仪表及材料选用等）。

3. 总图运输方案

（1）说明总图布置的指导思想，分析总图布置的优缺点；

（2）竖向布置的特点，雨水排放和挡土墙及护坡等要求；

（3）库内运输方式、道路、围墙等。

4. 土建工程方案

（1）油库建（构）筑物一览表，注明各建（构）筑物的名称、结构形式、面积、层数、单位面积造价等；

（2）道路的等级、宽度、路面结构及造价；

（3）油库挖、填土石方量及平衡状况；

（4）洞库或隐蔽库的结构形式、工程量。

5. 公用工程方案

应说明给排水、供电、通信、供热和通风等方案。

（1）给排水部分：

① 水源及取水方法；

② 供水系统的设备（水泵、水塔等）及水管规格和布置；

③ 各部门的用水量及库区排水；

④ 污水处理流程及设备。

（2）供电和通信部分：

① 油库用电（动力和照明）负荷一览表，注明各部门（输油、消防、热工、机修等）用电负荷和时间；

② 油库配电方式、高压或低压计量、变压器的台数、容量、型号和规格；

③ 进线和架线方式及线路布置；

④ 通信系统综合说明（包括选用的交换台门数和电话的设置台数）；

⑤ 防雷、防静电接地及电器设备接地、接零保护措施。

（3）热工及采暖：

① 制定蒸汽负荷表，说明用汽单位和用汽量以及所需蒸汽的压力和用汽特点；

② 选择的锅炉台数、型号、规格及其辅助设备(水处理、上水泵等);

③ 蒸汽管的布置及管径;

④ 冷凝水管的布置及管径;

⑤ 位于采暖地区的建筑物采暖。

(4) 通风部分:

① 洞库、化验室、泵房的通风要求;

② 通风方式及设备;

③ 办公、生活等辅助功能房间，以及生产及辅助建筑物中有特殊要求房间的空调设计。

6. 辅助生产设施方案

应说明办公、中心控制和分析化验、洗修桶间、机修间、锅炉房、油料更生间等建筑物的设置方案。

7. 消防设施方案

应说明消防设施依托情况、消防设施的配置和消防安全方案等。

(1) 消防水源和消防水池;

(2) 油罐及其他生产设施采用的消防方式;

(3) 消防所需的灭火剂量和水量;

(4) 消防泵的台数、型号、规格及其使用的动力;

(5) 其他消防设备(消防车、泡沫液罐、消防水罐);

(6) 消防管道的布置及管径。

(七) 环境保护方案

环境保护方案应说明主要污染源、污染物排放和环境保护措施。

(八) 安全设施设置方案

安全设施设置方案应简要说明项目涉及的危险有害因素，并说明设计中采取的安全设施和措施。

(九) 职业病防护设施设计方案

职业病防护设施设计方案应简要说明生产过程中各类职业病危害因素，并说明设计中采取的职业病防护设施和措施。

(十) 节能措施

节能措施应包括采取的主要节能措施及能耗指标。

(十一) 主要技术经济指标

主要技术经济指标的内容应符合下列规定:

(1) 公用工程消耗量应包括电、水、压缩空气、蒸汽和氮气等的年用量;

(2) 主要概算指标应包括建设投资、单位容量造价、建设期借款利息和铺底流动资金；

（3）项目建设用地应列出用地面积和征地面积及利用率；

（4）“三材”的总用量及单位储油容量的用量；

（5）油库生产和非生产投资比例。

（十二）人员编制

人员编制应说明各类岗位定员及总定员，包括行政人员、技术人员、工人和消防警卫及勤杂人员。

（十三）执行的主要标准

执行的主要标准应列出其名称及编号。

（十四）存在问题及建议

存在问题及建议应说明项目技术方案、依托条件、各专项评价报告及批复等存在不落实、需要进一步确定的问题及建议。

CHAPTER 4 / 第四章

油罐及罐区设计与建造问答

【025】如何选择油罐单罐容量

油罐单罐容量的选择是否合理，影响到油罐的技术经济指标、使用管理的难易程度及安全运行等诸多问题。

(一) 油罐单罐容量选择存在的问题

近些年来，不少非商用油库陆续扩建一些地面油罐，或将数个卧式小罐改建为立式地面大罐，这对提高油料供应保障能力和提高经济效益都起到了积极的作用。但是，从油库工程技术经济合理性上来探讨，还存在着油罐单罐容量选择不合理的问题，普遍存在单罐容量选择过小的现象。例如：有的单位扩建总容量为6000m^3的地面油罐，选用12个单罐容量为500m^3的立式小罐，组成一排罐组，占去一大块可贵的土地；有的单位扩建总容量为7000m^3的地面油罐，选用7个单罐容量为1000m^3的立式油罐。从技术经济性来讲，这些都是不合理的。

(二) 油罐单罐容量选择技术经济比较分析

选择小油罐，既不经济合理，也不利于操作管理和维修保养，现以扩建6000m^3总容量为例，选择单罐容量分别为500m^3、1000m^3、2000m^3、3000m^3四种不同规格的地面立式油罐，组成4种不同形式的油罐组，按照《石油库设计规范》的要求，合理布置油罐，设计罐组防火堤，如图4-1~图4-4所示。并对4种不同的罐组进行技术经济比较，其结果见表4-1。

由表4-1可以得出如下结论：建造总容量相等的地面立式油罐组，单罐容量选择小的罐组比选择大的罐组，其罐组中油罐的个数、防腐表面积、耗钢量、占地面积、罐体阀门、罐体附件、造价等总数都会增加；每立方米油的耗钢量和造价会增加；操作管理和维修保养的工作量会增加；油料自然蒸发损耗也会增加。可见油罐单罐容量的合理选择是非常重要的。

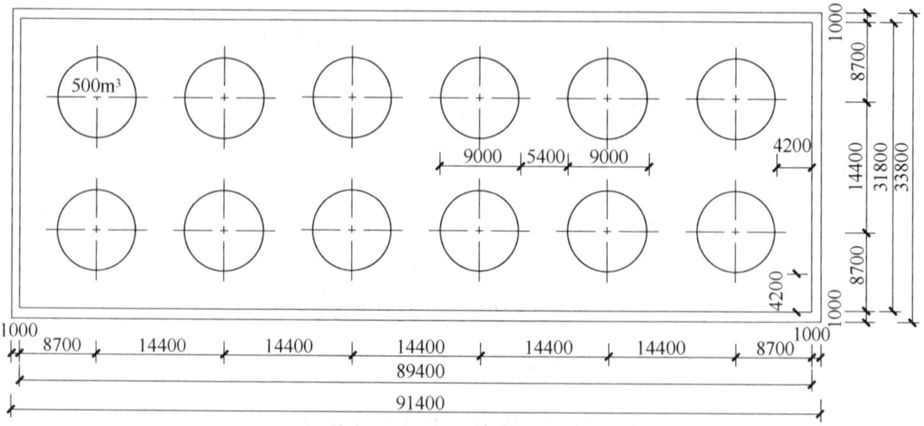

图 4-1 单罐 500m³组合

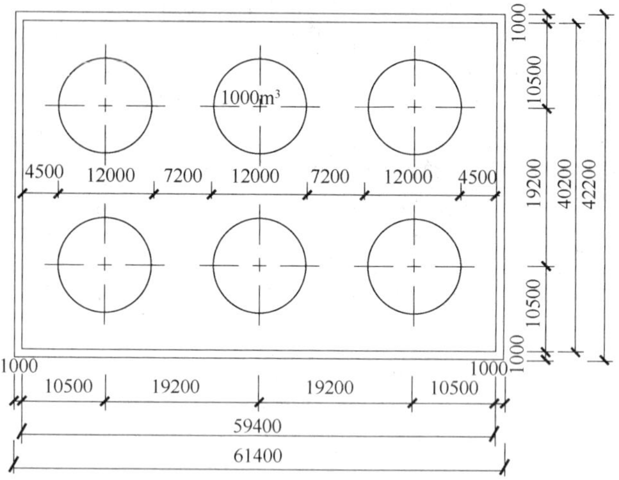

图 4-2 单罐 1000m³组合

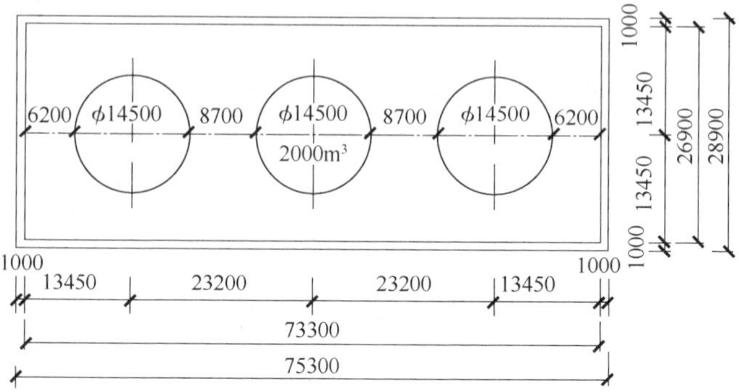

图 4-3 单罐 2000m³组合

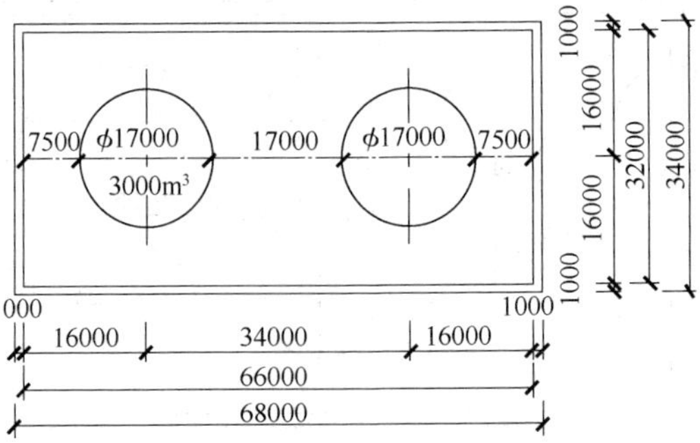

图 4-4　单罐 3000m³组合

表 4-1　不同单罐容量的罐组技术经济比较表

单罐容量/m³	油罐个数/个	防腐表面积/m²		耗钢量			罐组占地面积/亩	罐组防火堤/m³	阀门数/个		罐体附件数/件			造价	
		单罐	罐组	单罐/t	罐组/t	每 m³ 油/kg			单罐	罐组	人孔	呼吸阀	阻火器	罐组总造价/万元	每 m³ 油/m³
500	12	495	5940	12. 83	153. 96	24. 68	4. 63	246	4	48	12	12	12	136. 78	227. 97
1000	6	803	4818	23. 18	139. 02	23. 19	3. 89	203	4	24	6	6	6	119. 15	198. 58
2000	3	1243	3729	37. 16	111. 48	18. 40	3. 27	290	4	12	6	3	3	96. 21	160. 35
3000	2	1653	3306	55. 19	110. 38	18. 25	3. 47	320	4	8	4	2	2	95. 25	158. 75

注：1. 本表按总容为 6000m³的地面立式拱顶金属油罐组计；

2. 防腐表面积系油罐外表面和罐内顶、底表面积之和；

3. 当时（1994 年）估算单价：罐体钢材及安装费 6000 元/t，防腐费 25 元/m²，征地费 50000 元/亩，防火堤砌筑 70 元/m³。现在（2020 年）单价已不准确了，只能作为造价大小的相对比较。

（三）油罐单罐容量选择考虑的因素与遵循的原则

当然，油罐的单罐容量也不能无限地选大，要考虑诸多因素，应遵循以下原则。

第一，应考虑油库的规模。规模大的油库，单罐容量应选大的，这样油罐个数会相对减少，既经济合理，也能满足使用要求。相反，规模小的油库，如选择大容量的油罐，则油罐个数可能会太少，这会造成油罐互倒及油罐维修等使用中的不便。

第二，应考虑油库的性质和任务。独立油库、储备油库一般库容量都较大，则应选单罐容量大的油罐；企业附属油库和仅担负中转、供应的油库一般库容量较小，则应选单罐容量较小的油罐为宜；机场附属油库为了划分储存、沉淀、使用等用途不同的油罐，油罐个数需要得多，则单罐容量应相对小一点。

第三，应考虑油库储油品种。按使用要求，每种油品的油罐个数不得少于两个，则油品种类多的油库油罐总个数就多，在总容量一定的情况下，单罐容量只好选小的。

第四，应考虑油库的消防设备能力和管理水平。消防设备能力强、管理水平高的油库，应选单罐容量大一些。

第五，应考虑油罐的结构形式。我国常见的地面立式金属油罐有两类，一类是固定顶油罐，另一类是浮顶油罐。这两类油罐，国内都有系列设计，并都有建造实例。其固定顶油罐系列为 $100m^3$、$200m^3$、$300m^3$、$500m^3$、$700m^3$、$1000m^3$、$2000m^3$、$3000m^3$、$5000m^3$、$10000m^3$ 等 10 种规格，浮顶油罐系列为 $300m^3$、$1000m^3$、$2000m^3$、$3000m^3$、$5000m^3$、$10000m^3$、$20000m^3$、$30000m^3$、$50000m^3$ 等 9 种规格。可见浮顶罐比固定顶罐的单罐容量可以建的大得多。

第六，对于扩建油库，单罐容量的选择还应考虑已有油罐的结构形式、单罐容量及余留场地的大小和整体布局的协调一致。在余留场地允许的情况下，一般应选择与原有油罐同容量、同结构为宜，这样使同一罐区在使用、安全、对空隐蔽等方面取得等效。

第七，单罐容量的选择还应考虑目前科技水平、机械制造能力、材料设备性能、国家及行业的经济实力，这可归纳为一句话，即应符合国情。

遵照上述原则，结合非商用油库当前的实际情况，笔者认为储存主(轻)油的地面立式固定顶油罐，单罐容量一般选用 $2000m^3$、$3000m^3$ 为宜，最大油罐选 $10000m^3$ 较妥，根据目前非商用油库人员素质和管理水平，不宜建造太大的油罐。但最小的油罐也不宜小于 $1000m^3$。储存汽油的地面罐，为了降低油品蒸发损耗，选用内浮顶油罐为好。附属油料一般品种较多，单品种储量又少，单罐容量选 $1000m^3$ 以下为宜，或选择更小的卧式油罐。

【026】油罐几何尺寸选择不合理有何弊端

油罐罐体几何尺寸选择得是否合理，直接影响到油罐的技术经济指标和油罐结构强度及安全运行等诸多问题。

(一) 现场发现的不合理的选择

油罐罐体几何尺寸选择是否合理，对油罐各项技术经济指标影响极大。对于我国常用的立式拱顶油罐来说，其罐体几何尺寸的选择，是指对油罐直径、壁高、拱顶矢高和曲率半径的选择和搭配。这种工作在油罐设计时已做了精心比较、筛选，得出技术经济合理的相关尺寸，已有了定型的系列设计图。任意改变油罐罐体的几何尺寸，定会造成其技术经济上的不合理性。但是有的单位在扩容改造中，却又存在这种弊病，例如：有的单位要扩建 3000m^3 的地面油罐，拿 5000m^3 的地面油罐设计图纸，截去一节直接来用；有的单位拿 3000m^3 的设计图，截去一节当 2000m^3 的罐用。这样做不但一次投资增加了，而且也增加了长期使用的经营管理费用。

（二）技术经济指标分析

现以 5000m^3 油罐图截去一节当作 3000m^3 的油罐使用为例，与标准的 3000m^3 油罐进行比较。这两种相同容量而几何尺寸不同的油罐如图 4-5、图 4-6 所示。

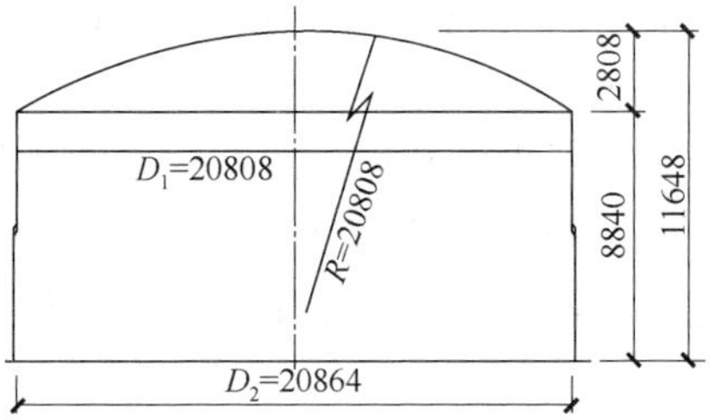

图 4-5　3000m^3 非标罐

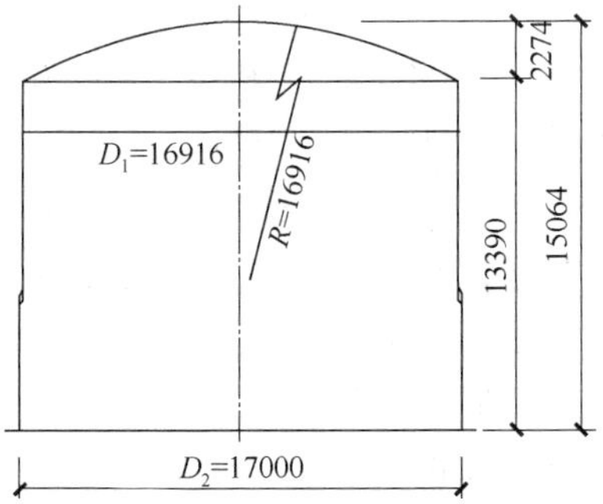

图 4-6　3000m^3 标准罐

如图 4-5、图 4-6 所示，对这两种油罐进行技术经济比较，其结果见表 4-2。

表 4-2　两种同容量不同尺寸油罐技术经济比较表

罐型	实际装油量/m^3	空间利用率			蒸发损耗倍数	耗钢量		表面积/m^2		单罐占地面积/m^2	造价	
		油罐总体积/m^3	气体空间体积/m^3	利用率/%		单罐/t	每 m^3 油/kg	罐总表面积	防腐面积		单罐/万元	每 m^3 油/元
5000m^3 改 3000m^3 罐	3024	3518	494	85. 96	1. 88	60. 99	20. 17	1289	2019	396	44. 61	147. 52
3000m^3 标准罐	3024	3287	263	92. 01	1	55，19	18. 25	1184	1653	272	39. 28	129. 89

由表 4-2 可以得出如下结论：油罐几何尺寸选择不当，会使同样容量的油罐，其空间利用率、油品蒸发损耗、耗钢量、占地面积、防腐表面积、造价等都会相对增加。

油罐空间利用率、油品蒸发损耗和防腐表面积的增加，会造成油罐长期使用、管理、经营费用提高，影响经济效益。

（三）油罐几何尺寸选择的技术分析

由以上分析可见，对油罐几何尺寸的合理选择至关重要。

1. 油罐高、径比选择的分析

油罐直径，高度及拱顶矢高、曲率半径等几何尺寸的确定，都需经过设计计算。常用的立式拱顶地面金属油罐，容量在700m^{3}以下的通常为等壁厚油罐，其油罐直径和壁高差不多，这才相对经济。因为同体积的容器，圆球的表面积最小、耗材料最少。那么越接近圆球的几何形状，其表面积就会越小，耗材料也越少。容量在1000m^{3}以上的油罐，罐壁厚度需要变化，下面的圈板应比上面的圈板加厚，才能满足油罐承压的要求。这种变壁厚的油罐，其直径应比壁高大才能相对经济。而且单罐容量越大，油罐直径比壁高大得越多，才会更经济合理。

2. 地下油罐几何尺寸选择的特殊考虑

地下掩体和洞库内立式油罐的几何尺寸选择，比地面立式油罐考虑的因素更多，既要考虑金属罐体的造价，还要考虑土建部分的造价和施工的难易程度，综合比较，进一步优选后才能确定其油罐各部的几何尺寸。因此，有的人简单地把掩体罐的金属油罐作为地面油罐用，技术经济上肯定是不合理的。若单纯地从经济指标上来考虑，掩体油罐在不同的国家，或同一国家的不同时期，其几何尺寸的选择可能不同，这主要取决于当时钢材和土建材料的比价以及金属与土建施工机械化程度和技术水平的差别。由此可见，各个国家或同一国家的不同时期，油罐特别是掩体和洞式油罐的标准图纸的几何尺寸是有所不同的。

【027】怎样合理设计立式油罐排污系统集水槽

油罐排污系统是油罐必不可少的重要系统。在清洗油罐时可由此排放污水；在储油过程中可由此排放油罐底水。它对保证油料质量至关重要。但目前国内有些油库的油罐排污系统尚存在一些问题，特别是排污系统的集水槽问题更多，值得探讨。

（一）立式油罐排污系统集水槽形式的选择

立式油罐排污系统的集水槽，国内常见的形式有两类：一类为虹吸排放式，另一类为自流排放式。

1. 虹吸排放式集水槽

虹吸排放式集水槽又有深型集水槽与浅型集水槽两种。

（1）深型集水槽：深型集水槽详图如图4-7所示，其结构及尺寸见表4-3。

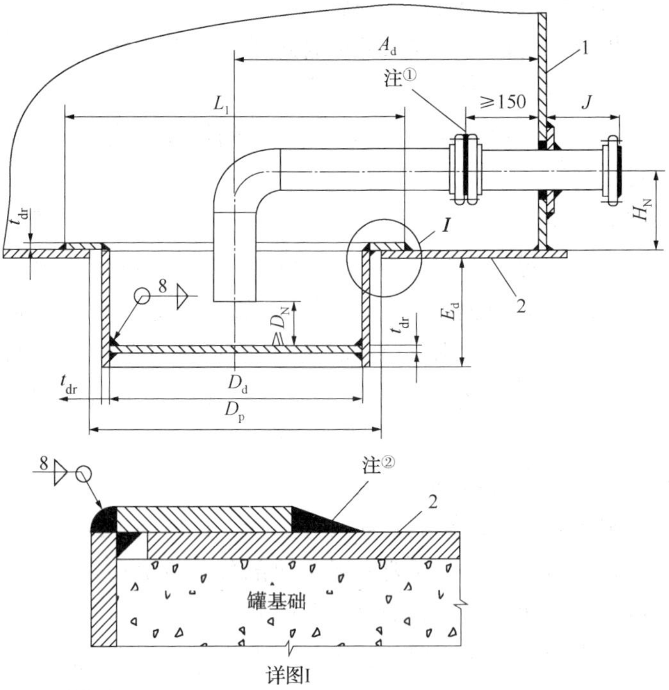

图 4-7 深型集水槽详图

1—罐壁板；2—罐底板

注：①此处可采用焊接连接；

②此处为不等边角焊缝

表 4-3 深型集水槽 mm

接管公称直径 DN	集水槽直径 D_d	集水槽深度 E_d	集水槽中心至罐壁距离 A_d	集水槽钢板最小厚度 t_{dr}	集管最小壁厚 t_n	补强板外径 L_1
50	610	305	1050	8	6	880
80	910	455	1500	10	6	1180
100	1220	610	2050	10	6	1480
150	1520	915	2600	11	6	1780

注：1. 尺寸 A_d 为参考值，还应满足集水槽周边焊缝到环形边缘板与中幅板连接焊缝的距离不小于 300mm 的要求；

2. 厚度尺寸不含厚度附加量。

（2）浅型集水槽。对于有滑移可能的油罐宜采用浅型集水槽(图 4-8)。浅型集水槽应符合下列规定：

① 不包含厚度附加量在内的集水槽钢板厚度 t_{dr} 不应小于 8mm，槽深度 E_d 不应大于 150mm；

② 集水槽与罐底连接的焊脚尺寸 B_h 应取两相焊件中较薄件的厚度。

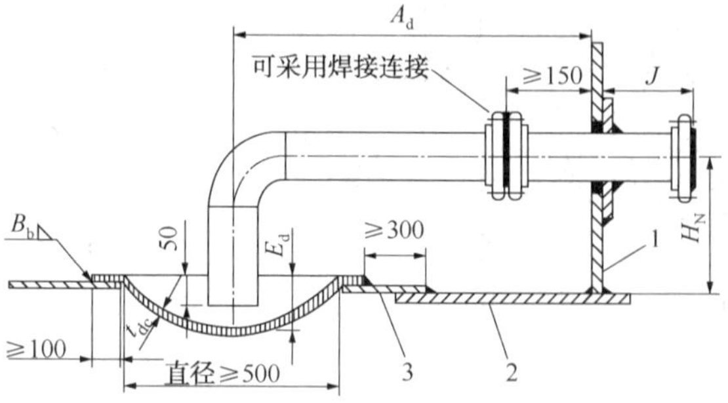

图 4-8 浅型集水槽详图

1—罐壁板；2—边缘板；3—中幅板

（3）虹吸排放式集水槽的其他要求：

① 罐底集水槽中心线至罐壁的距离 A_d 应满足集水槽周边焊缝到环形边缘板与中幅板连接焊缝的距离不小于 300mm 的要求。当接管悬臂较长时，应采取适当的支撑措施。

② 集水槽的材质应与罐底板材质相同或相近。

2. 自流排放式集水槽

自流排放式集水槽是罐底方形集水槽，如图 4-9 所示。

3. 两类排污形式比较和选择

这两类排污形式进行比较，自流排放式较好。它既可排除储油过程中油罐的底水，又可排放腾空油罐后清洗油罐的污水。而虹吸排放式仅能在储油过程中，依靠油位的静压力排除油罐的部分底水，油位低到不能造成虹吸后的底水无法排出，油罐腾空后清洗油罐的污水更无法排除。因此作者认为，立式油罐排污系统的集水槽选择自流排放式为好。

（二）对自流排放式集水槽结构形式的改进

选择自流排放式集水槽虽好，但现场发现已建的自流排放式集水槽在结构上还存在一些问题，值得改进。经过调查研究及设计计算，本书特提出如图 4-9 所示的罐底方形集水槽平面图、1-1 剖面与 2-2 剖面及“甲”大样改造的新结构形式。与旧结构的集水槽比较，有如下 5 点改进：

1. 集水槽钢板厚度和防腐层的改进

旧集水槽钢板未特殊加厚，板厚通常只有 6mm。钢板防腐也未采取特殊措施，致使水槽容易锈蚀、穿孔，留下了跑油的隐患。

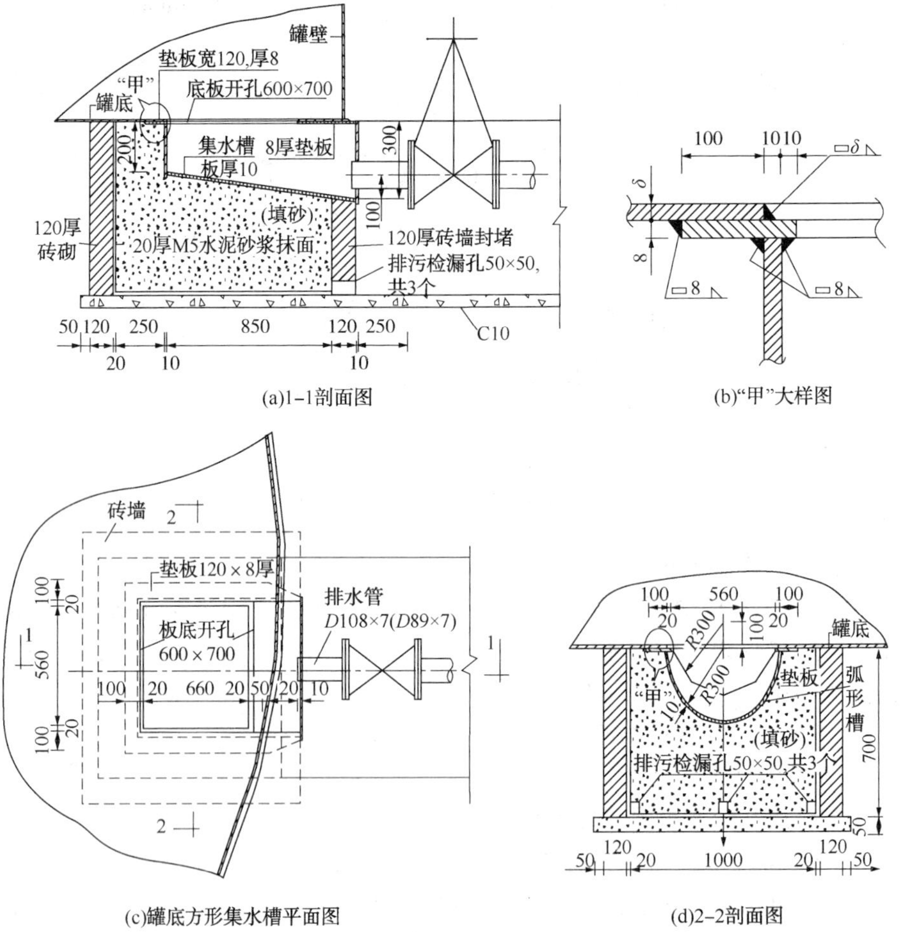

(a)1–1剖面图　(b)"甲"大样图
(c)罐底方形集水槽平面图　(d)2–2剖面图

图4–9　自流排放式集水槽新结构形式图

新集水槽钢板加厚到10mm，并加8mm厚的加强垫板与罐底板焊接。集水槽安装焊接完毕，槽内装煤油试漏合格后，对槽内外用3道环氧树脂、2道玻璃布加强防腐，减少了锈蚀、穿孔、跑油的隐患。

2. 集水槽槽头的改进

旧集水槽槽头用半圆形法兰和法兰盖，加工困难，难以严密。

新集水槽取消半圆形法兰和法兰盖，改用钢板焊死，不但减小加工安装的难度，减少加工费用，同时保证了集水槽的严密性。

3. 集水槽槽体的改进

旧集水槽槽体为半圆形，且无坡度，槽内水难以排净。

新集水槽改为半圆锥状弧形槽，有向外的坡度，使槽内水可完全排净。

4. 集水槽排水管的改进

旧集水槽的排水管由集水槽的下部接出，不但造成排水管检查维修困难，而且降低了排水管的标高，进而会降低全程排污系统管路的标高，致使施工困难，投资增加。

新集水槽排水管由槽头底部接出，便于检查维修，且提高了系统标高，减少了施工困难和施工费用。

5. 集水槽罐底槽坑的改进

旧集水槽安装集水槽处的罐底槽坑局部悬空太大，容易造成油罐局部沉陷。

新集水槽在集水槽的坑内填满干燥的沙子，并用120mm厚墙砌封堵。一者解决罐底板局部悬空太大的问题；二者隔绝集水槽与空气的直接接触，减少腐蚀。为了检查集水槽是否锈穿渗漏，在砌墙封堵时预留3个排污检渗孔。若有渗漏，即从排污检渗孔流出，可将砌墙封堵拆除，铲除填沙，及时修补。

【028】怎样设计洞式油库排水系统

洞式油库排水系统比较复杂，因为它需要考虑洞库的山体渗水，这部分水的水量及水流规律难以掌握，所以排水系统的排水沟断面尺寸或排水管管径不好确定，这些就是问题所在。

（一）洞库排水的目的及排放期

1. 洞库排水的目的

洞库排水目的有三个：其一为及时排走罐室和通道被覆外的山体渗水；其二为排放油罐底部的沉淀水；其三为排除清洗油罐和通道的污水。

2. 洞库水的排放期

山体渗水一般应按长流水自流排放，不能采用定期、间断排放。因为若定期、间断排放会憋压，进而可能破坏被覆结构。

罐底沉淀水和冲洗污水的排放是人为掌控的排放，所以可采取定期、间断排放。

（二）洞库排水系统设计原则

1. 山体渗水的排放原则

山体渗水虽然水流不大，但水压力不小，水压力的大小由山高确定，山越高压力越大，所以山体渗水的排放不宜采用堵的办法。

山体渗水应遵照引流、疏通、排放的原则。宜采取离空被覆或在被覆层与围岩间每隔一定距离留排水通道通至罐间、通道，在罐间的环形走道和通道内设边沟。为减少洞内潮湿，边沟宜做成暗沟。

2. 油罐底部沉淀水和洗罐污水的排放原则

油罐底部沉淀水和洗罐污水应遵照两条排放原则：其一应采取密闭系统，否则会污染洞内环境，使洞内油气超标，产生安全隐患；其二必须经过处理，达到国家要求的排放标准才能排出油库，否则会污染库外环境。

（三）洞库排水系统的做法

1. 洞库排水系统的常规做法

洞库排水系统通常为支沟、支管分设，干沟（或干管）合并。即山体渗水专设支沟，罐底沉淀水和洗罐污水共设排污支管，支沟、支管均接至主通道的排水干沟（或干管）排出洞外，但需在排出洞外前安装“隔油排水设施”。

2. 航空油料洞库排水系统的特殊做法

为了保证航空油料的质量，洞罐底部沉淀水要求不定期随时排除。考虑到排出的底水中含油量较高，所以通常将罐底含油污水经专门密闭管道系统排至洞外放空罐中再进行处理，与山体渗水排放系统完全分开。

（四）洞库排水系统设计

1. 洞库排水系统设计的复杂性

洞库排水系统设计的复杂性主要是因为山体渗水和罐内沉淀水等两种水的单位时间排水量均难以确定。

山体渗水受山体形状、地形、地貌、地质结构、护体被覆质量、当地气象及季节等诸多因素影响，必须经过长期观察才能确定全年最大的单位时间排水量。若单位时间排水量很小，甚至长年无山体渗水排出，则主、支通道的排水边沟就可小，而且可为明沟；若单位时间排水量很大，且全年的山体渗水为长流水，则主、支通道的排水边沟就要大一点，而且应为暗沟，否则会使洞内很潮湿。

罐内沉淀水量由罐内储油品种的含水量及罐底沉淀水向罐底集水槽流进的水量决定。不同油品或同种油品而不同炼油厂的产品其含水量可能都不等，这也需要长期观察、调查研究。罐底沉淀水向罐底集水槽流进的水量受罐底坡度坡向决定，这也难以估计。由于从罐内排出的排水量不好确定，因此罐底排水管径也不好确定。

2. 洞库主通道排水设计

洞库内各个油罐的排水支管和罐室内山体渗水的排水支沟，二者均通至主通道排水总沟，由总沟排出洞外。

为了便于清通总沟，应在罐底排水支管、罐室山体渗水支沟与主通道的总沟交接处设清通井，通常称为检查井。

为了防止洞内油料跑出洞外，应在防护门内侧的主通道的总沟上装“隔油排水设施”，并在洞口外设拦油堤，作为防止洞内油料流失的第二道防线。

"隔油排水设施"已有定型产品，编者也曾设计了一种"浮球式隔油排水设施"，其安装简单，现场即可施工，安装大样如图 4-10 所示。

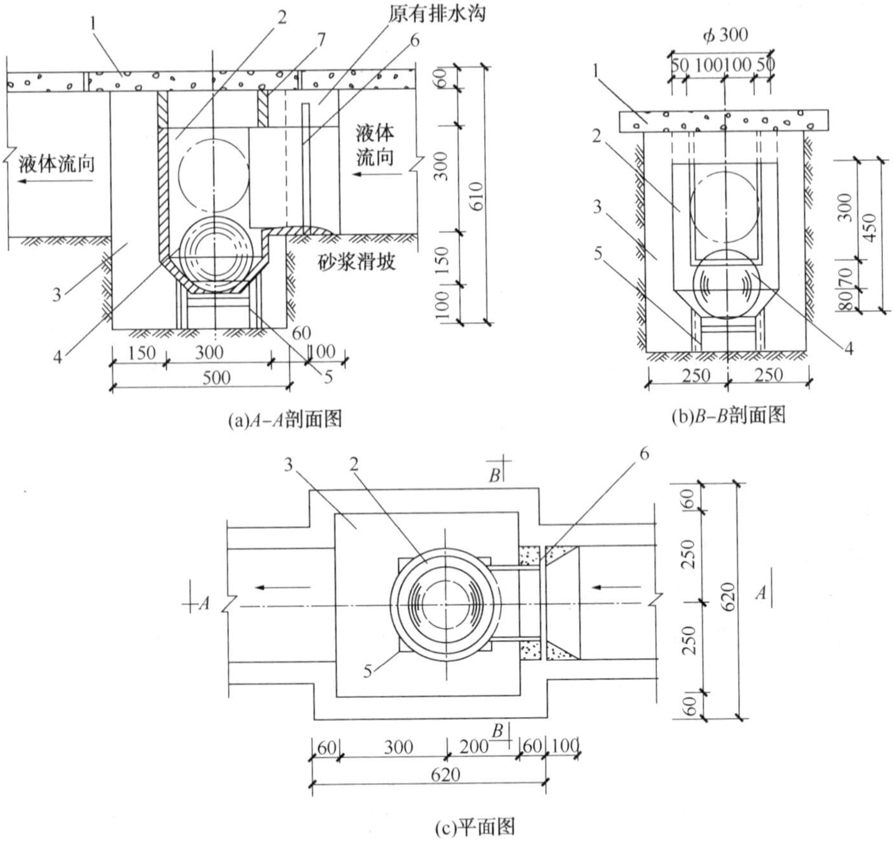

图 4-10 浮球式隔油排水设施

1—盖板；2—隔油排水器；3—隔离井；4—浮球；5—支架；6—隔栅；7—补高圈

【029】怎样设计立式油罐基础

油罐基础是支撑油罐及罐内液体的承压结构部分，一般应由结构专业人员根据地质资料进行设计。使之既满足承压要求，又无须做成庞大复杂的结构而造成不必要的浪费。然而在现场发现确有不合理的做法，造成很大浪费。

(一) 现场发现油罐基础的问题

有的单位新建的地面立式油罐基础，比油罐底板大 1.5m 宽的一圈，这既浪费建筑材料，增加了造价，又占去了防火堤内的有效容积，势必使防火堤加高或扩大范围。实际上油罐基础比油罐底板大出 60～80cm 宽的一圈就可以了。人在圈上走或在圈下走，都可以方便地沿罐周巡视检查，图 4-11 和图 4-12 分别表示了合理和不合理的两种基础的地面部分尺寸。

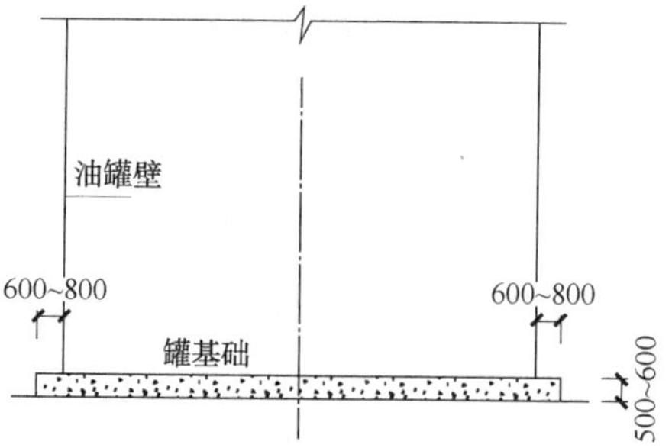

图 4-11　合理的罐基础

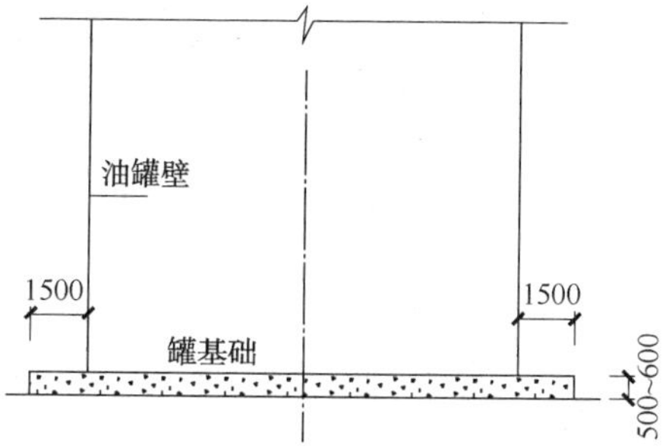

图 4-12　不合理的罐基础

又如，有的单位将油罐基础结构搞得较复杂，过度提高强度，不分地基是什么岩层、土壤，统统浇筑一层 15cm 左右厚的混凝土，造成不必要的浪费。

（二）油罐基础设计的步骤

油罐基础的结构设计，可分三步进行。

第一步，确定油罐对地基要求的承载力

油罐对地基要求的承载力，包括油罐罐体、附件和满罐液体（即水）的重量以及人和积雪等在罐顶的活载荷之总和，除以油罐底圈面积而得的单位面积荷载，一般为 10～18t/m^2，随油罐高度和直径的不同而有所不同，见表 4-4。

表 4-4　立式金属油罐地基要求最小承载力参考表

油罐容量/m^3	100	200	300	500	700	1000	2000	3000	5000	10000
罐底圈外径/m	5. 008	6. 508	7. 508	9. 008	10. 008	12. 45	15. 514	18. 018	22. 024	28. 534
要求地基承载力/(t/m^2)	8	8	8	10	10	10	13	13	16	16

第二步，考查建罐罐位地基的实际承载能力

如果拟建罐位或附近有地质资料可借鉴时，考查分析地质性质和不完整性等缺陷。如果地基为土壤，则主要应勘测土壤的承载力和土层均匀程度。地基土壤最好为砂土层，因为砂土层一般承载能力高，也较均匀。

建造 2000m^3 以下的油罐，靠有经验的地质或结构专业工作者实地挖槽勘测，并用打钎的土办法判断地基承载力即可。若建造 3000m^3 以上的大型油罐或地层结构较复杂，则最好通过钻探来测算地基承载力为妥。

第三步，设计油罐基础结构

根据不同的地层结构和承载能力，设计不同的油罐基础结构。

（1）油罐地基为岩层时，其结构设计如图 4-13 所示。岩层地基虽然承载能力高，但为了填平开挖的毛石茬口或不平整性、不均匀性以及为了利于排水，一般都应浇筑 6~10cm 厚的低标号混凝土找平层，然后做 30cm 厚中粗砂垫层，再铺 10cm 厚沥青砂防腐层。

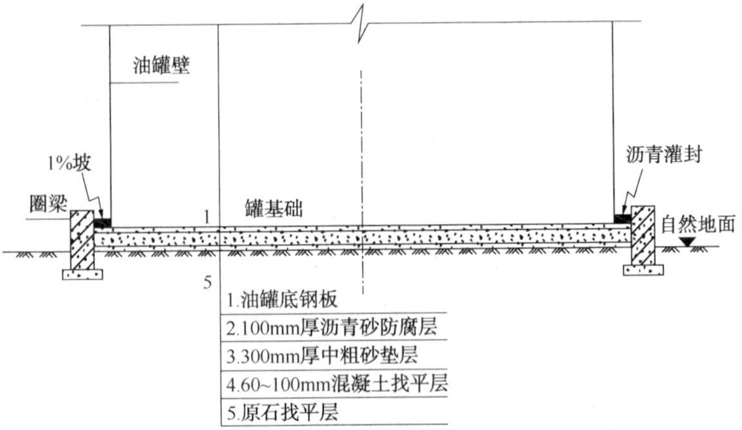

图 4-13 地基为岩层的基础

（2）油罐地基为土壤时，其基础的一般做法为 4 层：最下层为素土层，往上依次是灰土层、砂垫层、沥青砂防腐层，如图 4-14 所示。素土层的做法：先把地基表面的耕作层和回填土全部挖掉，挖至老土为止，然后用素土逐层回填夯实；灰土层的做法：以 3∶7（或 2∶8）灰土铺平分两步夯实，也有用碎砖三合土夯实代替灰土层；砂垫层的做法：用含泥量不大于 5%的粗砂或中砂铺成中心高四周低的锥形面，其厚度为 20~30cm；沥青砂防腐层的做法：用含杂量不大于 4%的中砂或细砂烘干，与加热沥青搅拌均匀滚压而成。常用的沥青为 30 号石油沥青，其含硫量不大于 0.2%，沥青与砂的比为 1∶9。沥青砂防腐层厚为 8~10cm。

（三）油罐基础设计尚应考虑的问题

地面油罐的基础应高出周围地面 50~60cm，以便排水。为防止砂垫层被油罐沉降时挤出，在软基础外围做挡墙和钢筋混凝土圈梁。有的单位把挡墙和圈梁直径缩小，使油罐壁直接坐在上边。这种做法欠妥，因为油罐全部坐落在均匀的砂、土基础上时，罐底在理论上仅受压力，没有弯矩。若油罐坐落在中间软而周边硬的两种不同强度的基础上，罐底边缘会受到弯矩，将会使罐底寿命大大降低。还要注意的是，挡墙、圈梁与油罐排污坑的土建连接处应设沉降缝，否则在油罐试水沉降时，会在连接处出现不规则的裂缝。假若出现裂缝后，要等油罐试水沉降停止，处于稳定状态后，再进行修补处理。

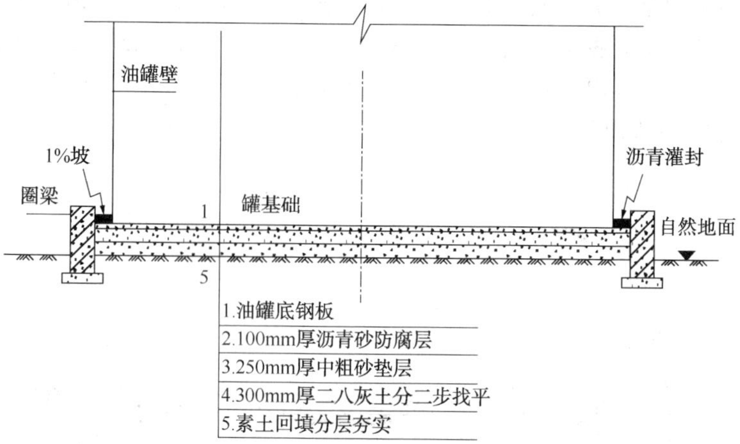

图 4-14　地基为土壤的基础

【030】怎样设计埋地卧式油罐基础

《汽车加油加气站设计与施工规范》(GB 50156—2012)中规定：加油站的汽油罐和柴油罐应埋地设置，严禁设在室内或地下室内。《石油库设计规范》(GB 50074—2014)中规定：当埋地油罐受地下水或雨水作用有上浮的可能时，应对油罐采取抗浮措施。

(一) 埋地卧式油罐基础现场发现的问题

有的单位虽然遵照上述规范对埋地卧式油罐的敷设采用直埋形式和抗浮措施，但现场发现埋地卧式油罐的基础非常复杂，抗浮锚块也较庞大，造成很大浪费。如：有的罐基土壤承载力很高，地质又较均匀，原土夯实即可满足要求，却打了 40cm 厚混凝土垫层，并做了两个混凝土支墩；有的建罐地区本来地下水位很低，油罐只有一小部分被水浸没，油罐不会被上浮，却做了很大的锚块。

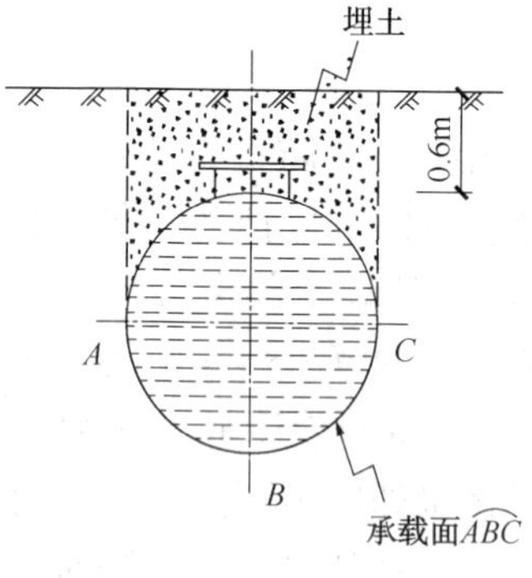

图 4-15　载荷与承载面积图

(二) 埋地卧式油罐的基础通常做法

油罐基础的做法主要取决于油罐要求的承载能力。埋地卧式油罐要求的承载能力应等于油罐及其附件自重与罐内满装液(水)重及油罐水平直径以上部分覆土重之总和除以承载面积。而承载面积应等于油罐水平直径以下部分的面积(图 4-15)。照此计算得出不同规格的卧式油罐，罐上覆土厚 60cm 时的承载能力见表 4-5。

表 4-5 埋地卧式油罐承载力

油罐容积/m^3	10	25	50
总质量/t	24	48.5	93.5
承载面/m^2	9.6	17.7	38.3
承载力/(t/m^2)	2.5	2.74	2.44

由表 4-5 可以看出，埋地卧式油罐要求的承载力很小，最大不超过 $3t/m^2$，比立式油罐要求的承载力低得多，一般土壤只要挖到老土，夯实回填都可以满足卧式罐承载力的要求，不需要打混凝土垫层，也不需要做混凝土支墩，如图 4-16 所示。如果埋地油罐被地下水浸泡，在空罐时有被浮起的危险时，才需要做混凝土支墩加扁钢锚固。

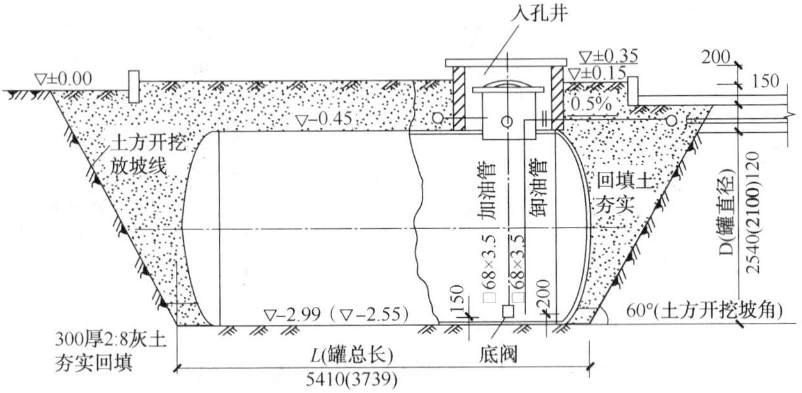

图 4-16 卧式油罐无抗浮的安装图

(三) 埋地卧式油罐抗浮计算与锚块设计

当埋地卧式油罐被地下水浸泡时，即应考虑校核空罐时的抗浮问题。首先按无混凝土支墩或无梁板式钢筋混凝土基础锚固时的抗浮校核，其抗浮条件见式(4-1)：

$$G_z+G_{土} \geqslant V_s \cdot Y_s \cdot K \tag{4-1}$$

式中 G_z——油罐的总自重，t；

V_s——油罐埋入地下部分的体积，m^3；

Y_s——水的容重，$Y_s=1t/m^3$；

K——安全系数，$K=1.1\sim1.5$。

$G_{土}$——油罐水平直径以上覆土总重量[图 4-15、图 4-16、式(4-2)]。

$$G_{土}=(D \cdot L \cdot H-V/2) \cdot Y_{土} \tag{4-2}$$

式中 D——油罐外直径，m；

L——油罐的总长度，m;，

H——油罐水平轴至回填土表面的距离，m；

V——油罐体积，m^3；

$Y_{\text{土}}$——土壤的容重，t/m^3，$Y_{\text{土}}=1.5t/m^3$。

由式(4-1)和式(4-2)分别对 $10m^3$、$25m^3$、$50m^3$卧式油罐进行计算，可得出如下结论：油罐顶覆土 0.6m，不加抗浮锚固，而空罐不被浮起的最高地下水位，对于 $10m^3$罐应低于 1m，对于 $25m^3$与 $50m^3$罐应低于 1.5m。经过计算，若不满足式(4-1)的抗浮条件，即 $G_z+G_{\text{土}}<V_s\cdot Y_s\cdot K$，则空油罐即会被浮起，必须加混凝土支墩和扁钢锚固，如图 4-17 所示。

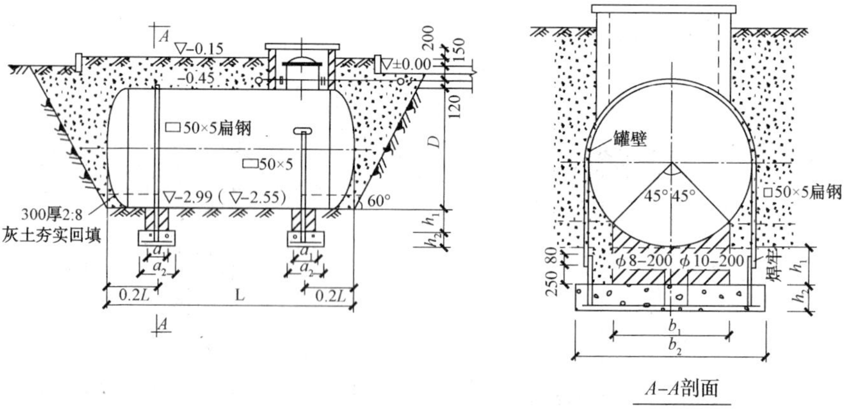

图 4-17　卧式油罐有抗浮锚固的安装图

有混凝土支墩时的抗浮条件见式(4-3)：

$$G_z+G_{\text{土}}+V_m\cdot Y_m\geqslant(V_s+V_m)Y_s\cdot K \quad (4-3)$$

由式(4-3)可推得锚块的体积为：

$$V_m\geqslant KV_s\cdot Y_s-G_z-G_{\text{土}}/Y_m-K\cdot Y_s \quad (4-4)$$

式中　V_m——锚块的全部体积，m^3；

Y_m——锚的容重，t/m^3；

砖 $Y_m=1.7t/m^3$，混凝土 $Y_m=2.2\sim2.4t/m^3$，钢筋混凝土 $Y_m=2.4\sim2.5t/m^3$。

按照计算得锚块总体积 V_m，再根据土建结构的一般做法设计图 4-17 中各部尺寸，一般要求图 4-17 中砖支座厚度 a_1不小于 370mm(即 1 砖半厚)，砖支座包角一般为 90°~120°，混凝土支座宽度 b_2一般应比罐直径至少大 15%。根据式(4-4)及常规做法，笔者对 $10m^3$、$25m^3$、$50m^3$卧式油罐的抗浮锚块做了设计计算，见表 4-6。

表 4-6 埋地卧式罐抗浮锚块尺寸

罐容/m^3	a_1/mm	a_2/mm	b_1/mm	b_2/mm	h_1/mm	h_2/mm	支墩个数/个
10	500	800	1500	2500	500	300	2
25	600	1000	1800	3000	500	300	2
50	1000	1500	1800	3000	500	800	4

【031】对照规范，油罐组防火堤现场发现哪些问题

防火堤虽是很简单的构筑物，但设计不当会造成投资大、占地大、不起作用等不合理的问题。《石油库设计规范》(GB 50074—2014)中虽对防火堤设计有明确规定，但编者在油库现场仍发现了一些不符合规范要求的问题。

(一) 规范中对油罐组防火堤的要求

《石油库设计规范》(GB 50074—2014)中对防火堤的规定摘编如下。

(1) 同一个防火堤油罐组内总容量应符合下列规定：

① 固定顶储罐组及固定顶储罐和外浮顶、内浮顶储罐的混合罐组的容量不应大于 $12\times10^4m^3$，其中浮顶用钢质材料制作的外浮顶储罐、内浮顶储罐的容量可按 50%计入混合罐组的总容量。

② 浮顶用钢质材料制作的内浮顶储罐组的容量不应大于 $36\times10^4m^3$；浮顶用易熔材料制作的内浮顶储罐组的容量不应大于 $24\times10^4m^3$。

③ 外浮顶储罐组的容量不应大于 $60\times10^4m^3$。

(2) 同一个防火堤油罐组内油罐数量应符合下列规定：

① 当最大单罐容量大于或等于 $1\times10^4m^3$时，储罐组内数量不应多于 12 座。

② 当最大单罐容量大于或等于 1000m^3时，储罐数量不应多于 16 座。

③ 单罐容量小于 1000m^3或仅储存丙 B 类液体的罐组，可不限储罐数量。

(3) 地上油罐组内排列的要求：单罐容量小于 1000m^3的储存丙 B 类液体的储罐不应超过 4 排；其他储罐不应超过 2 排。

(4) 防火堤的高度和宽度的要求：地上储罐组的防火堤实高应高于计算高度 0. 2m；防火堤高于堤内设计地坪不应小于 1. 0m；高于堤外设计地坪或消防车道路面(按较低者计)不应大于 3. 2m；地上卧式储罐的防火堤应高于堤内设计地坪不小于 0. 5m；防火堤宜采用土筑防火堤，其堤顶宽度不应小于 0. 5m。

(二) 油罐组防火堤现场存在的问题

1. 油罐组防火堤的分格不当

《石油库设计规范》中规定，同一防火堤内油罐的个数最少可有 12 座，但有的单位建造 12 个 500m^3地面立式油罐，排成一排，防火堤一个罐一格，两罐之

间还建两道防火隔墙，如图 4-18 所示。这样的防火堤分格明显不当，与规范允许范围相差太大，技术经济很不合理。而且这个单位地处黄金地段，这样做浪费太大。

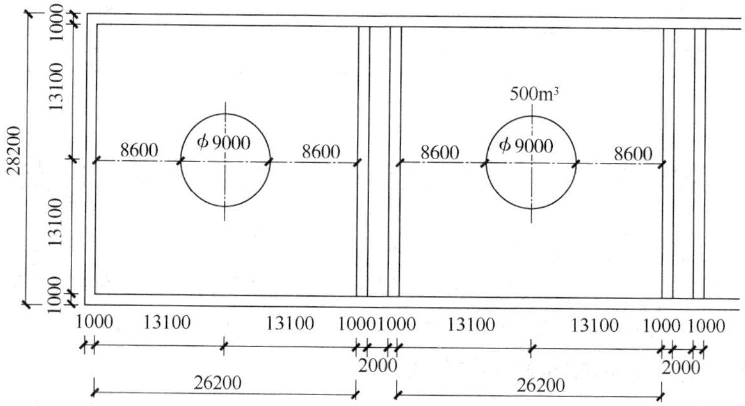

图 4-18　防火堤分隔不合理

12 个 500m³油罐总容量也只有 6000m³，单罐容量又小于 1000m³，12 个油罐完全可以划为一个罐组，排成两排建在一个防火堤，完全可以符合规范的要求，这样既节约、占地小，又便于操作管理。仅防火堤一项按当时(1995 年)物价计算，大约可节省 3.5 万元。

2. 防火堤内容量的问题

防火堤内的容量在《石油库设计规范》(GB 50074—2014)中规定：地上储罐组应设防火堤，防火堤内的有效容量，不应小于罐组内一个最大储罐的容量。

所谓有效容量，即防火堤内的总面积，减去除最大储罐外其他罐的底面积乘以防火堤的有效高度后的容量。但有的油库防火堤内的容量达不到这个要求。一旦着火爆炸，防火堤内容纳不了最大储罐的容量，流散的油料就会流出防火堤外，使火情扩大，造成更大损失。这是规范不允许的。

3. 防火堤高度的问题

防火堤高度在《石油库设计规范》(GB 50074—2014)中规定：地上储罐组的防火堤实高应高于计算高度 0.2m，防火堤高于堤内设计地坪不应小于 1.0m，高于堤外设计地坪或消防车道路面(按较低者计)不应大于 3.2m。地上卧式储罐的防火堤应高于堤内设计地坪不小于 0.5m。这样规定是有科学道理和实践支持的，不可随意改变，因为防火堤太高不便于消防人员操作，且会妨碍人员消防操作视线。防火堤低了，挡不了事故时油料流出防火堤外，且不利于人员消防隐身。但有的油库的防火堤高度不符合这个规定。

4. 防火堤强度的问题

防火堤的强度要求在《石油库设计规范》(GB 50074—2014)中规定：防火堤应能承受在计算高度范围内所容纳液体的静压力且不应泄漏；防火堤的耐火极限不应低于5.5h。但有的油库的防火堤达不到这个要求。

有的防火堤厚度太薄，不能承受所容纳油品的静压力，起不到防止火灾蔓延的作用。有的防火堤太厚，造成不必要的浪费。

5. 防火堤材质选择的问题

防火堤材质选择在《石油库设计规范》(GB 50074—2014)中规定：防火堤宜采用土筑防火堤，其堤顶宽度不应小于0.5m。不具备采用土筑防火堤条件的地区，可选用其他结构形式的防火堤。隔堤(与防火堤)应是采用不燃烧材料建造的实体墙。

在实践中，常见的防火堤有砖砌的，有石砌的，有两面各砌24cm厚的砖、中间夹30cm左右厚的土、总厚度80cm左右。三者比较，第三种为好。因为第一种费工、费料、造价高。第二种不抗烧、容易裂；第三种省工、省料、造价低，也抗烧，总厚度便于人在上边行走。

6. 防火堤内地坪处理的问题

防火堤内地坪处理应考虑两个问题：第一应考虑防止渗漏，通常对堤内原土应夯实，或种植草坪固土。有的油库在堤内打20cm厚石块，再筑10cm厚混凝土，再抹防渗层，这没有必要，也太浪费；第二应考虑安全，严禁在堤内种植易燃植物。

【032】什么是油罐组防火堤设计“五步思考法”

编者凭多年设计经验，总结出油罐组防火堤设计“五步思考法”，现介绍如下。

第一步，按储油品种和容量划分防火堤及隔堤

按现行《石油库设计规范》(GB 50074—2014)的要求，根据储油品种和总容量划分防火堤及隔堤。

1. 立式储罐罐组防火堤的划分

立式固定顶油罐总容量小于$12\times10^4m^3$的同种或性质相近的油品可划为一个罐组。但还须满足最大单罐容量大于或等于$1\times10^4m^3$时，罐组内油罐总个数不得多于12个；最大单罐容量大于或等于$1000m^3$时，罐组内油罐总个数不得多于16个；单罐容量小于$1000m^3$或仅储存丙B类液体的罐组，可不限储罐数量。

2. 立式储罐罐组内应按下列规定设置隔堤

（1）多品种的罐组内下列储罐之间应设置隔堤：

① 甲 B、乙 A 类液体储罐与其他类可燃液体储罐之间；

② 水溶性可燃液体储罐与非水溶性可燃液体储罐之间；

③ 相互接触能引起化学反应的可燃液体储罐之间；

④ 助燃剂、强氧化剂及具有腐蚀性液体储罐与可燃液体储罐之间。

（2）非沸溢性甲 B、乙、丙 A 类储罐组隔堤内的储罐数量，不应超过表 4-7 的规定。

表 4-7 非沸溢性甲 B、乙、丙 A 类储罐组隔堤内的储罐数量

单罐公称容量 V/m^3	一个隔堤内的储罐数量/座	单罐公称容量 V/m^3	一个隔堤内的储罐数量/座
$V<5000$	6	$20000 \leqslant V<50000$	2
$5000 \leqslant V<20000$	4	$V \geqslant 50000$	1

注：当隔堤内的储罐公称容量不等时，隔堤内的储罐数量按其中一个较大储罐公称容量计。

（3）隔堤内沸溢性液体储罐的数量不应多于 2 座。

（4）非沸溢性的丙 B 类液体储罐之间，可不设置隔堤。

（5）隔堤应是采用不燃烧材料建造的实体墙，隔堤高度宜为 0. 5~0. 8m。

第二步，初定油罐组防火堤的长、宽尺寸

在符合油库整体布局的前提下，首先确定油罐分几排。一般情况下，油罐组内油罐的排列不应超过 2 排，这是为了便于消防。若单罐容量小于 1000m^3 且储存丙 B 类油品的油罐，其排列不超过 4 排即可。再按规范确定油罐间距，再考虑规范要求的地上立式储罐的罐壁至防火堤内堤脚线的距离不应小于罐壁高度的一半。卧式储罐的罐壁至防火堤内堤脚线的距离不应小于 3m。这样即可初定油罐组防火堤内的长、宽尺寸。

第三步，按防火堤内要求的有效容积，计算防火堤的高度，并校核调整实际高度及长、宽尺寸，使之符合规范要求

同一油罐组内同时发生事故仅考虑有一个最大的油罐，所以防火堤内有效容积仅能容纳油罐组内最大一个油罐的容量即可。则防火堤的计算高度 $h_{计}$ 的计算公式如下：

$$h_{计}=V_{大}/a \cdot b-\sum F$$

式中 $V_{大}$——防火堤内最大一个油罐的储油容量，m^3；

a——防火堤内宽度，m；

b——防火堤内长度，m；

$\sum F$——防火堤内除去最大一个油罐外其他油罐底面积之和，m^2。

计算得出防火堤计算高度 $h_{计}$后，再加 0.2m 即为防火堤的实际高度 $h_{实}$，即 $h_{实}=h_{计}+0.2$。规范中要求，立式油罐组防火堤的实际高度不得低于 1m，不宜高于 3.2m。若 $h_{实}=h_{计}+0.2<1m$，则防火堤的长、宽以及油罐的布置都不用改变，仅选实高为 1m 的防火堤即可。如果 $h_{实}=h_{计}+0.2>3.2m$，则应加大防火堤的范围，增大长或宽，或长、宽同时增大，以满足 $h_{实}\leq 3.2m$。防火堤内的长、宽调大后，则油罐间距也可视情况相应调大，这样既不浪费，又有利于安全。

上述防火堤的计算高度 $h_{计}$ 和实际高度 $h_{实}$，都是指防火堤内地坪以上的高度，未考虑防火堤地坪以下的基础深。一般情况下防火堤的基础应伸到当地冻土层。

第四步，防火堤的厚度设计和材料选择

防火堤的厚度能承受所容纳油品的静压力即可。防火堤的材料，有砖砌的，有块石砌的，还有打混凝土的。用这些材料砌一定的厚度，虽然都能满足静压力的要求，但实践证明，用这些材料砌筑的防火堤耐火性差，又不经济，尤其是块石和混凝土的堤更不耐火烧。所以现在的常见做法是：防火堤两表面砌 24cm 厚砖墙，中间回填夯实 52cm 厚的土，并采用边砌砖墙边回填夯实的方法。堤厚总共 1m，足以满足液体静压力的要求。选用这种材料筑防火堤，既节约，又抗火烧。

防火堤的断面尺寸应经过设计计算确定，为了方便，图 4-19 和表 4-8 列出了砖砌防火堤的断面尺寸，可供参考。

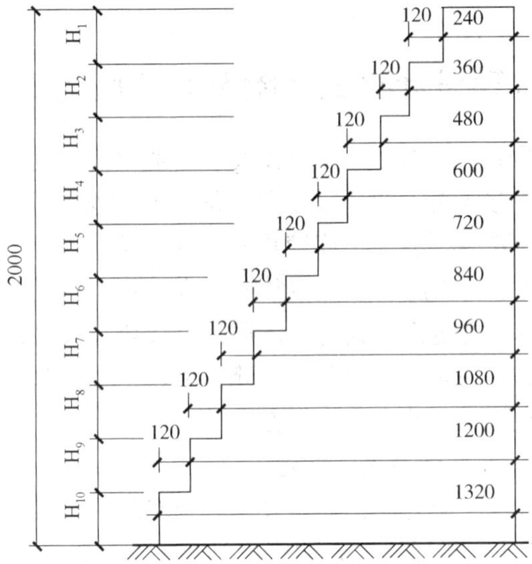

图 4-19 砖砌防火堤断面图

表 4-8　砖砌防火堤断面尺寸供参考表　mm

防火堤踏步数 K	断面高度 H / 断面宽度 b	砂浆强度等级					
		M1		M2.5		M5	
		H_i	$\sum_{i=1}^{K} H_i$	H_i	$\sum_{i=1}^{K} H_i$	H_i	$\sum_{i=1}^{K} H_i$
1	240	700	700	940	940	1000	1000
2	360	240	940	240	1180	240	1240
3	480	180	1120	240	1420	240	1480
4	600	180	1300	180	1600	240	1720
5	720	180	1480	180	1780	180	1900
6	840	180	1660	180	1960	180	2080
7	960	180	1840	180	2140	120	2200
8	1080	180	2020	60	2200		
9	1200	120	2140				
10	1320	60	2200				

第五步，防火堤内的地坪处理

防火堤内的地坪处理也应考虑实用和经济合理。防火堤内只要不种树、不长草即可。为使堤内不长草，下雨后人行走不粘泥，在堤内铺 3cm 厚碎炉渣或砂土即可。若堤内土壤松散易渗，怕污染周围环境，可铺 3cm 厚素混凝土预制砖，并用水泥砂浆勾缝即可。

【033】怎样合理设计立式油罐及其罐区的消防

油库消防设备设施是油库工程投资较大的基础建设，是油库火灾扑救的必备物质条件，它是油库有备无患的建设项目。缺少它将会在火灾发生时束手无策；但过多设置也没有必要，将会使油库建设投资不必要地增加，使资金长期积压，造成浪费。所以消防设备设施的设置应掌握限度，只要达到有关设计规范和管理规定即可。因为规范、规定都有其科学依据，也适合我国国情。

油库立式油罐及其罐区消防的合理设计，重点是合理确定消防水量及消防水池，正确选择油罐泡沫灭火及水冷却的方案。

（一）合理确定消防水量及消防水池

油罐区消防用水量，应为扑救油罐火灾配制泡沫混合液的最大用水量与冷却油罐最大用水量的总和。编者按《石油库设计规范》(GB 50074—2014)中第 12.2 中规定，对油库常选用的立式固定顶油罐进行各种组合(见图 4-20)，计算出配制泡沫混合液和冷却油罐最大用水量，且按要求的供水时间，计算出消防总用水量，见表4-9。总用水量减去利用城市自来水和油库已有的水井或收集的天然水，即得建造消防水池的容量。

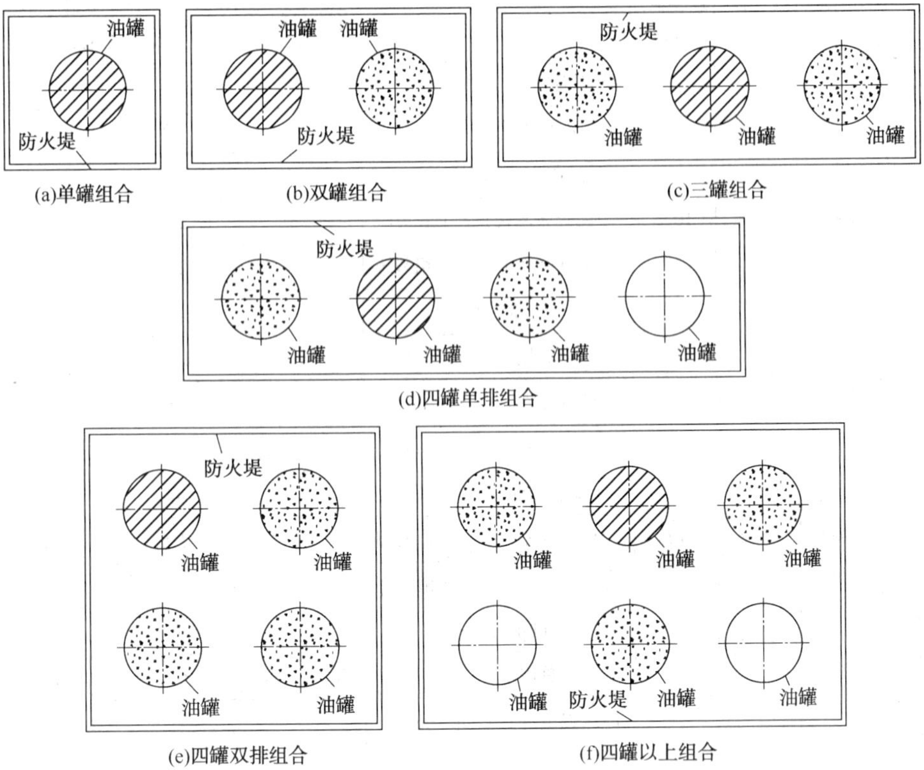

图 4-20 油罐不同组合图

注：表示着火罐；表示不需冷却的罐；表示与着火罐相邻需冷却的罐

表 4-9 立式固定顶油罐不同组合形式消防用水计算结果

罐型	油罐参数			罐组合形式		单罐组合	双罐组合	三罐组合	四罐单排组合	四罐双排组合	四罐以上组合
	罐容量/m^3	罐直径/m	罐壁高/m								
地面立式固定顶油罐	500	9	9	泡沫强度/[L/(min·m^2)]		6					
				连续供给时间/min		40					
				配制泡沫用水量/m^3		15.3					
				冷却水强度/[L/(min·m^2)]	着火罐	2.5					
					相邻罐	2.0					
				供水时间/t		6					
				总用水量/m^3		244	336	428		520	

续表

<table>
<tr><th rowspan="2">罐型</th><th colspan="3">油罐参数</th><th rowspan="2" colspan="2">罐组合形式</th><th rowspan="2">单罐组合</th><th rowspan="2">双罐组合</th><th rowspan="2">三罐组合</th><th rowspan="2">四罐单排组合</th><th rowspan="2">四罐双排组合</th><th rowspan="2">四罐以上组合</th></tr>
<tr><th>罐容量/m^3</th><th>罐直径/m</th><th>罐壁高/m</th></tr>
<tr><td rowspan="28">地面立式固定顶油罐</td><td rowspan="7">1000</td><td rowspan="7">11.4</td><td rowspan="7">10.5</td><td colspan="2">泡沫强度/[L/(min·m^2)]</td><td colspan="6">6</td></tr>
<tr><td colspan="2">连续供给时间/min</td><td colspan="6">40</td></tr>
<tr><td colspan="2">配制泡沫用水量/m^3</td><td colspan="6">25</td></tr>
<tr><td rowspan="2">冷却水强度/[L/(min·m^2)]</td><td>着火罐</td><td colspan="6">2.5</td></tr>
<tr><td>相邻罐</td><td colspan="6">2.0</td></tr>
<tr><td colspan="2">供水时间/t</td><td colspan="6">6</td></tr>
<tr><td colspan="2">总用水量/m^3</td><td>363</td><td>498</td><td colspan="2">633</td><td colspan="2">768</td></tr>
<tr><td rowspan="7">2000</td><td rowspan="7">15.2</td><td rowspan="7">12</td><td colspan="2">泡沫强度/[L/(min·m^2)]</td><td colspan="6">6</td></tr>
<tr><td colspan="2">连续供给时间/min</td><td colspan="6">40</td></tr>
<tr><td colspan="2">配制泡沫用水量/m^3</td><td colspan="6">44</td></tr>
<tr><td rowspan="2">冷却水强度/[L/(min·m^2)]</td><td>着火罐</td><td colspan="6">2.5</td></tr>
<tr><td>相邻罐</td><td colspan="6">2.0</td></tr>
<tr><td colspan="2">供水时间/t</td><td colspan="6">6</td></tr>
<tr><td colspan="2">总用水量/m^3</td><td>560</td><td>766</td><td colspan="2">972</td><td colspan="2">1178</td></tr>
<tr><td rowspan="7">3000</td><td rowspan="7">17</td><td rowspan="7">13.9</td><td colspan="2">泡沫强度/[L/(min·m^2)]</td><td colspan="6">6</td></tr>
<tr><td colspan="2">连续供给时间/min</td><td colspan="6">40</td></tr>
<tr><td colspan="2">配制泡沫用水量/m^3</td><td colspan="6">54</td></tr>
<tr><td rowspan="2">冷却水强度/[L/(min·m^2)]</td><td>着火罐</td><td colspan="6">2.5</td></tr>
<tr><td>相邻罐</td><td colspan="6">2.0</td></tr>
<tr><td colspan="2">供水时间/t</td><td colspan="6">6</td></tr>
<tr><td colspan="2">总用水量/m^3</td><td>722</td><td>989</td><td colspan="2">1256</td><td colspan="2">1523</td></tr>
<tr><td rowspan="7">5000</td><td rowspan="7">21</td><td rowspan="7">15</td><td colspan="2">泡沫强度/[L/(min·m^2)]</td><td colspan="6">6</td></tr>
<tr><td colspan="2">连续供给时间/min</td><td colspan="6">40</td></tr>
<tr><td colspan="2">配制泡沫用水量/m^3</td><td colspan="6">83</td></tr>
<tr><td rowspan="2">冷却水强度/[L/(min·m^2)]</td><td>着火罐</td><td colspan="6">2.5</td></tr>
<tr><td>相邻罐</td><td colspan="6">2.0</td></tr>
<tr><td colspan="2">供水时间/t</td><td colspan="6">9</td></tr>
<tr><td colspan="2">总用水量/m^3</td><td>1419</td><td>1953</td><td colspan="2">2487</td><td colspan="2">3021</td></tr>
</table>

续表

罐型	油罐参数			罐组合形式		单罐组合	双罐组合	三罐组合	四罐单排组合	四罐双排组合	四罐以上组合
	罐容量/m^3	罐直径/m	罐壁高/m								
地面立式固定顶油罐	10000	30	15	泡沫强度/[L/(min·m^2)]		6					
				连续供给时间/min		40					
				配制泡沫用水量/m^3		170					
				冷却水强度/[L/(min·m^2)]	着火罐	2.5					
					相邻罐	2.0					
				供水时间/t		9					
				总用水量/m^3		2079	2842	3605		4368	
半地下立式拱顶罐	500	9	9	保护用水量/m^3 保护用水量=$g\times\pi\times D\times3.6\times t$； 式中，$g$为供水强度，0.3L/(s·m)； t为供水时间，4h		122					
	1000	11.4	10.5			155					
	2000	15.2	12			206					
	3000	18	12.3			244					
	3500	19	12.8			258					
	5000	22.8	12.8			309					

注：1. 着火的及其相邻的地下掩体油罐或覆土油罐均不冷却，其保护用水量是指人身掩护和冷却地面及油罐附件的水量。

2. 浮盘为浅盘和浮舱用易熔材料制作的油罐，冷却水与本表中固定顶油罐相等。

3. 油库消防水池容积应等于表中总用水量减去用水时间内城市管网及油库水井等能向池内补充水量的差值，再乘以1.1倍。

4. 本表是根据《石油库设计规范》(GB 50074—2014)和《泡沫灭火系统设计规范》(GB 50151—2010)的要求计算的。

(二)正确选择油罐泡沫灭火及水冷却的方案

根据国家规范，结合本系统油库实际情况，编制了《油库设备设施更新改造通用技术方案》，其中对油库消防系统提出设计总要求和不同油库油罐灭火的泡沫和冷却水系统的组合方案(见表4-10)，可供参考。

表4-10 油库油罐消防系统模式选择

灭火系统	大中型储备油库				机场、码头油库		200m^3以下的地上轻油库和地上、覆土黏油库
	地面油库		半地下(覆土)油库				
	位于城区	位于其他地区	位于城区	位于其他地区	地面油库	半地下(含地下和覆土)油库	
泡沫灭火系统	P_1	P_1	P_3或P_4、P_2	P_4	P_3	P_4	P_4

续表

灭火系统	大中型储备油库				机场、码头油库		200m³以下的地上轻油库和地上、覆土黏油库
	地面油库		半地下(覆土)油库				
	位于城区	位于其他地区	位于城区	位于其他地区	地面油库	半地下(含地下和覆土)油库	
冷却水系统	S_1	S_2	S_2	S_2	S_2	S_2	S_3
油库油罐消防系统组合方案	全固定式，建有泡沫泵房、冷却水泵房	固定式泡沫、半固定式冷却水，建有泡沫泵房、冷却水泵房	采用P_3或P_4时只建冷却水泵房，采用P_2时将泡沫泵房与冷却水泵房合建	移动式泡沫，半固定式冷却水，只建冷却水泵房、管道	半固定式泡沫、半固定式冷却水，只建冷却水泵房、管道	移动式泡沫，半固定式冷却水，只建冷却水泵房、管道	移动式泡沫，移动式冷却水，油库不建消防泵房

注：1. P_1为固定式液上喷射泡沫灭火系统；

2. P_2为半固定式泡沫灭火系统(罐上无泡沫产生装置，固定泡沫管供泡沫)；

3. P_3为半固定式泡沫灭火系统(罐上有固定泡沫产生装置，消防车供泡沫)；

4. P_4为移动式泡沫灭火系统(管道供水，车供泡沫)；

5. S_1为固定式冷却水系统；

6. S_2为半固定式冷却水系统；

7. S_3为移动式冷却水系统。

【034】地面油罐区应怎样布置

地面油罐区是由一个或多个油罐组构成的区域。油罐组是指布置在同一个防火堤内的一组地上油罐。地面油罐区的布置应遵循《石油库设计规范》(GB 50074—2014)及行业有关规范进行。

(一) 地面油罐区的布置要求

(1) 油罐组的划分和油罐区的组成，除根据油品性质、油罐形式、油罐设置方式、油罐组总容量限制外，还应结合库区可布置油罐的区域几何形状、地形地貌、地质条件等情况综合考虑确定，同时还要考虑设计和管理工作的方便。

(2) 同一个油罐组内宜布置油品火灾危险性相同或相近的油罐。

(3) 地上立式油罐不宜和地上卧式油罐、半地下、地下油罐布置在同一个罐组内。

(4) 油库的地上油罐，应按下列规定成组布置：

① 甲 B、乙和丙 A 类油品储罐可布置在同一油罐组内；丙 B 类油品储罐宜独立设置罐组。

② 沸溢性油品储罐不应与非沸溢性油品储罐同组布置。

③ 地上立式油罐不宜与卧式油罐布置在同一个油罐组内。

④ 储存Ⅰ、Ⅱ级毒性液体的储罐不应与其他易燃和可燃液体储罐布置在同一个罐组内。

（5）同一个油罐组内油罐的总容量应符合下列规定：

① 固定顶油罐组及固定顶油罐和浮顶、内浮顶油罐的混合罐组不应大于 120000m^3，其中浮顶用钢质材料制作的外浮顶储罐、内浮顶储罐的容量可按 50% 计入混合罐组的总容量。

② 浮顶用钢质材料制作的内浮顶储罐组的容量不应大于 360000m^3；浮顶用易熔材料制作的内浮顶储罐组的容量不应大于 240000m^3。

③ 外浮顶油罐组的容量不应大于 600000m^3。

（6）同一个油罐组内的油罐数量应符合下列规定：

① 当最大单罐容量大于或等于 10000m^3时，不应多于 12 座；

② 当最大单罐容量大于或等于 1000m^3时，不应多于 16 座；

③ 单罐容量小于 1000m^3或仅储存丙 B 类油品的油罐组，可不限油罐数量。

（7）地上油罐组内，单罐容量小于 1000m^3的储存丙 B 类油品的油罐不应超过 4 排；其他油罐不应超过 2 排。

（8）地上油罐组内相邻油罐之间防火距离应符合《石油库设计规范》（GB 50074—2014）的规定，见表 4-11。

表 4-11　地上储罐组内相邻储罐之间的防火距离

储存液体类别	单罐容量不大于 300m^3，且总容量不大于 1500m^3的立式储罐组	固定顶储罐（单罐容量）			外浮顶、内浮顶储罐	卧式储罐
		≤1000m^3	>1000m^3	≥5000m^3		
甲 B、乙类	2m	0.75D	0.6D		0.4D	0.8m
丙 A 类	2m	0.4D			0.4D	0.8m
丙 B 类	2m	2m	5m	0.4D	0.4D 与 15m 的较小值	0.8m

注：1. 表中 D 为相邻储罐中较大储罐的直径。

2. 储存不同类别液体的储罐、不同型式的储罐之间的防火距离，应采用较大值。

（二）地面油罐组平面布置举例

地上立式油罐组平面布置举例，见图 4-21～图 4-23。其区别和要求如下：

（1）图 4-21、图 4-22、图 4-23 分别为储存甲 A、乙类油品的地上立式拱顶油罐的布置。图 4-21 为同容量、同直径的油罐在狭长地带成单排布置；图 4-22 为双排布置；图 4-23 为不同容量的油罐双排混合布置。

（2）若油罐选用内浮顶时，则油罐间距可为 0.4D，则 $L_1=D(1.4n-0.4)$。

（3）若油罐设在油库区域内时，则可不设罐区边界。

（4）图中 D 为油罐直径，H 为油罐壁高，n 为油罐个数，S 为油罐区边界（例如围墙）至油罐壁的距离，一般用 $S=10+0.5H$ 计算确定（有防火堤、消防道的情况），但依据油罐容量不同其值最小不应分别小于如下要求：

$V_d>5000m^3$，$S=18m$；$V_d=1000\sim5000m^3$，$S=14m$；$V_d<1000m^3$，$S=11m$。

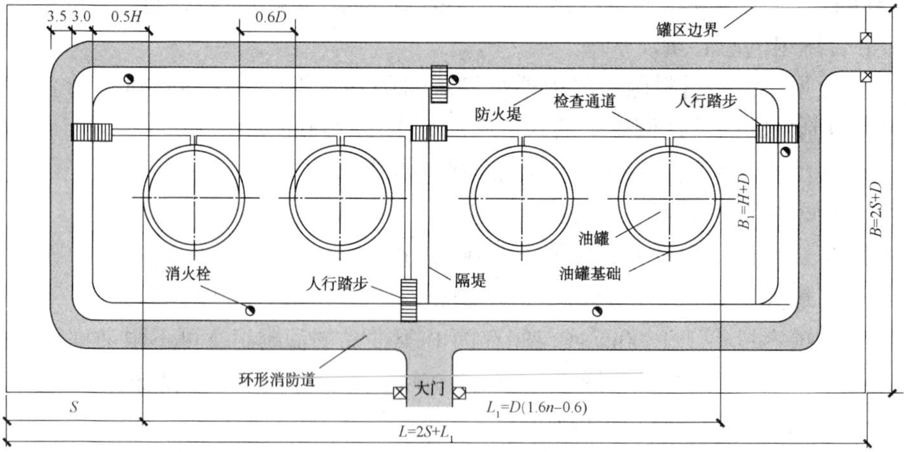

图 4-21　同容量油罐单排布置

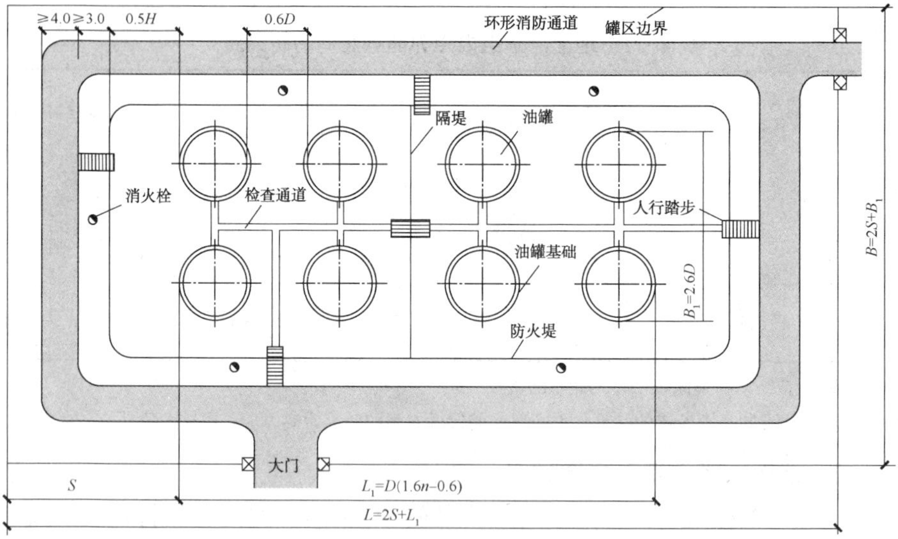

图 4-22　同容量油罐双排布置

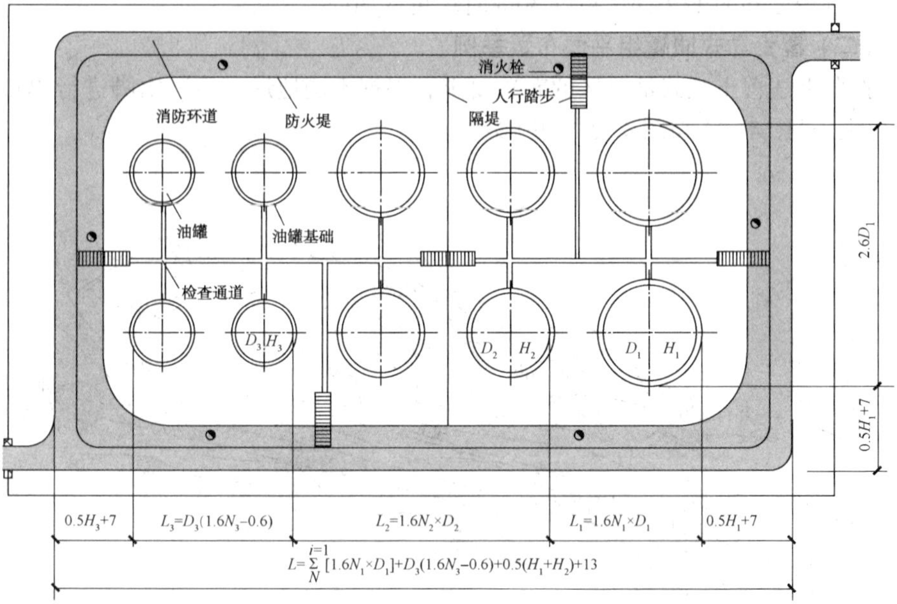

图 4-23 不同容量油罐双排混合布置

【035】覆土立式油罐区应怎样布置

《石油库设计规范》(GB 50074—2014)中规定，覆土立式油罐应采用固定顶储罐，其设计应根据储罐的容量及地形条件等合理地确定其直径和高度，使覆土立式油罐建成后与周围地形和环境相协调。本规范及行业相关规范对覆土立式油罐区的布置也提出了一些要求。

(一) 覆土立式油罐区的布置要求

(1) 油罐应沿等高线走向随地势排列。人行检查走道和消防道应沿山形走势设置，道面可简易硬化。尽端式消防车道应设回车场。

(2) 覆土立式油罐之间的防火距离，应符合 GB 50074—2014 中规定：

① 甲 B、乙、丙 A 类油品覆土立式油罐之间的防火距离，不应小于相邻两罐罐室直径之和的 1/2。当按相邻两罐罐室直径之和的 1/2 计算超过 30m 时，可取 30m。

② 丙 B 类油品覆土立式油罐之间的防火距离，不应小于相邻较大罐室直径的 0.4 倍。

③ 当丙 B 类油品覆土立式油罐与甲 B、乙、丙 A 类油品覆土立式油罐相邻时，两者之间的防火距离，不应小于相邻两罐罐室直径之和的 1/2。当按相邻两

罐罐室直径之和的 1/2 计算超过 30m 时，可取 30m。

（二）覆土立式油罐组平面布置举例

按照上述覆土立式油罐区的布置要求，根据不同地形、不同山脚进行单排布置举例，见图 4-24 与图 4-25，供参考。

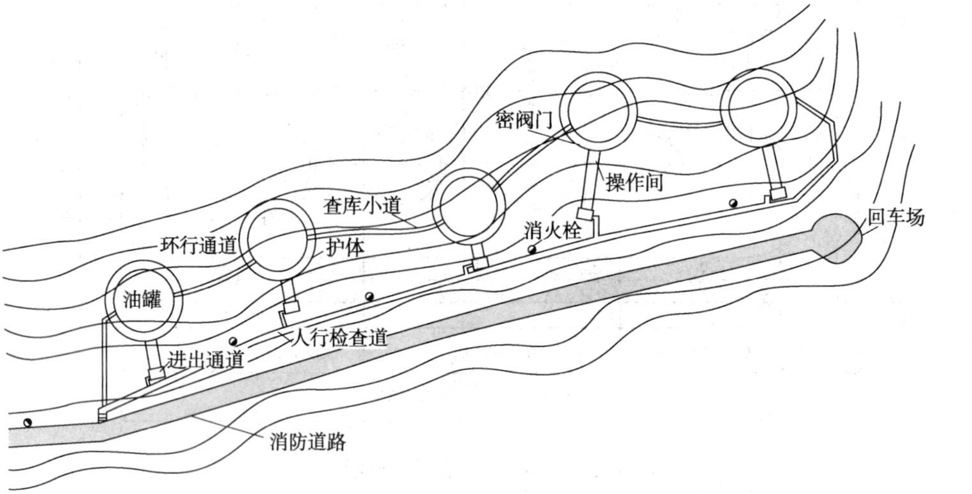

图 4-24　覆土立式油罐沿独立山脚单排布置

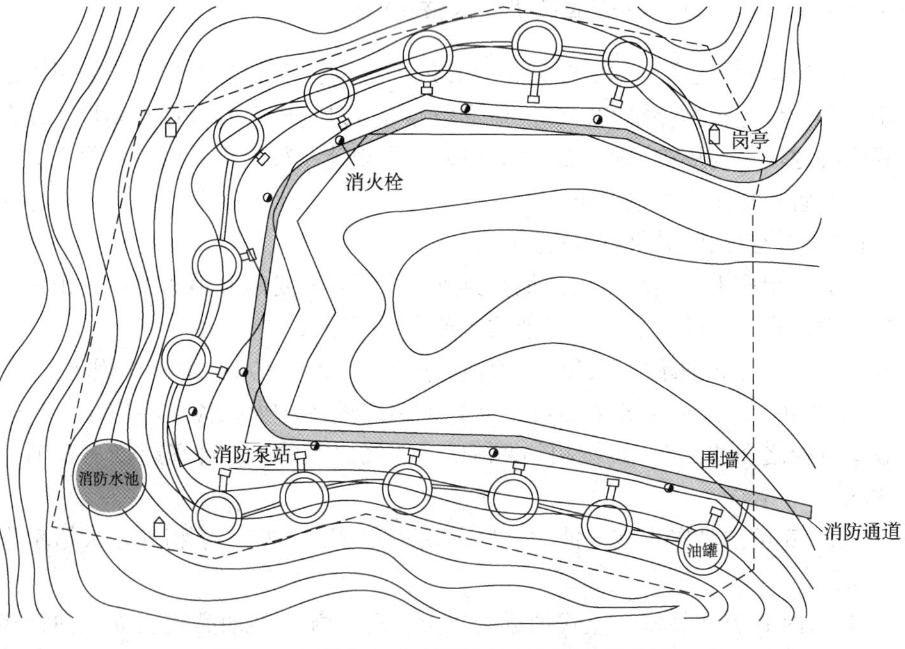

图 4-25　覆土立式油罐沿多座山脚单排布置

【036】钢板贴壁油罐钢板外表面是否会腐蚀

钢板贴壁油罐与钢板离空油罐比较，有其独特的优点。但是混凝土与钢板贴在一起以后，钢板与混凝土相贴的面(即钢板外表面)不能进行维修保养，一旦被腐蚀便难于处理。究竟会不会腐蚀？这是人们担心的问题。编者进行了广泛调研，并做了一些试验研究。

(一) 实践证明钢板与混凝土紧贴，会延缓钢板腐蚀速度

为了探讨这个问题，有些单位对使用多年的油罐进行了切板检查。

如某油库1960年建造的一个钢板贴壁油罐，1964年装了柴油，1970年在其罐底、罐壁分别切割下两块大小相同的钢板条(20cm×5cm)进行检查，未发现锈蚀现象，安装前涂的漆也未发生变化。其中有一块钢板条在空鼓处(即混凝土与钢板离缝较大处)还有水存在，钢板面仍保持着本色。

又如某油库1974年建成、1975年装油的一个钢板贴壁油罐，钢板外表面没有涂任何防腐漆。1977年在油罐壁上切了一块50cm×30cm的钢板，经检查也未发现锈蚀现象。

还有一个油库的一个钢板贴壁罐，使用多年后，在空鼓存水(水显酸性)的部位切板检查，发现内衬钢板外表面稍有腐蚀现象。

在其他工程实践中，也常见到钢材与混凝土接触而不锈蚀的例子。如码头钢筋混凝土桩中的钢筋、钢筋混凝土构件中的钢筋都很少锈蚀。

在日常生活中也可以见到钢件不易锈蚀的例子。如钉入墙内的铁钉、铲白灰的铁锹等都不易锈蚀。

上述实例足以证明，钢板贴壁油罐钢板外表面的腐蚀速度是缓慢的。因为钢板和混凝土紧贴后，隔绝了钢材被腐蚀的必要条件——水和氧气。即使是在离缝、空鼓的部位，也只有少量不对流的空气和水分(有时二者还不同时存在)。

(二) 某些碱性物质也会使钢板腐蚀速度减缓

某些碱性物质也会使钢板腐蚀速度减缓。为了证明这个问题，作者曾做过一些试验。

将同材质、同光洁度、同光亮的钢板小试块分别浸入蒸馏水、自来水、洞库内的水、硫酸溶液、氢氧化钙溶液、氢氧化钠溶液中，吊在汽油气体空间、氨气空间、空气中，有的钢板试块表面涂上水泥浆、白灰浆。把它们放在同样的外界环境中，观察腐蚀情况，其结果见表4-12。

表 4-12 钢板腐蚀试验记录

介质	时间								备注
	10min	2h	3h	6h	15h	3a	5a	9a	
蒸馏水			出现黄锈斑						
自来水		开始生锈	锈增多						水质显酸性
洞库内水		开始生锈	锈增多						水质显酸性
硫酸溶液	冒气泡被腐蚀								
氢氧化钙溶液							无锈，光泽降低		5 年后中断试验
氢氧化钠溶液							无锈，光泽降低		5 年后中断试验
汽油气空间				有明显浮锈					
空气中					略有锈迹				
氨气中						仍有金属光泽			3 年后中断试验
表面涂水泥浆								无锈蚀	试验 9 年
表面涂白灰浆								无锈蚀	试验 9 年

由表 4-12 可以看出，钢板浸在硫酸溶液中很快就被腐蚀；浸在自来水和洞库内水中过 2h、3h 就被腐蚀；吊在汽油气体中 6h 后被腐蚀；在空气中 15h 开始被腐蚀。钢板在碱性气体和溶液中、在碱性固体物质的白灰和水泥浆中都没有被腐蚀。

碱性物质对钢板腐蚀性能的减缓与它的溶液浓度及环境温度有关系。对此，我们也做过试验。将同样的钢板试块浸在不同浓度的氢氧化钙、氢氧化钠溶液中，并分别在不同温度下进行试验观察，结果见表 4-13。

表 4-13 不同浓度、不同温度下的腐蚀试验记录

溶液	温度/℃				
	15～20		40～46		80
	氢氧化钙溶液	氢氧化钠溶液	氢氧化钙溶液	氢氧化钠溶液	氢氧化钠溶液
不生锈的溶液浓度	0.5%以上	1%以下	3%以上	1%以下	0.5%以下

由表 4-13 可以看出：氨氢化钙溶液浓度越大，对钢板越有保护作用。且温度越高，溶液浓度越需要大，才会起保护作用；氢氧化钠在一定温度下，浓度超过一定数值时会腐蚀钢板。温度越高，浓度越要小，才会不腐蚀钢板。

判断钢板试块是否被腐蚀，除观察试块表面光亮程度外，我们还把浸在碱性溶液中一年多时间的试块取出擦干，用万分之一的分析天秤称量，未发现试块失重。这就证明这些碱性物质没有使钢板受到腐蚀，或者说这些碱性物质使钢板受十几年的腐蚀后，仍难以观察、测定出来。因此，混凝土钢板衬里外表面根本不用涂防腐涂料，这样既省工、省时、省料，又使混凝土和钢板黏结得牢固。

【037】钢板贴壁油罐钢板外表面不易腐蚀已有多少年实践

钢板贴壁油罐，国内从 20 世纪 50 年代就有建造，到 70 年代，据不完全统计有 20 多个单位建有这种油罐。

最近几年，由于在 20 世纪 70 年代初建造的贴丁腈橡胶衬里油罐陆续不能再使用，因此陆续将其改造为钢板贴壁油罐，国内钢板贴壁油罐的数量大增。

（一）钢板贴壁油罐让人最担心之处

钢板贴壁油罐，钢板与混凝土相贴的一面(即钢板外表面)不能进行维护保养，一旦被腐蚀便无法处理。就是对钢板外表面进行涂漆防腐，也只能在 3~5 年内起作用，还将使投资增大，降低钢板与混凝土的黏结性能。

这种罐的钢板外表面是否会被腐蚀？究竟可以用多少年？这是人们最担心的问题，也是这种罐在国内不被推广的重要原因之一。

（二）实践是检验真理的唯一标准

某油库始建于 1956 年，洞库内储存燃料油的油罐全部是钢板贴壁油罐。他们曾在 1970 年在其罐底、罐壁分别切割下两块大小相同的钢板条(20cm×5cm)进行检查，钢板外表面根本无锈蚀，安装前涂的漆也未发生变化。其中有一块钢板条在空鼓处(即混凝土与钢板离缝较大处)还有水存在，钢板面仍保持着本色，没有生锈。

2012 年因大修洞库，罐内保养，检修人员借机在一个 2000m^3 钢板贴壁柴油罐罐壁第一圈钢板与混凝土粘贴不牢的空鼓处，切下一块 50cm×45cm 的钢板，在第二圈钢板与混凝土粘贴牢固的密实处切下一块 60cm×60cm 的钢板，查看其与混凝土相贴的一面，发现两块钢板均完好无损，均无锈蚀，如图 4-26 所示。其中图 4-26(a)和图 4-26(b)为两块钢板切下来的原貌，表面还保留着混凝土的浮着物。图 4-26(c)和图 4-26(d)是将两块钢板表面混凝土的浮着物清洗后的情况。图 4-26(a)与图 4-26(c)为空鼓处的钢板，图 4-26(b)与图 4-26(d)为密实处的钢板。

这证明钢板贴壁油罐钢板外表面不易生锈国内已有 56 年的实践。

(a) (b) (c) (d)

图 4-26 钢板贴壁油罐中钢板的腐蚀情况

其实，国内外类似的实践早已充分证明，钢材与混凝土或水泥砂浆紧贴，其紧贴一面的钢材是不易生锈的。

如某油库的钢板贴壁油罐，1974 年建成，1977 年在罐上切了一块 30cm 宽、50cm 长的钢板检查，未发现钢板被腐蚀。

又如某油库的钢板贴壁油罐，使用多年情况良好，后遭雷击，将混凝土外壳揭去，内衬钢板约 $20m^2$ 被剖切外露，检查其钢板与混凝土接触之表面，基本没有锈蚀。

水泥砂浆用于给排水管道上的防腐效果，已经过长期的实践检验。如美国纽约州和新泽西州的供水钢管道，直径为 ϕ500mm ~ ϕ1350mm，内涂 12mm 厚的水泥砂浆，130 多年来仍在良好使用。我国上海厦门路直径为 ϕ625mm 的供水钢管，建于 1933 年，内涂水泥砂浆 15mm 厚，使用 50 余年后检查，完好无损。上海余姚路直径为 ϕ150mm 的供水钢管，内涂水泥砂浆厚 10 ~ 6mm，使用 60 多年后检查，仍然正常。

(三) 钢板贴壁油罐外表面不易腐蚀的原因

这个问题应从钢材被腐蚀的必要条件谈起。钢板被腐蚀的必要条件是有氧气和水分同时作用，二者缺一不可。而钢板贴壁油罐，其钢板与混凝土相贴，隔绝了空气和水分，即是有离缝、空鼓的部位，也只有少量不对流的空气和水分，何况空气和水分还不一定同时存在，所以腐蚀速度缓慢是肯定的。可见隔绝空气、水分，破坏了钢材腐蚀的条件，是钢板贴壁油罐钢板外表面腐蚀速度缓慢的根本原因。

【038】钢板贴壁油罐与钢板离空油罐哪种较好

钢板贴壁油罐与钢板离空油罐哪种较好？这是油库建设和管理部门长久争论的问题。

（一）不同部门、不同单位对钢板贴壁油罐认识的逐渐转变

钢板贴壁油罐与钢板离空油罐比较，有许多独特的优点，但不同部门和不同单位对其有不同看法，要推广钢板贴壁油罐矛盾很多，阻力很大。

工程建设部门认为，钢板贴壁油罐比同容量的钢板离空油罐用料少、用工少、工期短、投资小，值得推广。油库管理上级机关虽认同钢板贴壁油罐的这些优点，但抓住它渗漏不能直观检查的缺点不放，反对推广。为了油料渗漏能直观检查，他们主张油罐要有罐室，油管要有管沟。作者曾与相关部门争论，难道大庆到北京的输油管能放在管沟中吗？这就是多年来油库建设和管理两大上级部门的初始争论的问题，各不相让。

直接使用钢板贴壁油罐的油库，看法也不一致。施工质量好、获得一次成功的油库，认为钢板贴壁油罐巡回查罐时不用像钢板离空油罐要沿罐周走一圈，也不要对油罐的外壁进行维修保养，所以这种油罐比钢板离空油罐好管理，省力、省时、省钱，深受油料保管员的喜欢。但施工质量差、未获得一次成功的油库，发现钢板贴壁油罐漏油了，却找不到漏点，真是伤透脑筋，所以对这种罐不看好。

随着建造这种罐的施工技术不断提高，施工工艺不断改进，经验与教训的不断积累，一次成功率的不断提高，特别是人们逐渐能换位思考，站在国家整体利益的高度看问题，对这种罐的认识逐渐转变，逐渐对这种罐的优缺点有了客观的统一的认识。根据相关规范要求，卧式油罐不得安装在室内，安装在管沟内的油管要用沙土填实，那些主张油罐要有罐室、油管要有管沟的论调就不再坚持了。矛盾化解了，认识统一了，目标一致了，共同为建好油库、管好油库而努力奋斗。

（二）钢板贴壁油罐与钢板离空油罐比较的优点

1. 日常检查相对简单

《油库管理规则》要求，油料保管员每天查库一次，新建和大修油罐装油后

第一周每天检查两次。钢板离空油罐油料保管员查库时，要沿着油罐与罐室间的环形走道走一圈，并要求在油罐罐室入口正对的背后触摸查库到位片。

钢板贴壁油罐钢板与其土建护体紧贴，取消了油罐与罐室之间的环形走道，油料保管员查库时只需要到油罐的操作间查看即可，省力省时。

2. 相对安全、较放心

钢板离空油罐有罐室存在，钢油罐外与罐室内有较大的气体空间，约占罐室总体积的29%。如5000m^3的地下钢板离空油罐，则气体空间约有1450m^3，当罐室内有油气泄漏时，这将是个很大的危险空间。

钢板贴壁油罐，油罐钢板与混凝土被覆紧贴，取消了油罐的罐室，钢油罐外没有气体空间，更不可能有油气集聚，大大提高了油罐储油的安全度，使管库者放心。这也完全符合国家和非商用油库设计规范，对卧式油罐不设罐室的规定。

再者，钢板贴壁油罐，油罐钢板与混凝土被覆紧贴，提高了油罐正、负压的耐受度，与钢板离空油罐相比，它不易被吸扁，也不易被打爆，大大提高了油罐的安全度。

3. 外壁不用维护保养，比较经济

钢板离空油罐不仅需要对钢罐内表面进行维护保养，还需要对钢罐外表面进行维护保养。

钢板贴壁油罐，油罐钢板与混凝土相贴的一面（即钢板外表面），不能进行维护保养。使得同大小、同形状的两种油罐，钢板贴壁油罐比钢板离空油罐维护保养一次的工作量减少一半。

若油罐的寿命为50年，一般需5年左右维护保养一次，则钢板离空油罐共需维护保养10次左右，这是一笔很大的费用，耗费人力也很大。再加离壁空间工作环境很差，光线黑暗、空气不新鲜、操作空间窄，使得施工人员非常辛苦。

4. 省料、省工、省投资、工期短

钢板贴壁油罐比离空罐省去了钢罐壁与护体内壁间80cm宽的一圈走道，省去了钢罐顶与护体顶间120cm高的空间，也就是说它省去了不装油的空间。再者因为罐体钢板与护体紧贴后，钢板和护体均可减薄，所以同容量的两种罐比较，这种罐省料、省工、省投资、工期短。

（三）钢板贴壁油罐的缺点

钢板贴壁油罐与钢板离空油罐比较只有一条缺点，即罐内装油后不能直观检查渗漏。要克服这个缺点，唯一的办法就是保证这种罐施工能一次成功。要做到这一点，对于半地下钢板贴壁油罐可以做到，作者已提出一整套施工方法，在本书本章的下面两个问题中介绍，本题先不叙述。但对于洞库钢板贴壁油罐，要保证施工能一次成功还无成熟的方法，只能靠精心施工，严把焊接质量，严格试漏试压。为了提高试漏的可靠性，可以对罐体全部焊缝连续焊后进行真空试漏合格后，再在全部焊缝上加盖板条，两边再连续焊，再对其空间注煤油加压试漏，这样通过两次试漏，特别是加压试漏，是可以保证一次成功的。

【039】半地下贴壁油罐与半地下离空油罐哪种较好

（一）半地下贴壁油罐

在半地下油罐区扩容中，为了求得同一罐区总体配置协调一致及对空隐蔽和防护能力的效果，一般要求仍选用半地下油罐的形式。但不少单位照搬半地下离空油罐的老结构形式(图 4-27)，致使单罐造价为同容量地面油罐的 1.6~1.8 倍。有的单位扩容现场并不是山丘、土包，而是宽广的平地，按半地下离空油罐老的结构形式建造，其投资更加惊人，扩建 2 个 1000m^3 油罐及相应工艺系统按其 1995 年的造价上报预算近 150 万元。为了节省投资、便于管理，编者提出一种半地下贴壁油罐新的结构形式(图 4-28)。

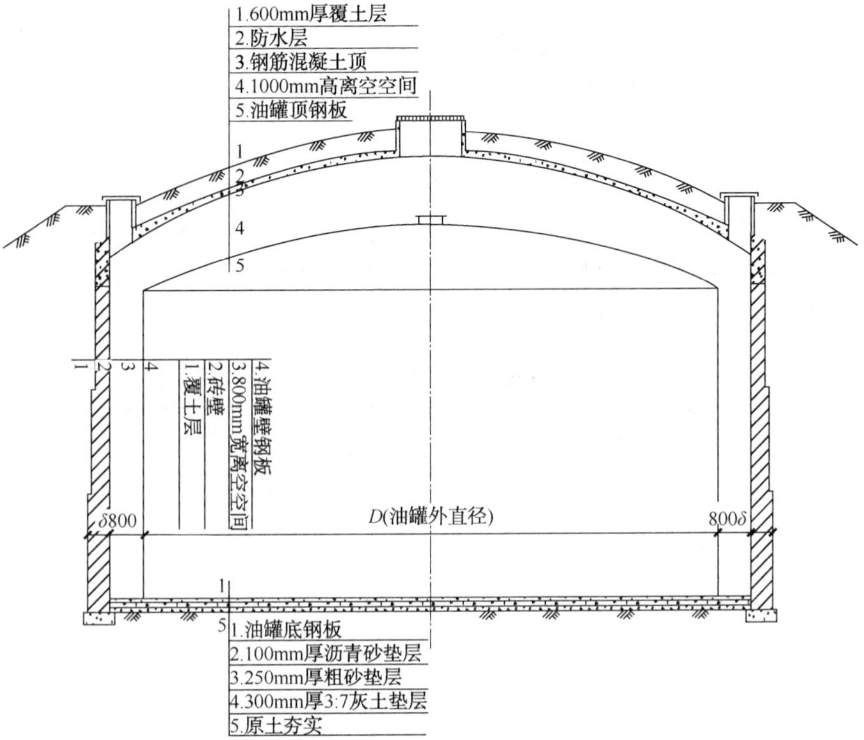

图 4-27 离空结构形式

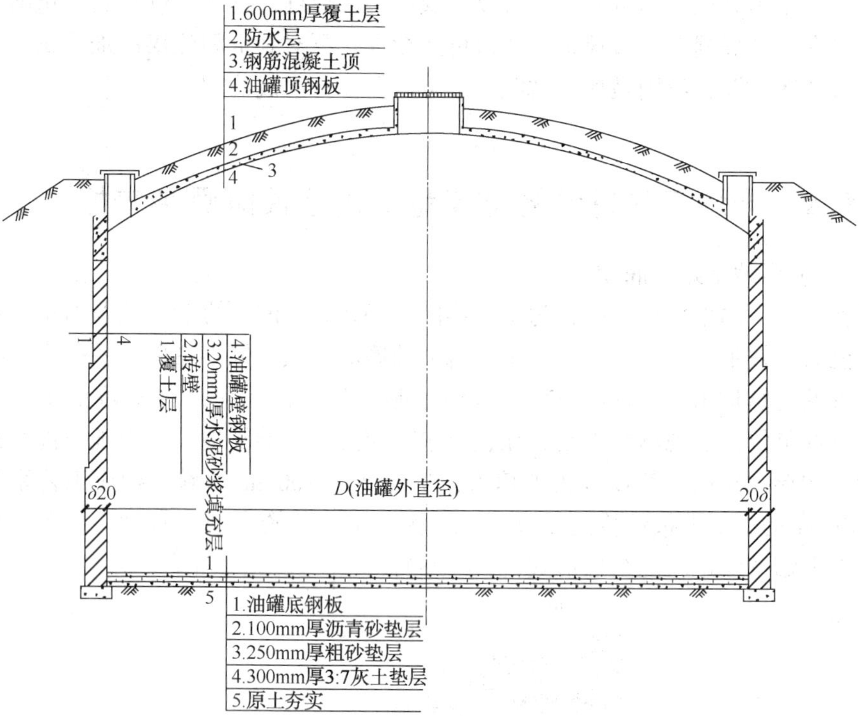

图 4-28　贴壁结构形式

新老结构的主要差异就是新式结构去掉金属罐体与土建护体间的离空空间，使两者紧贴，即将离空罐改为贴壁罐。这两种油罐的技术经济指标比较见表 4-14。

表 4-14　半地下贴壁油罐与离空油罐技术经济指标比较

油罐公称容量/m^3		500		1000		2000		3000	
结构形式		离空式	贴壁式	离空式	贴壁式	离空式	贴壁式	离空式	贴壁式
实际容量/m^3		504	504	1096	1096	2012	2012	3158	3158
砌砖	砌砖总量/m^3	121	86	161	121	318	255	421	339
	贴壁比离空省/%	29		25		20		19	
混凝土	混凝土总量/m^3	16	11	25	19	30	24	59	49
	贴壁比离空省/%	31		24		20		17	
钢筋混凝土	钢筋混凝土总量/m^3	13	10	22	18	37	31	60	52
	贴壁比离空省/%	23		18		16		13	
沥青砂量/m^3		6	6	12	12	18	18	29	29

续表

油罐公称容量/m^3		500		1000		2000		3000	
粗砂	粗砂总量/m^3	20	15	37	29	56	45	84	73
	贴壁比离空省/%	25		22		20		13	
灰土	灰土总量/m^3	24	18	45	35	67	54	101	87
	贴壁比离空省/%	25		22		19		14	
回填土方	回填土总量/m^3	1450	1120	2370	1926	4250	3600	4365	3750
	贴壁比离空省/%	23		19		15		14	
土建	土建造价/万元	7. 1	5. 2	8. 9	6. 8	19. 9	16. 1	25. 3	21
	贴壁比离空省/%	27		24		19		17	
老比新多占地/m^2		28		37		45		56	
罐体耗钢/t		12	12	20	20	35	35	54	54
金属罐造价/万元		8. 4	8. 4	14	14	24. 5	24. 5	37. 8	37. 8
单罐	单罐总造价/万元	15. 5	13. 6	22. 9	20. 8	43. 9	40. 6	63. 1	58. 8
	贴壁比离空省/%	12. 3		9. 2		7. 6		6. 8	
每 m^3 油	总造价/(元/m^3 油)	310	272	229	208	220	203	210	196
	贴壁比离空省/%	12. 3		9. 2		7. 7		6. 7	
60 年防腐多耗费/万元		12		16		17. 4		23. 4	
60 年后	单罐总投资/万元	27. 5	13. 7	38. 9	20. 8	61. 3	40. 6	86. 5	58. 8
	贴壁比离空省/%	50. 2		46. 5		33. 8		32	

注：表中价格是 1995 年的计算价格，造价绝对值现在大有提高，但表中新、老两种形式罐的差价仍有指导意义。

(二) 贴壁式新结构与离空式老结构比较的优点

这个问题在上文已经阐明，此处就表 4-14 再作几点补充。

(1) 在整体配置、对空隐蔽、防护能力完全相同而单罐容量相等的情况下，其单罐投资造价新式结构比老式结构降低 6. 8%～12. 3%，60 年后单罐造价降低 32%～50. 2%。

(2) 在相同情况下，新结构比老结构建筑材料省。耗钢筋混凝土量新结构比老结构省 13%～23%，耗混凝土量省 17%～31%，耗砖量省 19%～29%，粗砂量省 13%～25%。

(3) 在相同情况下，新结构比老结构灰土省 14%～25%，回填土方量也减少 14%～23%。

(4) 因新结构比老结构建筑工程量减少，土方量减少，因而施工周期新结构比老结构缩短。

（5）由于新结构去掉金属罐体和土建护体间的离空空间，因而不会产生油气集聚，对油罐的安全储油极为有利，这与当时《小型石油库和加油站设计规范》和现行的《汽车加油加气站设计与施工规范》(GB 50156—2012)要求的“油罐尽量直埋，不允许建罐房”等规定精神相符，也符合油库上级要求的“输油管线尽量不用管沟敷设，而应采用直埋或地面敷设”的精神。

（6）新结构去掉离空空间后，免去了人员沿金属罐周检查，减少了管理工作量，也保证了人身安全。

（7）一般情况下，油罐外壁5年左右需维修保养一次，若油罐寿命按60年计算，共需维修保养12次，其维修保养费是一笔较大数字。新结构的油罐钢板与土建壁紧贴后，免除了油罐钢板外壁的维修保养工作，节省了维修保养费。

（三）对贴壁式新结构两种担心的消除

1. 担心油罐渗漏无法检查也难以处理

这两种结构比较，其新结构比老结构只有一条缺点，即老结构可以从金属罐外直观检查油罐是否渗漏，发现渗漏也便于处理；而新结构不能直观检查，渗漏后也难以处理。其实不必担心这个问题，因为它可以采用掘开式施工。金属罐安装与土建护体砌筑采取完全分开的施工方法。这样，金属罐的安装、焊接、检漏、试压等全过程，完全采用地面罐一套成熟的施工方法，保证一次成功，不渗漏。金属罐检查验收合格后，再在金属罐外砌墙、筑钢筋混凝土顶。金属罐和土建砌筑完成后，可先装满罐油，再次检查是否渗漏油，并观察油罐是否沉降。罐体无渗漏、无沉降后，最后再覆土掩埋，整理现场。这样的施工，可做到万无一失。

2. 担心罐体钢板外表面锈蚀并难以防腐

可能有的人对这种结构还有一点担心，即罐体钢板与罐外护体紧贴，钢板外壁再不能维修保养，其防腐效果是否可靠，可使用多少年？这个问题与本章【036】、【037】是同一问题，上两问题已回答很充分，此处不再重复。

【040】半地下贴壁油罐与洞库贴壁油罐哪种较好

防护性能比较洞库钢板贴壁油罐好；施工环境条件和一次成功率比较，半地下钢板贴壁油罐好；从工程投资上看，两者无可比性。

（一）半地下钢板贴壁油罐与洞库钢板贴壁油罐各有利弊

通俗一点讲，半地下钢板贴壁油罐通常是选择山坡或丘陵地形建的覆土罐，罐顶覆土只有60cm，它没有防护能力，只能防弹片，只起到隐蔽作用。而洞库内钢板贴壁油罐是建在山体内的石埋罐，罐顶埋石厚几十米，可以抗原子弹袭击，当然它也有隐蔽作用。可见从防护性能上比较，洞库比半地下钢板贴壁油罐好。

两者要求相差很大，抗力相差甚远，从工程投资上比较，确实无可比性。只能分析施工中的区别，从钢板贴壁油罐施工中的一次成功率来比较，半地下比洞库钢板贴壁油罐优越，这一点在上一个问题可以看得很清楚。

（二）半地下比洞库钢板贴壁油罐施工中的优越性

半地下比洞库内钢板贴壁油罐的施工中的优越性，归纳起来主要有如下4条。

1. 半地下比洞库钢板贴壁油罐的施工环境与施工条件更好一点

半地下钢板贴壁油罐的施工属室外施工，比洞内空气新鲜、光线充足，罐内罐外作业位置宽敞，便于操作，便于起重、吊装，施工设备、施工材料便于运输。

但不足之处是下雨天气不便于施工。

2. 半地下比洞钢板贴壁油罐的施工方法简单一些

（1）半地下可以将钢板油罐安装和土建被覆分开进行，免除了两个工种的互相交叉，不影响工期进程。而且洞库内只能安装一圈壁板，接着被覆一圈钢筋混凝土，两个工种交叉施工，互相影响。

（2）半地下的被覆可以采用钢筋混凝土预制块砌筑，这样不会挤压罐壁的钢板，不会造成钢板变形鼓肚，因而在罐内不需要对壁板进行支撑，省工、省料、省时。

3. 半地下比洞库钢板贴壁油罐焊缝检漏方法更可靠

半地下钢板贴壁油罐，全部焊缝采用搭接双面焊，则焊缝检漏全部注煤油加压试漏。而洞库钢板贴壁油罐焊缝只能采用单面焊，焊缝检漏只能采用真空试漏。

注煤油加压试漏，压力达 $2\sim4kg/cm^2$，而真空试漏真空度只有300mm水银柱，相当于近 $0.4kg/cm^2$ 压力，所以半地下比洞库钢板贴壁油罐焊缝检漏方法更可靠，检漏速度也快。

4. 半地下比洞库钢板贴壁油罐施工质量更有保证，达到一次施工成功率更高

（1）半地下钢板贴壁油罐被覆用钢筋混凝土预制块砌筑，边砌筑边填塞，预制块与钢板之间的缝隙，这样可以填得密实，减少壁板与混凝土预制块间的空鼓，减少钢板外壁锈蚀。这种逐层砌筑方法，比灌混凝土的振捣，使罐壁钢板变形小得多。

（2）半地下钢板贴壁油罐采用搭接双面焊，用注煤油加压试漏，再用水顶油的方法对油罐整体试压，保证了油罐不漏，比洞库钢板贴壁油罐的一次成功率高。

（三）半地下钢板贴壁油罐的施工程序与方法

1. 半地下钢板贴壁油罐的施工程序

半地下钢板贴壁油罐的施工程序：搞好施工现场的三通一平→开挖罐坑→做油罐基础→罐体预制钢板运到现场→安装钢板油罐→对油罐焊缝试漏和整体试压→砌筑罐壁护体预制块或浇筑混凝土→浇筑钢筋混凝土罐顶并做防水层→油罐护体外回填土→清理施工现场→罐区绿化伪装。

2. 半地下钢板贴壁油罐的施工方法

（1）搞好施工现场的三通一平，即水通、电通、路通、平整场地，为以后施工创造条件。

（2）开挖罐坑，应考虑罐体被覆后的最大尺寸和罐体施工所需要的范围，还要考虑防止塌方的开挖土方坡度。

（3）做油罐基础，应按设计图施工。施工前应核实地基承载力，考察地基是否有不均匀性及土质与设计要求有无不同。

（4）罐体预制钢板运到现场，应注意防止钢板变形，防止防腐层被损坏。运输顺序应符合罐体安装顺序。

（5）安装钢板油罐。安装前先对油罐基础进行验收。油罐安装通常采取倒装法，顺序是先安装焊接罐底，接着组装焊接罐顶，再接着从顶圈开始组装罐壁板，逐圈向下直到最下圈板，最后焊接罐壁下圈板和罐底板。

（6）对油罐焊缝试漏和整体试压。焊缝试漏方法应按焊缝结构决定，钢板为对接双面焊和搭接单面焊的只能用真空试漏；钢板为搭接双面焊和加盖板三条焊缝的应采用注煤油加压试漏。罐体全部焊缝试漏合格后，再用水顶油的方法进行整体试压，先向罐内输入约30cm高煤油，再向罐内缓慢注入水，依靠煤油的强渗透力再对罐底和罐壁焊缝进行一次试漏，液面达到低于安全高度约30cm后，封闭罐顶孔洞，缓慢注入水，观察压力表达到试验压力后停止注水，稳压24h后，压力在变化范围内，再次检查油罐焊缝没有渗漏即为合格。

（7）砌筑罐壁护体预制块或浇筑混凝土。这两种护体施工方法可根据当地当时的实际情况选择。

① 砌筑罐壁护体预制块，应边砌筑预制块边浇灌水泥砂浆，注意填满罐壁板与预制块间的缝隙，这样不但增强护体的整体强度，而且可保护油罐钢板外壁不腐蚀。

② 浇筑混凝土，要做好内外支撑，减少浇筑混凝土时使钢板受挤压变形鼓肚，并要振捣密实。这也是为了增强护体的整体强度，保护油罐钢板外壁不腐蚀。

（8）浇筑钢筋混凝土罐顶。因为浇筑罐顶钢筋混凝土时难以顶撑，可考虑采用整体编钢筋，分区浇筑混凝土，然后在浇筑钢筋混凝土表面做防水层。

（9）油罐护体外回填土。回填土应在罐内装满油隔一段时间，检查油罐基础没有沉降，罐壁没有渗油，然后拆除护体外的支撑再回填土。回填土要逐层夯实。

（10）清理施工现场。应注意安全，因为罐内已装油。

（11）罐区绿化伪装，尽量回复原来地形，种植草皮，一为伪装，二为防止土层滑动。

【041】怎样用注水加压法修复吸瘪油罐

1993 年 7 月，某油库发生一起放油吸瘪油罐事故，塌陷情况较为严重。不久后，该库采用注水加压法修复了这座油罐，只用少量设备，未加任何支撑，在工期短、花钱少的情况下，安全顺利地使瘪罐复原，效果较好。

（一）油罐结构及破坏后的状况

事故油罐为洞库立式拱顶钢板离空油罐，设计容量 $2000m^3$，直径 14.309m，壁高 13.026m，矢高 1.912m，总高 14.938m，罐顶曲率半径 14.317m，底板厚 6~8mm，壁板厚 4~8mm，顶板厚 4.5mm，包边角钢 75mm×75mm×6mm。在该洞库内还有多个同一规格的油罐。

油罐被吸瘪后，罐顶下塌成锅底形，中心出现三角形局部深坑，其面积约为 $6m^2$，深坑距罐壁上边缘高差达 1.86m，顶板共有三处皱褶，位置如图 4-29 所示，每处长约 40cm，高低差约 5~6cm，与罐顶连接的油气管和通风管也一并下落。罐壁的顶圈钢板有一处稍有变形，面积约 $2m^2$。油罐的钢板完好，未被拉裂。油罐被破坏后的状况如图 4-29 所示。

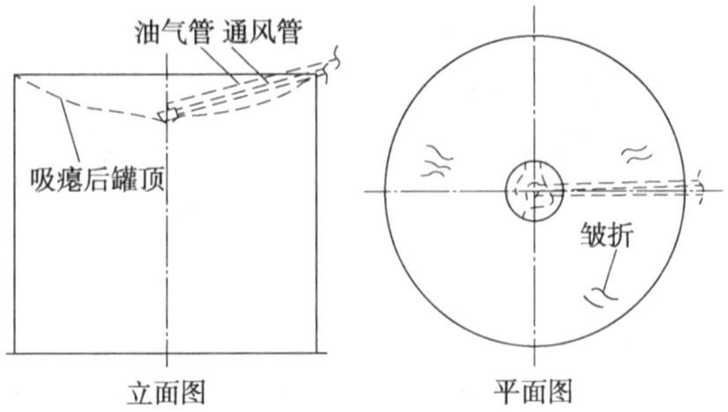

图 4-29　油罐被破坏状况

（二）修复步骤及注意事项

注水加压法即向密闭的罐内注水，压缩罐内原有空气，使其压力升高，在内压大于罐外大气压时使被吸瘪的油罐恢复原状。

1. 修复步骤

(1) 修复前准备工作：

① 排空罐内存油，清洗油罐，通风排除罐内和罐间油气。

② 用盲板封堵事故油罐的进出油管、油气管和通风管，隔离事故油罐与洞内其他油罐的连接管路。

③ 拆除与罐顶连接的油气管、通风管以及罐顶水泥踏块，以减轻罐顶重量。

④ 安装注水加压和放水的管道、仪表、设备。本库注水加压是利用由高位水塔引入洞库的消防水，利用开关阀门控制进水流量，由压力表显示罐内压力，利用油罐的排水管完成注水和放水。注水加压系统如图 4-30 所示。

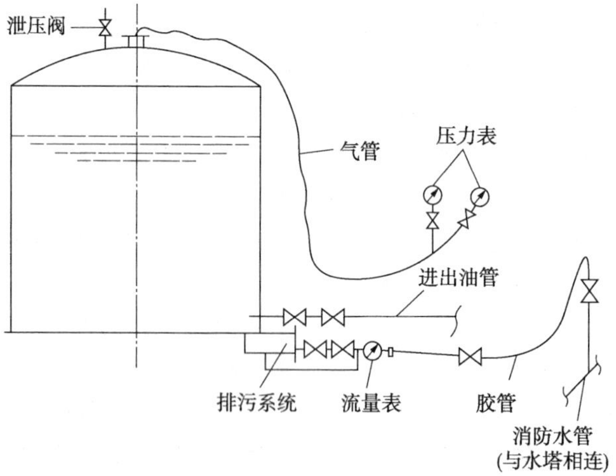

图 4-30　注水加压系统

(2) 敞口注水：敞开罐顶油气管口(或测量孔)，使罐内外压力平衡，压力表指示为零，向罐内注水高度到 7~8m。

(3) 密闭注水加压：封闭罐顶及罐体所有孔口，向罐内缓慢注水，使罐内压力大于罐外大气压，即产生正压，罐内压力作用于罐体钢板，使油罐塌陷部位逐渐恢复。注水时间、注水量、压力变化、罐体变形复原和伴随情况见表 4-15。

表 4-15　注水加压及油罐复原情况记录

次数	注水时间/min	注水量/m^3	压力表读数/MPa	变形复原情况	伴随情况
1	5	3.5	0	罐壁凹陷局部复原	大罐发出响声
2	15	14	0.001	罐壁凹陷全部复原	大罐发出响声
3	17	29	0.004	罐顶凹陷局部复原	罐底边缘局部翘起

续表

次数	注水时间/min	注水量/m^3	压力表读数/MPa	变形复原情况	伴随情况
4	4	3	0.003	罐顶凹陷局部复原	大罐发出响声
5	2	1.3	0.003	罐顶凹陷局部复原	大罐发出响声
6	12	9.7	0.004	罐顶凹陷局部复原	大罐发出响声
7	8	5	0.004	罐顶凹陷局部复原	大罐发出响声
8	10	8	0.002	罐顶凹陷局部复原	大罐发出响声
9	10	8	0.003	罐顶凹陷局部复原	大罐发出响声
10	29	17	0.0035	罐顶凹陷局部复原	大罐发出响声
11	4	2.5	0.003	罐顶凹陷局部复原	大罐发出响声
12	37	29	0.0035	罐顶凹陷局部复原	大罐发出响声
13	45	33	0.002	罐顶不见变化	罐顶皱褶拉裂
14	5	3.5	0.002	罐顶不见变化	裂缝加大

由表4-15可知，当第三次密闭注水17min进水29m^3，罐内水位高达8.09m，罐内压力达0.004MPa时，罐底边缘即出现上翘，周长达8m左右，最高达25mm。当继续注水到第13次时，压力不再升高，反而降到0.002MPa，经检查发现罐顶漏气，在皱折处拉裂一条缝，缝长60mm、宽6mm，只好停止注水加压。采用补漏胶封堵后，继续加压，压力仍不上升，检查发现仍在漏气，且裂缝越来越大，长达120mm、宽达10mm，只好再次停止注水加压。这时罐顶已上鼓复原达塌陷总体积的四分之一左右。

因为裂缝漏气不止，罐内压力不断下降，为防止在自重作用下已恢复部分的罐顶重新回落，采用了1条5t、3条1.5t的吊链从几个方向将罐顶拉住，然后卸掉罐内余压，采用电焊补缝。

油罐焊补后，放掉一部分罐内水(为罐内预压留出空间)，使罐内水位保持8.4m，再封罐注水加压，其各项参数见表4-16。

表4-16 注水加压及油罐复原情况记录

次数	注水时间/min	注水量/m^3	压力表读数/MPa	变形复原情况
1	15	10.5	0.002	罐顶局部复原
2	25	17.0	0.003	罐顶局部复原
3	10	6.0	0.003	罐顶局部复原
4	15	7.5	0.0035	罐顶局部复原

在表 4-16 的基础上继续注水加压，罐内水位超过 9m 后，罐底边缘不再翘起。水位达 9.7m、压力达 0.0025MPa 时，罐顶由塌陷后的锅底形恢复到向上凸起。但罐顶又出现几个大裂缝，经反复焊补，再注水加压。当罐内水位达 11m、压力达 0.005MPa 时，油罐发出几次大的响声，罐顶已成球形。当水位达 11.2m、压力达 0.0072MPa 时，罐顶基本恢复原状。但被电气焊烧过的部位复原比较困难，形成一些局部陷坑。当罐内压力达 0.0085MPa 时，陷坑还能部分鼓起，继续加压到 0.0095MPa，罐内水位达 12m 时，油罐顶不再有变化，注水加压就此停止。油罐复原状况如图 4-31 所示。

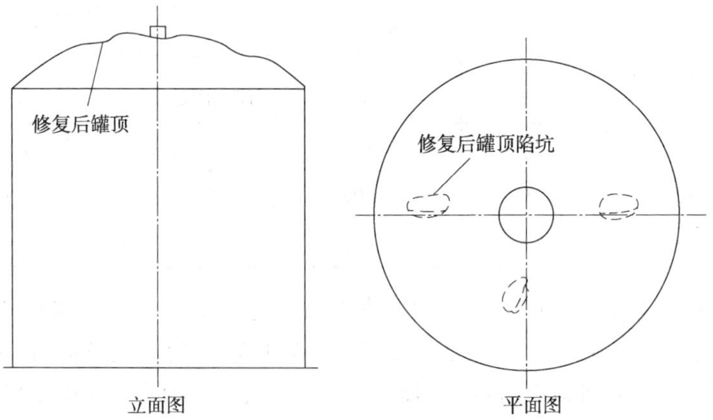

图 4-31　油罐复原状况

（4）稳压防止回落：注水加压停止后，为防止刚复原的罐顶再回落塌陷，需经过稳压过程，稳压 30h 后开始缓慢卸压。当压力卸至 0.005MPa 时，罐顶出现局部回弹，产生 3 个小凹坑，其他一切正常。

（5）复原后的收尾工作：油罐完全卸压后，首先要将油气管口和测量孔口全部打开，放掉罐内存水，再对罐内壁进行保养，最后安装恢复油罐各附件和管路系统，拆除注水时临时连接的管子和设备。

2. 注意事项

（1）用注水加压法修复油罐同样要注意冲洗干净油罐，并用机械通风彻底排除罐内及罐间的油气，使油气浓度保持在安全范围以内，满足安全施焊的要求。

（2）密封注水加压时，一定要注意缓慢注水，严密注视罐内压力的变化，特别是油罐鼓起发出响声时，应停止加压，详细检查变化情况，防止发生爆罐事故。

（3）由罐内向外放水时，一定要打开罐顶各孔口，并应缓慢放水，以免产生负压再次将罐吸瘪。

（4）在修复期间，应采取措施将罐顶吊拉住，防止在加压时因油罐开裂或注水设备出现故障而导致罐内水倒流等，以避免罐内产生负压使罐顶重新回落。

（5）在修罐现场应增加些石棉被、灭火器等消防器材，加强消防安全措施，制定应急消防抢险方案。

（6）在修罐期间，应尽可能停止收发油及设备维修等作业，并将在用罐和在修罐彻底隔离，防止相互干扰，影响安全。

（7）修罐时要周密计划，严密组织，明确分工。要统一指挥，协调动作，使修罐工作忙而不乱，紧张而有秩序。

（三）有关问题的探讨

1. 注水加压法和其他修复方法的比较

对吸瘪油罐的修复方法，除注水加压法外，目前国内用过的还有两种方法：一种是机械顶、拉、锤打法，另一种是切割更换钢板法。比较这三种方法，注水加压法有其较大优越性。

（1）注水加压法比其他方法适用范围广，不受油罐容积、破坏程度及构筑形式的限制。油罐钢板变形，但未出现裂缝，能维持住压力的即可直接用注水加压法修复，钢板拉裂经焊补可维压时，也可修复。而机械顶、拉、锤打法多适用于容积小、变形小而不复杂的油罐，大型油罐变形大而复杂时，难以通过支撑、顶、拉、锤打而复原。切割更换钢板法，对地面油罐的修复还可以，而对洞库油罐的修复就较困难，因为洞库油罐间及出入门都小，更换钢板时难以搬运、吊装。

（2）注水加压法比其他方法省力、省功，劳动强度也小。

（3）注水加压法比其他方法需要设备少，一般情况下，其维修经费较低。

2. 注水加压时的罐外支撑问题

用注水加压法修复油罐时，罐外没有任何支撑加固，安全达到瘪罐复原的目的，油罐未产生爆裂，仅出现几条裂缝、折皱，经焊补后即可继续进行加压修复。

从油罐承压能力来分析，用注水加压法修复油罐，罐外也不一定需要支撑。

立式拱顶金属油罐在加压过程中，油罐下节点、拱角的承压圈以及罐顶是其薄弱环节。经受力计算，承压圈所能承受的压力最低，约为0.012073MPa，而注水加压时的最高压力才达到0.0095MPa，瘪罐就已复原，其施压仅为油罐能承压的78.7%。

由上述实践和理论分析，一般情况下，2000m^3以下的油罐，用注水加压法修复，所加压力是不会超过油罐所能承受的压力，可以不在罐外加支撑。但对吸瘪变形严重的大型油罐，在所加压力有可能超过油罐所能承受的压力时，应对油罐承受压力予以核算，严格控制对油罐施加的压力，使其不超过油罐的承压能力，为安全起见，有必要在罐外加支撑。

3. 用注油加压法修复瘪罐的利弊分析

用注油加压法和注水加压法修复吸瘪油罐的原理相同，从理论上推断是可行的，它的好处是不用放空、清洗油罐，不必重新安装供水系统，节约修罐经费，缩短修罐时间。但是注油加压修复瘪罐危险性太大，因为在密闭加压过程中，很可能拉裂油罐钢板，造成跑油事故，对油罐裂缝焊补，因油气难以排净，危险性太大，严禁采用。

总之，一般不宜用注油加压法修复瘪罐，除非油罐破坏变形很小，油罐钢板毫无损伤并且没有拉裂的可能，才可试用注油加压法修复瘪罐，但应严密监视油罐变化，注油加压速度要缓慢，一旦发现油罐漏气降压，应立即停止注油。

CHAPTER 5 / 第五章

油品装卸区设计与建造问答

【042】铁路油品装卸区设计应考虑哪些问题

铁路是有特殊要求的道路，铁路的设计施工有专门规范，通常由铁路部门负责，油库的铁路专用线设计施工也须与铁路部门沟通。

（一）库外铁路专用线选线原则及设计参数

1. 库外铁路专用线选线原则

（1）要尽量少搬迁、少占耕地；并应避开大中型建筑，如厂矿、水库、桥梁、隧道等。

（2）要尽量减少土石方工程，避免穿越自然障碍；并尽量不建桥梁、隧道和涵洞。

（3）要尽量避开滑坡、断层等不良地质条件。

（4）尽量靠近附近铁路干线的车站，缩短专用线长度，其长度一般不宜超过5km。不得在干线中途出岔，只能在车站出岔。在专用线与车站线路接轨处，应设安全线，长度一般为50m。

2. 库外铁路专用线主要设计参数

（1）库外铁路线等级见表5-1。

表5-1 库外铁路线等级

铁路等级	重车方向货运量/(10^4t/a)	铁路等级	重车方向货运量/(10^4t/a)
Ⅰ	>2000	Ⅲ	500~1000
Ⅱ	1000~2000	Ⅳ	<500

（2）库外铁路线最大坡度应符合表5-2中相关要求。

表 5-2　库外铁路线最大坡度　‰

铁路等级		Ⅰ			Ⅱ		
地形类别		平原	丘陵	山区	平原	丘陵	山区
牵引种类	电力	6.0	12.0	15.0	6.0	15.0	20.0
	内燃	6.0	9.0	12.0	6.0	9.0	15.0

(3) 库外铁路线最小曲率半径应符合表 5-3 中相关要求。

表 5-3　库外铁路线最小曲率半径

路段旅客列车设计行车速度/(km/h)			160	140	120	100	80
最小曲线半径/m	工程条件	一般地段	2000	1600	1200	800	600
		困难地段	1600	1200	800	600	500

(二) 库内铁路装卸线布置形式

库内铁路装卸线布置形式有三股、双股、单股等三种，如图 5-1 所示。大、中型油库一般应设双股线；有黏油散装收发的大、中型库宜设三股线；车位为 12 个以下的小型油库设单股线。有轻油和黏油同时收发的单股线，应将黏油收发作业段放在装卸线的尾部，轻油放在前面。相邻装卸线的间距如图 5-1 所示，图中不带括号的数字为小鹤管，带括号的数字为大鹤管。

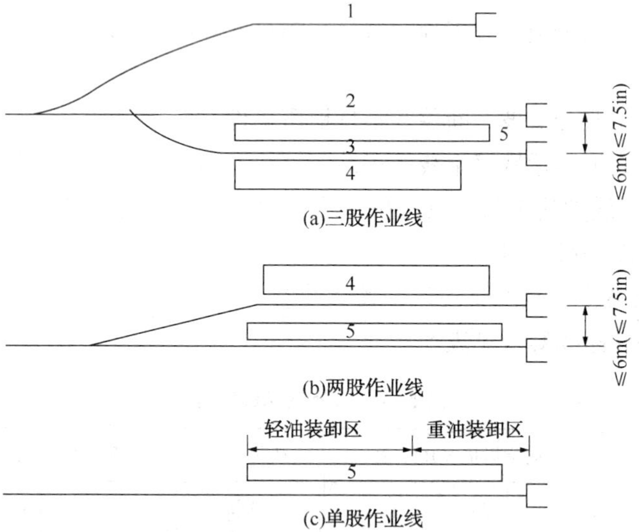

图 5-1　铁路油品装卸作业线

1—黏油作业线；2—轻油作业线；3—轻油与桶装油品共用作业线；4—装卸站台；5—装卸油品栈桥

（三）库内装卸线设置的规定

《石油库设计规范》(GB 50074—2014)中有明确规定，现摘编如下。

（1）铁路罐车装卸线的车位数，应按液体运输量确定。

（2）铁路罐车装卸线应为尽头式。

（3）铁路罐车装卸线应为平直线，股道直线段的始端至装卸栈桥第一鹤管的距离，不应小于进库油罐车长度的1/2。装卸线设在平直线上确有困难时，可设在半径不小于600m的曲线上。

（4）装卸线上油罐列车的始端车位车钩中心线至前方铁路道岔警冲标的安全距离，不应小于31m；终端车位车钩中心线至装卸线车挡的安全距离应为20m。

（5）罐车装卸线中心线至油库内非罐车铁路装卸线中心线的安全距离，应符合下列规定：

① 装甲B、乙类液体的不应小于20m；

② 卸甲B、乙类液体的不应小于15m；

③ 装卸丙类液体的不应小于10m。

（6）下列易燃和可燃液体宜单独设置铁路罐车装卸线：

① 甲A类液体；

② 甲B、乙、丙A类液体；

③ 丙B类液体。

当以上液体合用一条装卸线，且同时作业时，两类液体鹤管之间的距离，不应小于24m；不同时作业时，鹤管间距可不限制。

（7）桶装液体装卸车与罐车装卸车合用一条装卸线时，桶装液体车位至相邻罐车车位的净距，不应小于10m。不同时作业时可不限制。

（8）罐车装卸线中心线与无装卸栈桥一侧其他建(构)筑物的距离，在露天场所不应小于3.5m，在非露天场所不应小于2.44m。

（9）铁路中心线至油库铁路大门边缘的距离，有附挂调车作业时，不应小于3.2m；无附挂调车作业时，不应小于2.44m。

（10）铁路中心线至装卸暖库大门边缘的距离，不应小于2m。暖库大门的净空高度(自轨面算起)不应小于5m。

（11）相邻两座罐车装卸栈桥的相邻两条罐车装卸线中心线的距离，应符合下列规定：

① 当二者或其中之一用于装卸甲B、乙类液体时，其距离不应小于10m；

② 当二者都用于装卸丙类液体时，其距离不应小于6m。

（12）在保证装卸液体质量的情况下，性质相近的液体可共用鹤管，但航空油料的鹤管应专管专用。

【043】汽车零发油作业区设计应考虑哪些问题

汽车零发油作业区即油库给汽车油罐车发油的区域，通常称为汽车发油亭(站)。设计时主要是合理选择其布局形式、建筑结构及设备布置。

(一) 汽车发油亭(站)布局形式选择

国内常见的汽车发油亭(站)形式主要有直通式、圆盘式和倒车式三种。直通式有几条并列平行的车道，汽车可同时同向并列平行停在各车道上加油，车的进出干扰少，比较安全，加油效率高。圆盘式车道为环形，在车道中心建圆形或多边形的加油亭，多台汽车停靠同时加油，车的头尾相接，车辆进出有所干扰。倒车式的发油亭与直通式相同，但因受场地的限制不能直行通过。车辆加油时倒入发油亭，加满油后开出发油亭。倒车式发油亭的设计可参考直通式。三种形式比较起来，直通式较好，所以有条件者推荐选用直通式。

(二) 汽车发油亭(站)建筑结构及设备布置

汽车发油亭(站)建筑结构及设备布置，在《石油库设计规定》(GB 50074—2014)和行业规范中都有规定，现摘编如下：

(1) 向汽车油罐车灌装甲 B、乙、丙 A 类油品宜在装车棚(亭)内进行。甲 B、乙、丙 A 类油品可共用一个装车棚(亭)。

(2) 汽车油罐车的油品灌装宜采用泵送装车方式。有地形高差可供利用时，宜采用储油罐直接自流装车方式。采用泵送灌装时，灌装泵可设置在灌装台下，并宜按一泵供一鹤位设置。

(3) 汽车油罐车的油品装卸应有计量措施，计量精度应符合国家有关规定。

(4) 汽车油罐车的油品灌装宜采用定量装车控制方式。

(5) 灌装汽车罐车宜采用底部装车方式。

(6) 当采用上装鹤管向汽车罐车灌装甲 B、乙、丙 A 类液体时，应采用能插到罐车底部的装车鹤管。鹤管内的液体流速，在鹤管口浸没于液体之前不应大于 1m/s，浸没于液体之后不应大于 4.5m/s(此条为强制性条款)。

(7) 向汽车罐车灌装甲 B、乙 A 类液体和Ⅰ、Ⅱ级毒性液体应采用密闭装车方式，并应按现行国家标准《油品装载系统油气回收设施设计规范》(GB 50759)的有关规定设置油气回收设施。

(8) 汽车灌装油棚(亭)的建筑设计，应满足下列要求：

① 灌装油棚(亭)应为单层建筑，并宜采用通过式；

② 灌装油棚(亭)的承重柱及灌油台，应采用混凝土结构；

③ 罩棚至地面的净空高度，应满足运油车灌装或灌桶的作业要求，且不得低于 5.0m；

④ 灌装油棚(亭)内的单车道宽度不得小于 4.0m，双车道宽度不得小于 7.0m；

⑤ 灌装油停车位的地面应高于周围地面，且不得存积雨水；

⑥ 灌装油站台应满足工艺设备的安装和操作要求。其台面高于地面不宜小于 1.8m，台面宽度不应小于 2.0m，台下的空间不得封闭；

⑦ 当灌装设备设置在灌装台下时，台下的空间不得封闭。

(9) 灌装甲、乙类油品，不宜设置高架罐。

(10) 汽车油罐车卸油必须采用带快速接头的密闭管道系统。

(三) 汽车发油亭(站)设计举例

汽车发油亭(站)常见的建筑形式有四立柱混凝土结构、双立柱钢结构、组装式钢结构单货位发油台结构。发油亭(站)的顶现在有的选用膜式材料。现只以非商业油库部门在《油库设备设施更新改造通用技术方案》中推荐的“四立柱混凝土结构发油站”为例加以说明，如图 5-2 所示，单位以 mm 计，适用于解放、东风、黄河、斯太尔等型运油车加油通过。

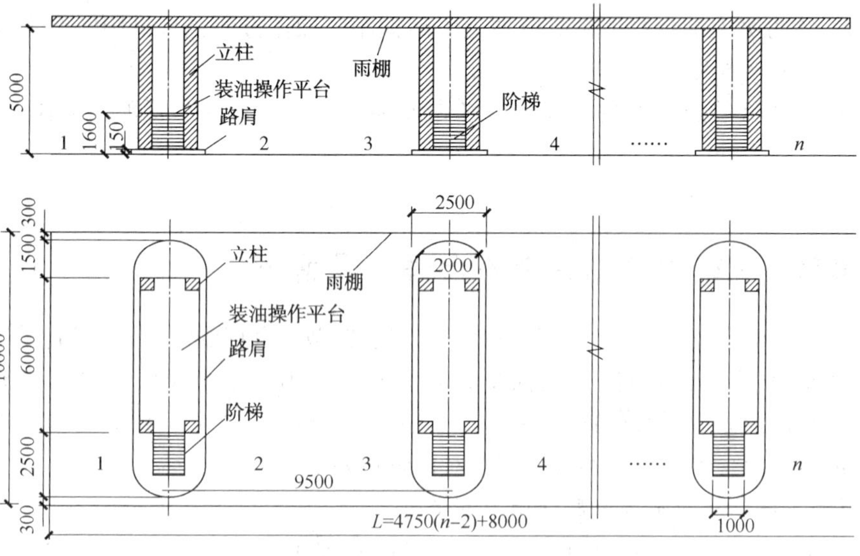

图 5-2　四立柱混凝土结构发油站平立面图

(1) 本方案雨棚为平顶式样，采用混凝土现浇结构，立柱为四柱(也可双柱)，装油操作平台可同时灌装两台汽车，阶梯可在一端设置，也可两端设置。

(2) 本方案考虑将输油管道、阀门、消气过滤器、管道泵、流量计、恒流阀等工艺设备置于装油操作平台之下，平台上只安装灌油装置和快速切断阀。灌油装置既可安装汽车灌油鹤管用于灌装汽车油罐车，也可安装灌桶鹤管或加油枪用来灌装油桶。

(3) 将雨棚、立柱、装油操作平台等折合后可利用表 5-4 确定汽车零发油设施的建筑面积及建筑混凝土用量 G 和耗用钢材量 G_1。常用的四种情况见表 5-4。

表 5-4　建筑面积及耗材量

停车道数	建筑面积/m^2	混凝土用量 G/m^3	耗用钢材量 G_1/t
6 车道	142.50	93.48	15.11
8 车道	204.98	124.64	21.73
10 车道	267.45	155.80	28.35
12 车道	329.93	186.96	34.83

(4) 本方案有以下突出优点：

① 本方案选用混凝土建材，耐腐蚀、寿命长、造价不高。

② 本方案为一层建筑，符合规范要求；汽车车位(即车行方向)与发油平台平行布置，建筑很低，节省投资。

③ 本方案发油台高度正好方便上下运油车，操作方便，且只用一个人操作，省人、省工、省时间。

④ 本方案管道、设备、仪表分别在发油台上、下布置，管理、操作、维修方便。

【044】汽车发油站建造不合理问题解析

作者在油库安全检查时，发现有三个建造典型不合理的汽车发油站：第一个是汽车车位(即车行方向)与发油平台垂直布置；第二个是发油棚分两层布置；第三个是发油棚分两层布置且第二层封闭的发油棚。为了总结经验、吸取教训，对发油站车位合理布置与不合理布置对比解析如下。

(一) 汽车发油站车位合理布置的举例

直通式汽车发油站车位(即车行方向)的合理布置应当是汽车车位与发油平台平行布置，以下是几种最常见的直通式汽车发油站汽车车位(即车行方向)与发油平台平行布置的形式。

【例 1】出入口在不同侧，加油车车行方向与发油平台平行布置的直行通过形式，如图 5-3 所示。

【例 2】只有一个出入口，加油车在内部回车，但加油车车行方向与发油平台平行布置的直行通过形式，如图 5-4 所示。

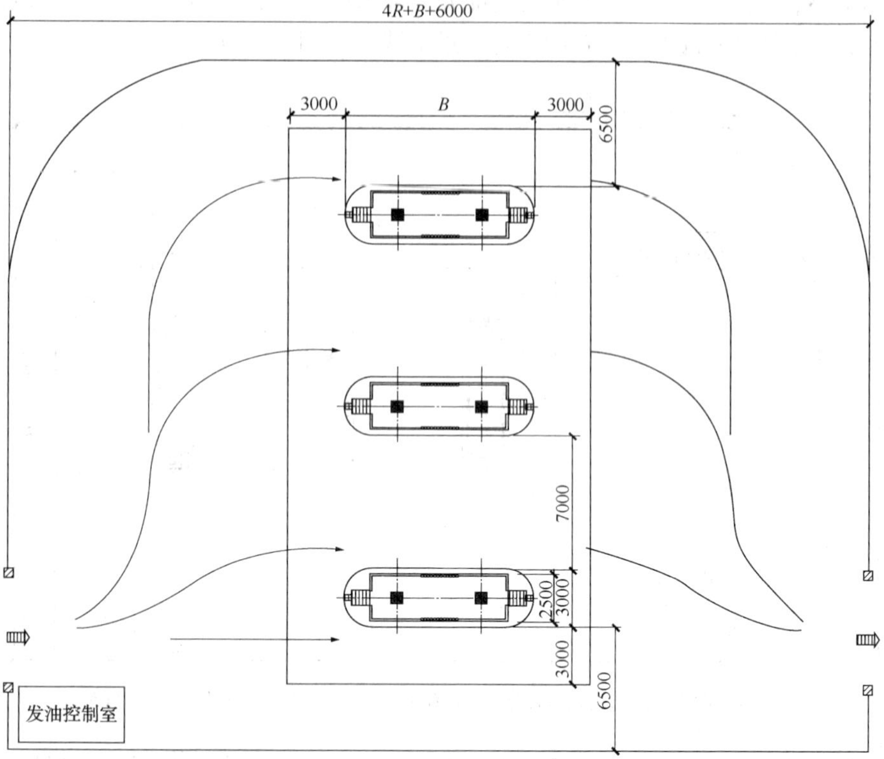

图 5-3 出入口不同侧，车行方向与发油平台平行布置

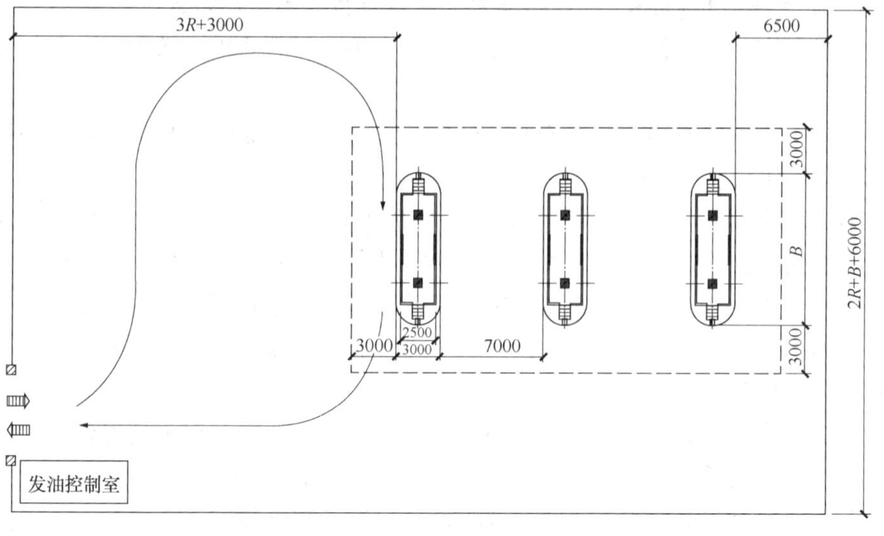

图 5-4 一个出入口，内部回车，车行方向与发油平台平行布置

【例 3】两个出入口，加油车借用部分外部道路回车，占用场地较小，加油车车行方向与发油平台平行布置的直行通过形式，如图 5-5 所示。

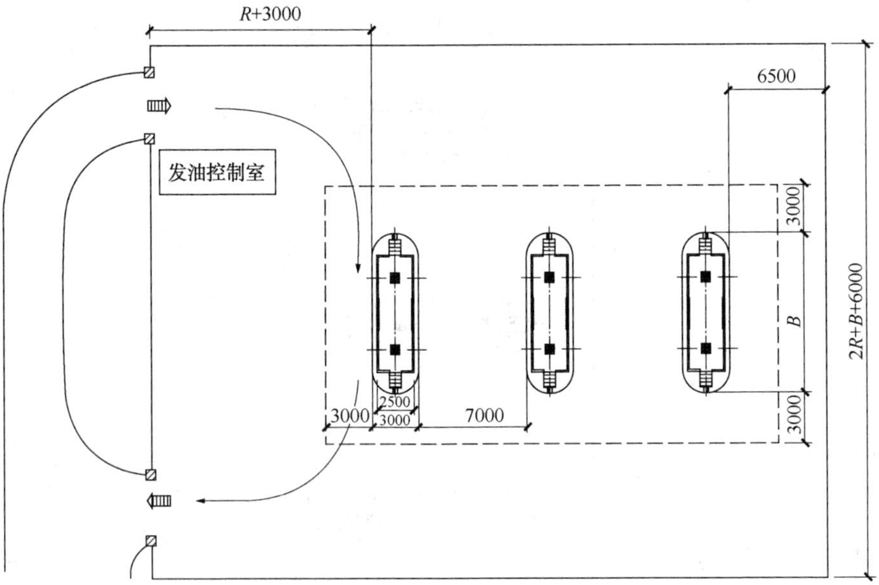

图 5-5　两个出入口，用部分外部道路，车行方向与发油平台平行布置

注：图 5-3～图 5-5 中，尺寸单位为 mm，$B=10m$，R 为汽车转弯半径，$R=9m$。适用于解放、东风、黄河、斯太尔等型运油车加油通过。

（二）汽车车位（即车行方向）与发油平台垂直的不合理布置

汽车车位（即车行方向）与发油平台垂直布置是不合理的布置形式，如图 5-6 所示。

由图 5-6 可以看出，汽车车位（即车行方向）与发油平台垂直布置与平行布置的发油站比较有三个缺点。

第一个缺点是这样布置投资高。因为垂直布置，汽车要由发油平台下面通过，则发油平台的高度为满足来本库拉油的最高汽车的高度而加高，这样支撑顶棚的立柱要加大，上发油台还要设旋梯。另外，为了能起到挡雨的作用，就必须加大顶棚，要加大顶棚，则支撑顶棚的挑梁需加长、加大。这些都要费材料、费工时，当然投资就提高了。

第二个缺点是加油操作十分不便。因为发油平台加高，起不到发油平台的真实作用。若发油平台与汽车车位（即车行方向）平行布置时，发油平台较低，从平台上下汽车很方便。工艺管线、仪表设备、发油鹤管都安装在平台上，检查渗漏、观察仪表读数都很方便，将鹤管插入汽车的罐体也简单快速，而且省力，只

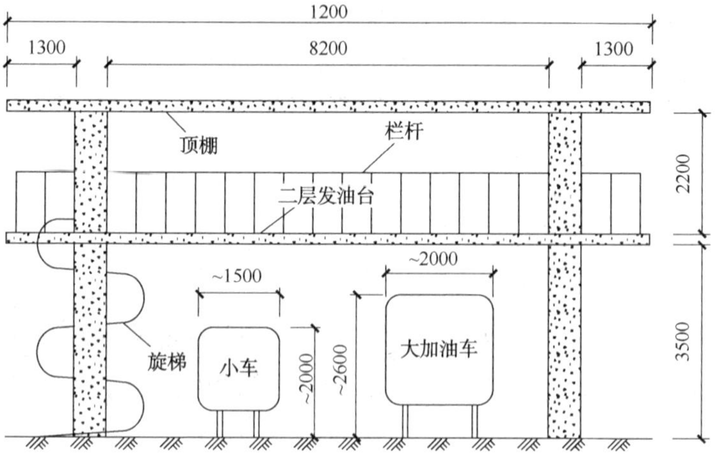

(a)A—A剖面图

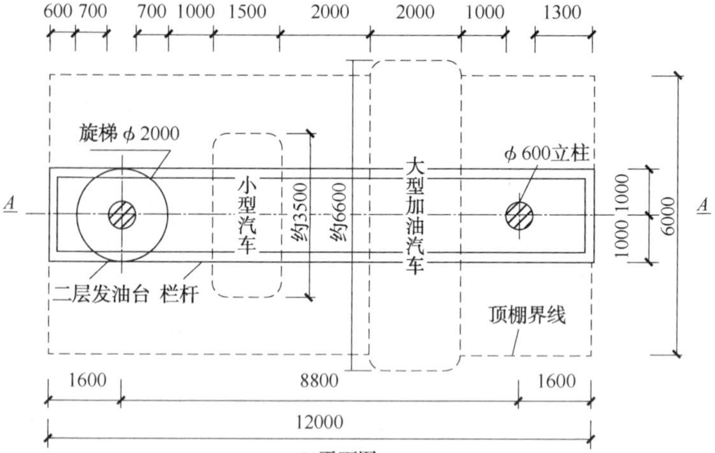

(b)平面图

图 5-6 车位与发油平台垂直布置示意图

要一人操作即可。而发油平台与汽车车位(即车行方向)垂直布置时，必须由两人操作，发油台上有一人，汽车上应有一人配合才行，而且两人必须密切配合。操作难度大、发油时间长，操作人员还费力。

第三个缺点是发油站从正面看其高与大很不协调，不美观。好像下雨天打伞，伞举得太高而起不到挡雨的作用。

(三) 发油站建成两层棚的不合理布置

某企业为了追求发油站建筑宏伟，将发油站建成两层棚。下层供汽车通过，建有发油平台和上装发油鹤管，发油平台与汽车平行布置；上层供安装工艺管线、仪表设备，如图 5-7 所示。

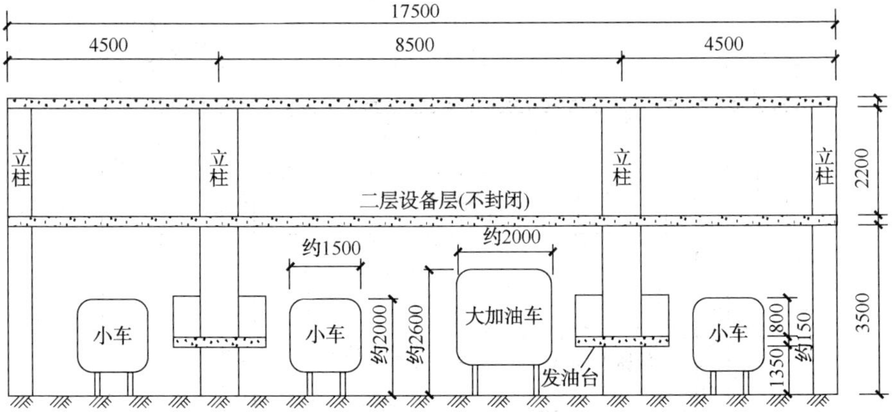

(a)立面图

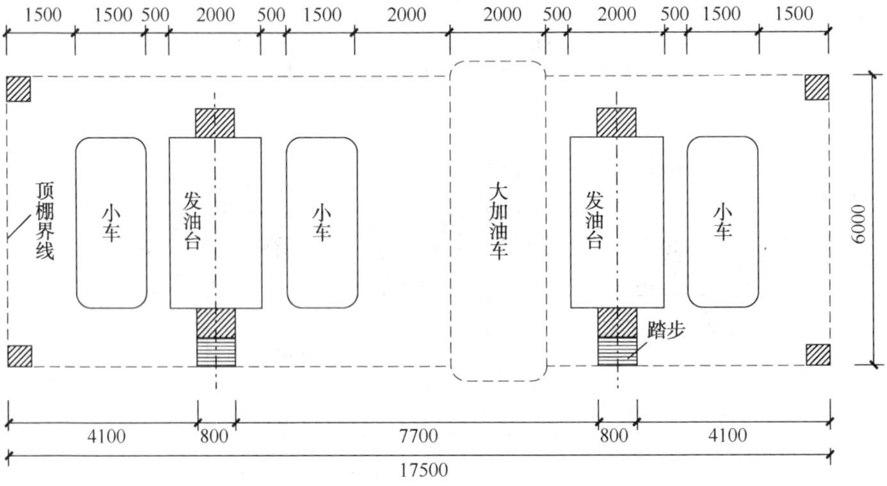

(b)平面图

图 5-7 发油站建成两层棚示意图

这种建筑有两大缺点：

第一个缺点是比一层棚布置投资加大了。一是因为分两层布置多了一层钢筋混凝土板；二是因为分两层布置发油站的总体要加高、加大，支撑立柱要加粗或加多；三是因为棚面积加大而造成占地面积加大。

第二个缺点是与一层棚布置相比，操作不便，并且需要两人操作。因为两层棚的建筑，设备设施也分两层布置，发油时两层必须各有一人操作，上层的人负责检查管线、设备的渗漏，看仪表读数，下层的人负责插入和拔出发油鹤管，而且上下两人还必须配合好才行，加大了发油难度。

(四) 发油站建成两层且第二层封闭的不合理布置

这种建筑如图 5-8 所示，它将第二种发油棚的第二层棚封闭起来了，在投资和操作难度方面比第二种发油棚更大，而且还增加了安全度差的缺点。因为将安装管线、设备、仪表的第二层棚封闭起来，油气不容易扩散，可能会聚集，增加了着火爆炸的可能性，埋下了安全隐患。

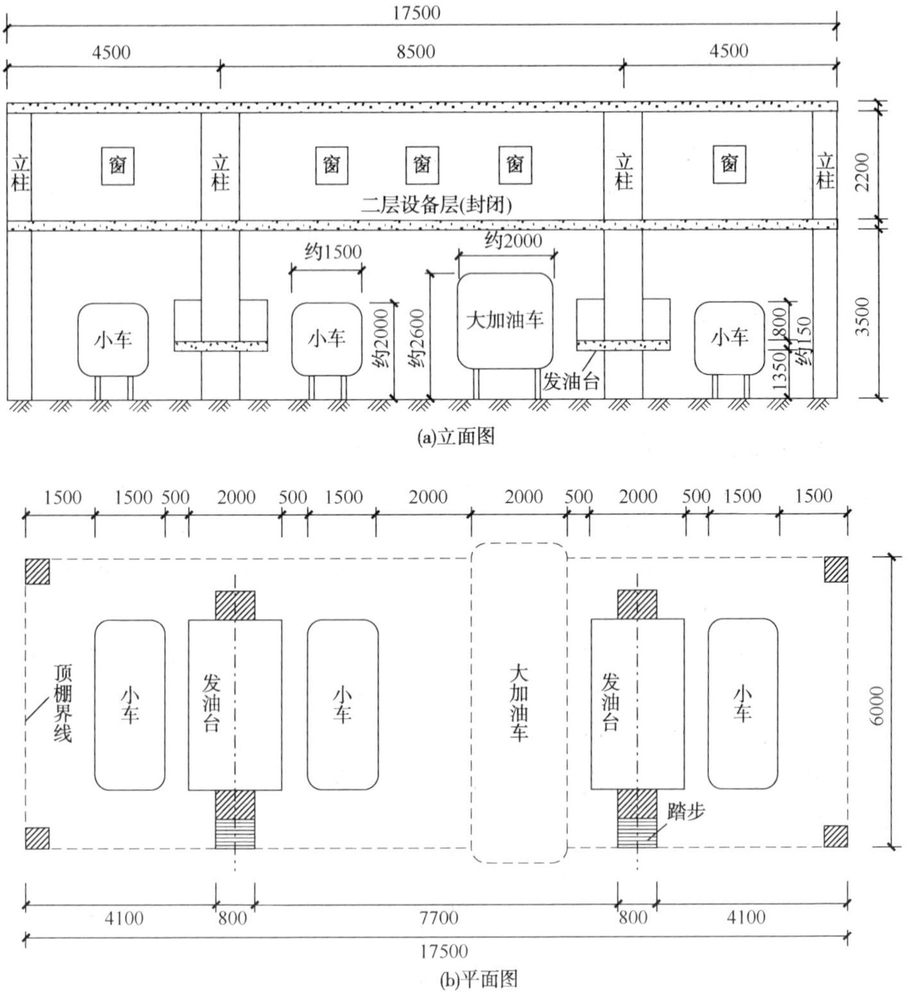

图 5-8　第二层封闭的两层发油棚示意图

以上三种发油棚都属不合理的设计，若三种比较，第一种与第三种发油棚的设计更加不合理：第一种设计是没有搞清楚发油台应有的作用，汽车停车位与发油台应有的关系；第三种设计是没有掌握发油站危险的性质。

【045】油泵站建筑形式问题解析

油泵站建筑形式有油泵房、油泵棚、露天油泵站等三种，国内建油泵房的居多，国外建油泵棚、露天油泵站的居多。

（一）油泵站建筑形式选择的提出

油泵房原是国内油泵站唯一的传统建筑形式，20 世纪 90 年代，国外的露天油泵站在国内得到推广。其主要理由一是为了节省建泵房的投资，二是为避免油气在泵房内集聚。

（二）国内外油泵站设备、管理与布置的差异

20 世纪 90 年代，国内设备大多安装在室外，经风吹、日晒、雨淋，很容易生锈，减少其寿命，增加设备维护工作量，增加维护费用。

在油泵站布置上也有较大差异，国外多采用按工艺流程分散布置，油泵只是工艺流程管道系统中的一个设备。而国内是将所有的油泵都集中布置在一起。

（三）规范对油泵站建造的规定

1.《石油库设计规范》(GB 50074—2014) 中规定摘编

（1）油泵站宜采用地上式。其建筑形式应根据输送介质特点、运行工况及当地气象条件等综合考虑确定，可采用房间式(泵房)、棚式(泵棚)或露天式。

（2）油品装卸区不设集中油泵站时，油泵可设置在铁路装卸栈桥或汽车油罐车装卸站台之下，但应满足自然通风条件，且泵基础顶面应高于周围地坪和可能出现的最大积水高度。

2.“非商用油库设计有关规范”、《石油储备库设计规范》(GB 50737—2011)、《石油储备库工程项目建设标准》(建标 119—2009) 中规定摘编

（1）油泵站可采用油泵房(间)、油泵棚或露天油泵站。

（2）输油泵站应位于油罐组防火堤外，并宜采用地上式。

（3）输油泵宜露天(包括泵棚)布置，在北方寒冷地区可设置泵房。

（4）具备下列条件时，宜建露天油泵站或油泵棚：

① 油库所处的位置风沙较小，且所输油品的黏度不会因冬季气温较低而影响油泵的正常作业；

② 油泵站的建设位置能够满足自然排水和自然通风的条件；

③ 可建泵站的地坪能够满足油泵所输油品的吸入要求。

3.《石油化工储运系统泵区设计规范》(SH/T 3014—2012) 中规定

（1）泵站建筑形式可根据输送介质性质、运行条件及当地气候特点确定。

（2）极端最低气温低于-30℃或风沙较大的地区宜设泵房；极端最低气温高于-20℃的地区，不宜设泵房。

(3) 按上述(2)确定不设泵房的下列地区宜设泵棚：

① 历年平均最热月 14：00 时的月平均温度高于 32℃的地区；

② 历年平均降雨量在 1000mm 以上的地区。

(4) 除上述(2)、(3)要求设泵房、泵棚以外的其他地区，宜采用露天泵站。

(四) 油泵站建筑形式比较及选择

1. 油泵站建筑形式比较

油泵站建筑形式的比较，见表 5-5。

表 5-5 油泵站建筑形式比较表

建筑形式	建造费用	油气排放	安全管理	管理工作量	对设备管件的影响	人员操作条件
油泵房	最高	较差	房间上锁管理安全	不易进入尘土，易保持清洁，管理工作量小	设备管件不被日晒、风吹、雨淋，维修保养费用少，使用寿命长	人员操作条件最好。夏天防晒、避风、挡雨，冬天防寒保暖，对操作有利
油泵棚	居中	较好	安全管理较差	易进入尘土，不易保持清洁，管理工作量大	设备管件被风吹，易进入尘土，维修保养费用大，使用寿命减短	人员操作条件居中。夏天防晒、挡雨；冬天寒冷，对操作不利
露天油泵站	最低	最好	安全管理较差	易进入尘土，不易保持清洁，管理工作量大	设备管件被日晒、风吹、雨淋，易进入尘土，维修保养费用最大，使用寿命减短最多	人员操作条件最差。夏天日晒、风吹、雨淋；冬天寒冷，对操作不利

从表 5-5 可以看出：

表中对比的 6 项，表面上看只有前两项油泵房不占优势，其他后 4 项油泵房均占优势。而这后 4 项涉及油泵站应重视的安全，涉及油泵站长期运行的费用，涉及人的劳动强度、劳动条件、劳动环境，在以人为本的今天，是绝对不能忽视的问题。

再分析第一项建造费用问题，表中油泵站建造费用是单纯按油泵站土建的一次性投资比较，油泵房不占优势。若将人工管理、维护费、设备的维修保养费和设备的折旧费计算进去，总体衡量油泵站的造价，通过技术经济比较，油泵房还是占优势的。

再分析第二项油气排放问题，油泵站内油泵、阀门、管线、管件等都是密封的，正常情况下是不会散发油气的，特别是规范中推荐采用地上式油泵站，就更不容易集聚油气了，可见这项比较可有可无。

2. 油泵站建筑形式选择

油泵站建筑形式选择应遵循以下原则。

（1）要全面深入领会规范要求：GB 50074—2014 规范要求，油泵站建筑形式选择，应根据输送介质特点、运行工况及当地气象条件等综合考虑确定，可采用房间式(泵房)、棚式(泵棚)或露天式。

《石油储备库设计规范》(GB 50737—2011)、《石油储备库工程项目建设标准》(建标 119—2009)中规定，输油泵宜露天(包括泵棚)布置，在北方寒冷地区可设置泵房。但建露天油泵站或油泵棚应满足风沙较小、不影响油泵的正常作业、能够自然排水和自然通风的条件。

SH/T 3014—2012 中规定，极端最低气温低于-30℃或风沙较大的地区宜设泵房；历年平均最热月 14：00 时的月平均温度高于 32℃的地区，或历年平均降雨量在 1000mm 以上的地区宜设泵棚。

（2）应考虑技术经济合理性，全面考虑油泵站土建和设备投资的比例及设备管理维护费用。

（3）结合当时国情宜选择国产设备还是进口设备，若选择国产设备，应考虑国产设备的性能、适合安装的环境。

（4）应按本站要达到的自控程度和人员操作水平选择建筑形式。

经过 3 年对 3 种形式泵站的使用实践：露天泵站确实弊端太多，一般不宜采用；泵房有其优点，轻易不要拆除改建；泵棚优点较多，新建泵站应当列入首选。

【046】如何建造油泵站和选择油泵

究竟如何建造油泵站和选择油泵？下边的答案和举例，可供参考。

（一）对建造油泵站的建议及举例

1. 对建造油泵站的建议

（1）油泵站的形式选择应参见【045】中的 4 条原则。

（2）油泵站宜建为地上式。

（3）油泵站应为一层结构。

（4）油泵站的长、宽尺寸应根据设备、管道布置确定，并应照顾设备安装、维修及人员通行方便，还应符合建筑模数要求及土建有关规定。

（5）油泵房、油泵棚的高应与其长、宽相协调，通常层高为 3.5m 左右。

（6）油泵房、油泵棚的建筑只求适用，不追求豪华。

（7）油泵房的门窗设置应便于采光、通风，门应向外开，其数量、位置应符合规范要求。

（8）油泵棚周围宜设 1.5m 左右的栏杆，最下 0.6m 高建实体墙，并设门可上锁，以防外人进入，保证安全，同时减少砂土、脏物吹入，保证清洁。

（9）油泵站应用不燃材料建造，耐火极限应符合规范要求。

（10）油泵站的地坪标高设计应经工艺计算，满足油泵吸入排出要求。

（11）油泵站应防止雨水进入，并应排水畅通。

（12）露天泵站建议能像油泵棚一样，周围设墙设门。

（13）油泵站形式选择的先后顺序：首选泵房，其次选泵棚，基本不建议选露天泵站。这与规范建议不完全符合，欢迎内行探讨，仅供读者参考。

2. 油泵站建造举例

【例 1】油泵棚设备管组布置，如图 5-9 所示。

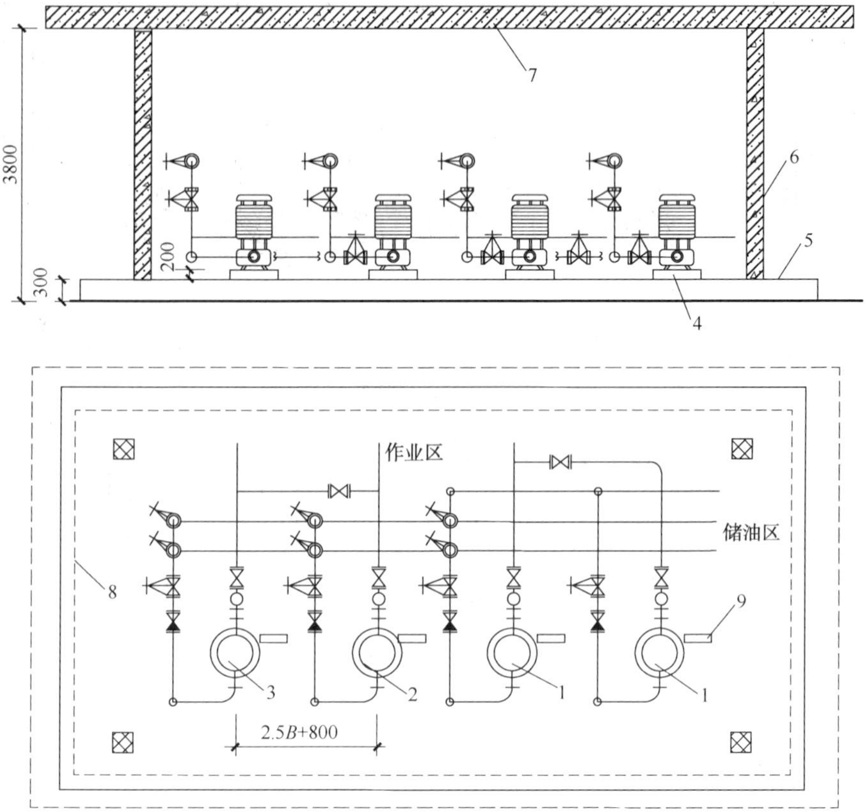

图 5-9　油泵棚设备管组布置图

1—喷气燃料泵；2—汽油泵；3—柴油泵；4—管道泵基础；
5—混凝土地坪；6—立柱；7—混凝土雨棚；8—金属围栏；9—防爆启动器

（1）本方案用 4 台管道离心泵，收 3 种油品，喷气燃料设 2 台，并可互为备用；汽油和柴油各设 1 台泵，可互为备用。图中 B 为油泵基础宽度。

（2）本方案土建采用混凝土顶棚，顶棚也可采用组装式金属结构，则可在工厂预制后运至现场组装。雨棚立柱可为金属或混凝土，依据雨棚尺寸大小设 4~6 个立柱。

地坪应采用不燃且金属撞击不产生火花的材料，比周围地坪标高高出 0.3m。

围栏应采用金属等不燃材料，高度应根据需要确定，依据泵棚面积大小设 1~2 个门。

泵基础应高出地坪 0.15~0.2m，管道泵为圆形基础，卧式泵的矩形基础应平行布置，大小不一时应外端对齐。

【例 2】油泵房设备管组布置，如图 5-10 所示。

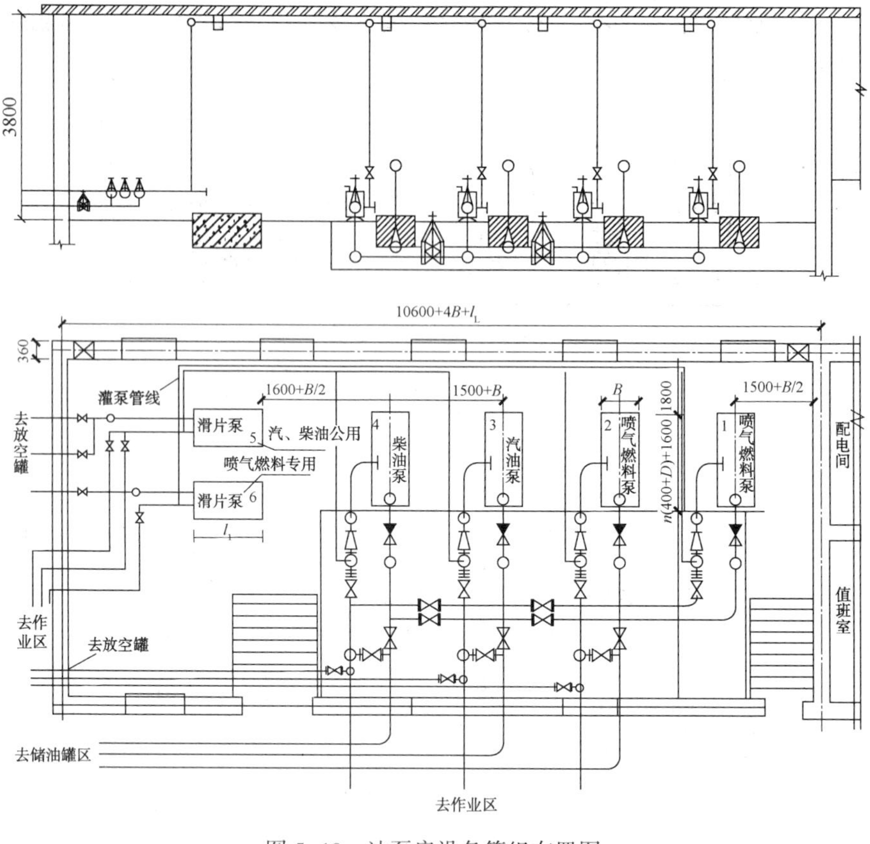

图 5-10　油泵房设备管组布置图

（1）本方案用 4 台离心泵，收 3 种油品，可完成泵收油、自流发油、并联输送、自流放空、泵抽送放空罐中油品的流程，同种油品的泵可互为备用。另 2 台滑片泵为离心泵灌泵和扫舱。

（2）土建为一层砖混结构，窗采用铝塑材料，外墙可做水刷石或贴瓷砖，颜色自定。室内窗台板为磨石面，墙面不宜做高档装修。门应有 2 个，标高经计算后确定。L、B、L_1、B_1分别表示输油泵、滑片泵基础的长度和宽度，n 为输油管的根数，D 为输油管直径。

电压为 10kV 及以下的变配电间可与泵站相毗邻，但应符合防爆设计要求。

（二）油泵选择应遵循的原则

（1）应选择国家和行业认定的正规厂家生产的有合格证的产品。

（2）应根据所输油品性质选择泵的类型。输送轻质油品应选离心泵，输送黏油宜选用容积泵。为离心泵灌泵或抽吸运油容器底油亦宜选用容积泵。

（3）泵的性能选择应根据输油流量及管径、高差等工况，经过计算比较后确定。

（4）按照《石油库设计规范》（GB 50074）的要求，输油泵和备用泵的设置尚应符合下列规定：

① 输送有特殊要求的油品时，应设专用输油泵和备用泵。

② 连续输送同一种油品的油泵，当同时操作的油泵不多于 3 台时，可设 1 台备用泵；当同时操作的油泵多于 3 台时，备用泵不应多于 2 台。

③ 经常操作但不连续运转的油泵不宜单独设置备用泵，可与输送性质相近油品的油泵互为备用或共设 1 台备用泵。

④ 不经常操作的油泵，不应设置备用油泵。

【047】油码头选址及布局应考虑哪些问题

油码头有油品独立装卸码头，也有与其他码头合用的综合码头。综合码头的选址除考虑油码头的要求外，还应考虑其他码头的要求。

（一）油码头选址及布局的一般要求

（1）油码头应远离海滨休闲娱乐区和人口密集的区域。

（2）可通过空气流动引起扩散危害的油码头不宜布置在人口密集区域等敏感区域的全年常风向的上风侧，易燃、易爆的油码头不宜布置在明火或散发火花地点的全年常风向的下风向。

（3）应充分考虑船舶靠离泊位的特点和危险性，选择在水域开阔位置，保证船舶安全进港和紧急情况方便采取相应措施，并保证在发生泄漏和火灾等异常情况时，方便消防作业，布设拦油设施及采取其他防止后续灾害的措施，且能使周边有关船舶安全躲避。

（4）应根据码头等级和危险性，结合具体条件，以保证安全、有利于应急处置为原则合理布置，并应设置防火、防泄漏和防止事故扩大蔓延的安全措施。

（二）大型原油码头的选址及布高方案

对于大型原油码头的选址，若深水区离岸较远，且无良好的掩护条件可供建设固定式码头时，可采用单点或多点系泊方案。设置单点或多点系泊的海域应有足够的天然平面尺度，宜避免人工疏浚，海域的海浪及水流强度相对较小，系泊点位置应靠近水下管线的登陆点，并应便于水下管线敷设和登陆。

（三）油码头港湾或河域选择应满足的条件

选择油码头的港湾或河域应满足下列条件：

（1）油品装卸码头宜布置在港口的边缘地区和下游。

（2）油品装卸码头和作业区宜独立设置。

（3）地质条件。油码头的建造必须有较好的地质条件，否则会产生过大的位移或沉降，影响正常使用。一般选岩石、砂土及较硬的黏土或砂质黏土选作油港及码头的地基较为合适。

（4）防波条件。码头应可靠地遮住海风，尽可能保护其不受波浪的冲击，最好设在河湾或海湾。如无这种条件，则尽可能采用透空式结构的码头，以减少波浪的反射影响。也可设置专用的防波堤和围栅保护油港。

（5）应有足够的水域面积，以便设置适当数量的码头和供调度油船、拖船之用。

（6）应有足够的深度，以便能在直接靠近河岸的地方设置码头。在码头处的最小深度 H 应按下式计算：

$$H=T+Z_1+Z_2+Z_3+Z_4$$

式中 T——载重量最大船的最大吃水深度，m；

Z_1——船底至河底允许的最小富余量，一般河港 $Z_1=0.15\sim0.25$m，海港 $Z_1=0.20\sim0.60$m；

Z_2——波浪影响的附加深度，$Z_2=0.3\times2h-Z_1$；

h——码头附近最高波浪，m，$Z_2\leqslant0$ 时，Z_2 取 0m；

Z_3——船在装卸和航行中吃水差的附加深度，一般河港 $Z_3=0.3$m，海港 $Z_3=Kv$，m；

K——与长度有关的系数；

v——航速，km/h；

Z_4——考虑江、河、海泥沙淤积的增加量，m；一般取 $Z_4=0.4$m。

（7）在油港内应尽量避免冲积泥沙，以免经常进行河底疏通工程。

（四）油码头选址应遵循的安全距离

油码头应与其他货运码头、客运码头及桥梁等建筑离开一定距离，并尽可能设置在它们的下游，以免发生火灾时危及这些建筑的安全。如确有困难时，在设有可靠的安全设施条件下，亦可建在上游。

（1）装卸油品码头与相邻客运、货运码头及公路桥梁、铁路桥梁等建筑物、构筑物的安全距离，《石油库设计规范》（GB 50074—2014）中有明确规定，不应小于表 5-6～表 5-9 的数据。

表 5-6 油品装卸码头与相邻港口客运码头安全距离

液体装卸码头位置	客运站级别	液体类别	安全距离/m
沿海	一、二、三、四	甲 B、乙	300(150)
		丙	200(100)
内河客运站码头的下游	一、二	甲 B、乙	300(150)
		丙	200(100)
	三、四	甲 B、乙	150(75)
		丙	100(50)
内河客运站码头的上游	一	甲 B、乙	3000(1500)
		丙	2000(1000)
	二	甲 B、乙	2000(1000)
		丙	1500(750)
	三、四	甲 B、乙	1000(500)
		丙	700(350)

注：1. 易燃和可燃液体装卸码头与相邻客运站码头的安全距离，系指相邻两码头所停靠设计船型首尾间的净距。

2. 括号内数据为停靠小于 500t 级船舶码头的安全距离。

3. 客运站级别划分见现行国家标准《河港工程设计规范》（GB 50192）。

表 5-7 油品装卸码头与相邻货运码头的安全距离

液体装卸码头位置	液体类别	安全距离/m
内河货运码头下游	甲 B、乙	75
	丙	50
沿海、河口 内河货运码头上游	甲 B、乙	150
	丙	100

注：表中安全距离系指相邻两码头所停靠设计船型首尾间的净距。

表 5-8 油品装卸码头与公路、铁路桥梁等的安全距离

易燃和可燃液体装卸码头位置	液体类别	安全距离/m
公路桥梁、铁路桥梁的下游	甲 B、乙	150(75)
	丙	100(50)

续表

易燃和可燃液体装卸码头位置	液体类别	安全距离/m
公路桥梁、铁路桥梁的上游	甲B、乙	300(150)
	丙	200(100)
内河大型船队锚地、固定停泊所、城市水源取水口的上游	甲B、乙、丙	1000(500)

注：表中括号内数字为停靠小于500t船舶码头的安全距离。

（2）油品装卸码头之间或油品码头相邻两泊位的船舶安全距离，不应小于表5-9的规定。

表5-9　油品装卸码头之间或油品装卸码头相邻两泊位的船舶安全距离

停靠船舶吨级	船长 L/m	安全距离/m
>1000t级	$L \leqslant 110$	25
	$110 < L \leqslant 150$	35
	$150 < L \leqslant 182$	40
	$182 < L \leqslant 235$	50
	$L > 235$	55
≤1000t级	L	$0.3L$

注：1. 船舶安全距离系指相邻液体泊位设计船型首尾间的净距。
2. 当相邻泊位设计船型不同时，其间距应按吨级较大者计算。
3. 当突堤或栈桥码头两侧靠船时，对于装卸甲类液体泊位，船舷之间的安全距离不应小于25m。

（3）危险品码头与其他货种码头的船舶净间距不应小于表5-10中的规定。

表5-10　危险品与其他货种码头的船舶净间距　m

码头类型	甲、乙类	丙类
客运码头	300	
其他货种码头	150	50(150)

注：1. 船舶净间距系指相邻危险品泊位与相邻其他泊位设计船型船舶间的最小净距。
2. 括号中的数值为介质设计输送温度在其闪点以下10℃范围内危险性分类为丙类的码头与其他货种码头的船舶净间距。
3. 500t级以下危险品码头与其他货种码头船舶净间距可取表中数值的50%。
4. 受条件限制布置有困难需减少安全距离时，必须经过论证后采取必要的安全措施。
5. 本表摘至《海港总体设计规范》(JTS 165—2013)。

CHAPTER 6 / 第六章

油库管路建设问答

【048】输油管路踏勘应采取什么步骤、选线应遵循什么原则

输油管路建设的第一步就是选择线路，这对管路长短、占地多少、拆迁多少、施工难易及建成后的管理维修等有直接关系，也决定建设投资，所以选线工作非常重要。踏勘是选线的必要手段，踏勘与选线密不可分，两者相伴进行。

（一）输油管路踏勘的步骤

踏勘是根据项目任务书的要求，在地形图、遥感图或航测图上拟定线路走向方案，并根据现场情况进行局部修正，其目的是为可行性研究或预可行性研究提供更多支持性资料。

首先在室内拟定踏勘纲要，收集资料，在比例尺尽可能大[一般为(1∶50000)~(1∶250000)]的地形图、卫星遥感图像或航摄照片上选择一条或几条线路方案，并在图上绘制已知的环境敏感点、矿区、地震断裂带等信息。统计出线路的粗略长度、穿(跨)越次数和地点。

然后进行实地踏勘，调查研究，选定几条线路，补充收集沿线地形地貌、规划等资料。

（二）输油管路选线应遵循的原则

输油管路的选线原则应遵循《输油管道工程设计规范》(GB 50253—2014)中4.1线路选择的规定。还应执行国家有关法律法规，做到安全、环保、以人为本。

(1) 管道线路的选择，应根据工程建设的目的和资源、市场分布，结合沿线城镇、交通、水利、矿产资源和环境敏感区的现状与规划，以及沿途地区的地形、地貌、地质、水文、气象、地震自然条件，通过综合分析和多方案技术经济比较确定线路总体走向。

（2）应与国家和地方经济发展规划、环境保护要求相一致，充分考虑石油天然气市场发展。尽量避免对自然环境和生态平衡的破坏，防止水土流失，注意有利于自然环境和生态平衡的恢复，保护沿线人文景观，使线路工程与自然环境、城市相协调。

（3）管道不应通过饮用水水源一级保护区、飞机场、火车站、海(河)港码头、军事禁区、国家重点文物保护范围、自然保护区的核心区。当输油管道受条件限制必须通过时，应采取必要的保护措施并经国家有关部门批准。

（4）输油管道应避开滑坡、崩塌、塌陷、泥石流、洪水严重侵蚀等地质灾害地段，宜避开矿山开采区、全新世活动断层。当受到条件限制必须通过上述区域时，应选择其危害程度较小的位置通过，并采取相应的防护措施。

（5）线路应顺直、平缓，合理利用地形条件，以降低工程建设投资。线路走向应减少与天然或人工障碍物的交叉，尽量避免发生大型穿跨越。

（6）中间站和大、中型穿跨越工程位置应符合线路总走向，但根据其具体条件必须偏离总走向时，局部线路的走向可作调整。大型穿(跨)越点和输油站址的选择应服从线路的总走向，在这个前提下，线路的局部走向应服从穿(跨)越点和站址的确定。

（7）应充分了解管线周围地区的环境状况，减少临时占地和永久占地，减少天然植被的破坏，尤其是草原、戈壁、黄土地区等环境生态脆弱区域的破坏。

（8）尽量利用现有公路、铁路，方便管道施工和运行维护管理。

（9）管道线路与已建管道路由走向大致相同时，宜利用已建管道走廊并行敷设。

（10）埋地输油管道同地面建(构)筑物的最小间距应符合下列规定：

① 原油、成品油管道与城镇居民点或重要公共建筑的距离不应小于5m。

② 原油、成品油管道临近飞机场、海(河)港码头、大中型水库和水工建(构)筑物敷设时，间距不宜小于20m。

③ 输油管道与铁路并行敷设时，管道应敷设在铁路用地范围边线3m以外，且原油、成品油管道距铁路线不应小于25m。如受制于地形或其他条件限制不满足本条要求时，应征得铁路管理部门的同意。

④ 输油管道与公路并行敷设时，管道应敷设在公路用地范围边线以外，距用地边线不应小于3m。如受制于地形或其他条件限制不满足本条要求时，应征得公路管理部门的同意。

⑤ 原油、成品油管道与军工厂、军事设施、炸药库、国家重点文物保护设施的最小距离应同有关部门协商确定。

（11）管道与架空输电线路平行敷设时，其距离应符合现行国家标准《66kV及以下架空电力线路设计规范》（GB 50061）及《110kV～750kV 架空输电线路设计规范》（GB 50545—2010）的有关规定。管道与干扰源接地体的距离应符合现行国家标准《埋地钢质管道交流干扰防护技术标准》（GB/T 50698）的有关规定。埋地输油管道与埋地电力电缆平行敷设的最小距离，应符合现行国家标准《钢质管道外腐蚀控制规范》（GB/T 21447）的有关规定。

（12）输油管道与已建管道并行敷设时，土方地区管道间距不宜小于 6m，如受制于地形或其他条件限制不能保持间距 6m 时，应对已建管道采取保护措施。石方地区与已建管道并行间距小于 20m 时不宜进行爆破施工。

（13）同期建设的输油管道，宜采用同沟方式敷设；同期建设的油、气管道，受地形限制时局部地段可采用同沟敷设，管道同沟敷设时其最小净间距不应小于 0.5m。

（14）管道与通信光缆同沟敷设时，其最小净距（指两断面垂直投影的净距）不应小于 0.3m。

长距离输油管路或比较复杂的输油管路，须经过踏勘、初步勘察设计（初测）、施工图勘察设计（定测）等三个阶段。

【049】如何选择输油管路的管径、管材和壁厚

输油管路的管径选择涉及能否达到要求流量和经济流速问题，管材选择有规范可遵循。壁厚选择涉及耐受强度和腐蚀余量问题，它们的选择应用公式计算确定，查表选择仅供参考。

（一）输油管路的管径选择

1. 用泵输送的管路管径 d 的计算公式

$$d = 1.13\sqrt{Q/V} \tag{6-1}$$

式中 Q——流量，m^3/s；

V——经济平均流速，m/s，见表 6-1。

表 6-1 管内油品经济平均流速范围表

恩氏黏度/°E	运动黏度/（mm^2/s）	泵吸入管线流速/（m/s）		泵排出管线流速/（m/s）	
		范围	常取值	范围	常取值
1～2	1～11.4	0.5～2.0	1.5	1.0～3.0	2.5
2～4	11.4～28.4	0.5～1.8	1.3	0.8～2.5	2.0

续表

恩氏黏度/°E	运动黏度/(mm^2/s)	泵吸入管线流速/(m/s)		泵排出管线流速/(m/s)	
		范围	常取值	范围	常取值
4~10	28.4~74	0.3~1.5	1.2	0.5~2.0	1.5
10~20	74~148.2	0.3~1.2	1.1	0.5~1.5	1.2
20~60	148.2~444.6	0.3~1.0	1.0	0.5~1.2	1.1
60~120	444.6~889.2	0.3~0.8	0.8	0.5~1.0	1.0

2. 自流管路管径 d 的计算公式

对于自流管路，要根据发油的任务流量和实际地形，按式(6-2)计算管径。

$$d=\sqrt{0.0827\lambda \cdot Q \cdot L_{计}/H} \tag{6-2}$$

式中 λ——沿程阻力系数；

Q——任务流量，m^3/s；

H——高位罐与发油点液面的高差，m；

$L_{计}$——管路的计算长度，m。

自流发油管路系统往往具有分支状，实际计算时，应与分支管配合计算。

3. 输油管直径选择参考表

输油管直径选择除按式(6-1)或式(6-2)计算外，也可参考表6-2和表6-3进行选择。

表6-2 各级油库轻油管管径选择参考表

油库容量/m^3	单管输送流量/(m^3/h)	输油管公称直径/mm	
		排出管	吸入管和集油管
3000~6000	5~20	50	65
	20~40	100	125
10000	40~50	100	125
	50~70	125	150
20000	70~110	150	200
30000	100~125	150	200
50000	150~200	150~200	200~250
80000	160~220	200	250
100000	180~250	200	250
150000	250~350	250	300

表 6-3　黏油管管径选择参考表

泵送量/(m^3/h)	输油管公称直径/mm	
	排出管	吸入管
20	80~100	100
30	100~125	125
50	125~150	150

（二）输油管路的管材选择

钢管及钢材的选择应遵循《输油管道工程设计规范》(GB 50253—2014)中以下规定：

(1) 输油管道所采用的钢管、管道附件的材质选择应根据设计压力、温度和所输介质的物理性质，经技术经济比较后确定。采用的钢管和钢材应具有良好的韧性和可焊性，

(2) 输油管道线路用钢管应采用管线钢，钢管应符合现行国家标准《石油天然气工业　管线输送系统用钢管》(GB/T 9711)的有关规定；输油站内的工艺管道应优先采用管线钢，也可采用符合现行国家标准《输送流体用无缝钢管》(GB/T 8163)规定的钢管。

(3) 管道附件和其他钢管材料应采用镇静钢。

(4) 当钢管储存、运输、施工的环境温度或运行温度低于 0℃时，应对钢管和管道附件材料提出韧性要求。

(5) 钢制锻造法兰及其他锻件，应符合国家现行标准《承压设备用碳素钢和合金钢锻件》(NB/T 47008)、《低温承压设备用碳素钢和合金钢锻件》(NB/T 47009)和《承压设备用不锈钢和耐热钢锻件》(NB/T 47010)的有关规定。

（三）钢管壁厚的选择

(1) 输油管道直管段的钢管管壁厚度应按式(6-3)计算：

$$\delta=\frac{PD}{2[\sigma]} \tag{6-3}$$

式中　δ——直管段钢管计算壁厚，mm；

P——设计内压力，MPa；

D——钢管外直径，mm；

$[\sigma]$——钢管许用应力，MPa，应按相关规范的规定采用。

(2) 常用公称压力下的管壁厚参考值，见表 6-4。

表 6-4 常用公称压力下的钢管壁厚

公称直径 DN/mm	管子外径/mm	管壁厚度/mm					备注
		PN=1.6 MPa	PN=2.5 MPa	PN=4.0 MPa	PN=6.4 MPa	PN=10 MPa	
15	18	2.5	2.5	2.5	2.5	3	无缝钢管直径为 DN40 及 DN40 以下为冷拔管，DN50 至 DN300 为热轧管
20	25	2.5	2.5	2.5	2.5	3.5	
25	32	2.5	2.5	2.5	3	3.5	
32	38	2.5	2.5	3	3	4.5	
40	45	2.5	3	3	3.5	4.5	
50	57	2.5	3	3	3.5	5	
70	76	3	3.5	3.5	4.5	6	
80	89	3.5	3.5	3.5	5	6	
100	108	4	4	4	6	8	
125	133	4	4	4.5	7	10	
150	159	4.5	4.5	5	8	10	
200	219	6	6	6	10	13	
250	273	7	7	7	11	16	
300	325	8	8	9	13	20	
350	377	9	9	10	15	22	
400	426	9	10	11	16	25	
450	480	9	10	12	18		

【050】管路布置应遵循什么原则

管路的布置第一应考虑不同管路在一块布置的安全问题，避让原则；第二应考虑管路布置不影响交通；第三应考虑占地少，投资省；第四应考虑便于检查维修；第五应考虑与设备连接顺畅，安全；第六应考虑不受外力损坏；第七应考虑技术上安全可靠，经济上合理。

（一）管路布置的一般原则

（1）多层管廊的层间距离应满足管道安装要求。腐蚀性的液体管道应布置在管廊下层。高温管道不应布置在对电缆有热影响的下方位置。

（2）沿地面敷设的管道，当不可避免穿越人行通道时应备有跨越桥。

（3）在道路、铁路上方的管道不应安装阀门、法兰、螺纹接头及带有填料的补偿器等可能泄漏的组成件。

（4）沿墙布置的管道不应影响门窗的开闭。

（5）腐蚀性液体的管道不宜布置在转动设备的上方。

（6）与容器连接的管道布置应符合下列规定：

① 对非定型设备的管口方位，应结合设备内部结构及工艺要求进行布置；

② 对大型储罐至泵的管道，确定罐的管口标高及第一个支架位置时，该管道应能适应储罐基础的沉降；

③ 卧式容器及换热器的固定侧支座及活动侧支座，应按管道布置要求明确规定，固定支座位置应有利于主要管道的柔性计算。

（7）布置管道应留有转动设备维修操作和设备内填充物装卸及消防车道等所需空间。

（8）吊装孔范围内不应布置管道。在设备内件抽出区域及设备法兰拆卸区内不应布置管道。

（9）平行架空管道应尽可能集中。尽可能不利用工业建筑墙壁及构筑物等作为支架的支撑。支撑点位置和支架净空高度不妨碍运输、行人与门窗。

（10）低支架敷设管道与人流、货流集中的道路平交时应采取措施，保证道路畅通。

（11）山区低支架敷设的管线要尽可能沿地形等高线布置，但要保证管线不受山洪冲刷的影响。

（二）工程管线布置中通常避让原则

（1）临时性的让永久性的管线；

（2）管径小的让管径大的管线；

（3）有压的让自流的管线；

（4）新设计的让已有的管线；

（5）软的让硬的管线。

（三）地下管线交叉时通常处理原则

（1）煤气管、易燃、可燃液体管线应在其他管线上面；

（2）给水管应在污水管上面；

（3）电力电缆在热力管和电讯电缆下面，但是应在其他管线上面；

（4）氧气管应低于乙炔管，而高于其他管道；

（5）热力管应在电缆、煤气、给水管上面。

（四）不应敷设在同一地沟或地槽内的管线

（1）热力管与易燃液体管；

（2）电缆、氧气管与易燃、可燃液体管；

(3) 乙炔管与氧气管;

(4) 煤气管与石油管;

(5) 乙炔管、氧气管、煤气管与电缆。

【051】油库管路敷设有何具体规定

油库管路敷设方式有多种，有地上敷设和地下敷设。地上敷设又有地面敷设和架空敷设；地下敷设又有埋地敷设和管沟敷设。管沟敷设又有充沙管沟敷设和不充沙管沟敷设。

对各种敷设的具体要求，在《石油库设计规范》(GB 50074—2014)中都有规定，现摘编如下。

(一) 敷设方式的一般规定

(1) 工艺及热力管道宜地上敷设或采用敞口管沟敷设；根据需要局部地段可埋地敷设或采用充沙封闭管沟敷设。

(2) 当管道采用管沟方式敷设时，管沟与泵房、灌桶间、罐组防火堤、覆土油罐室的结合处，应设置密闭隔离墙。

(3) 管道采用充沙封闭管沟或非充沙封闭管沟敷设的规定：

① 热力管道、加温输送的工艺管道，不得与输送甲、乙类液体的工艺管道敷设在同一条管沟内。

② 管沟内的管道布置应方便检修及更换管道组成件。

③ 非充沙封闭管沟的净空高度不宜小于 1.8m。沟内检修通道净宽不宜小于 0.7m。

④ 非充沙封闭管沟应设安全出入口，每隔 100m 宜设满足人员进出的人孔或通风口。

(4) 埋地管道的规定：

① 管道埋设深度宜在最大冻土深度以下，否则应有防冻胀措施。

② 管顶距地面不应小于 0.5m，并应低于混凝土层不小于 0.3m。

③ 埋地管道不宜穿越电缆沟，如不可避免时应设防护套管。

④ 埋地管道不得平行重叠敷设。

⑤ 埋地管道不应布置在邻近建(筑)物的基础压力影响范围内，并应避免其施工和检修开挖影响邻近设备及建(构)筑物基础的稳固性。

(二) 管路穿越、跨越铁路和道路敷设的规定

1. 管路穿越铁路和道路敷设的规定

(1) 穿越铁路和道路的交角不宜小于 60°。

（2）穿越管段应敷设在涵洞或套管内，或采取其他防护措施。管道桥涵应充沙(土)填实。

（3）穿越套管端部应超出坡脚或路基至少0.6m；超出排水沟边缘至少0.9m。

2. 管路跨越铁路和道路敷设的规定

（1）跨越电气化铁路时，轨面以上的净空高度不应小于6.6m。

（2）跨越非电气化铁路时，轨面以上的净空高度不应小于5.5m。

（3）跨越消防车道时，路面以上的净空高度不应小于5m。

（4）跨越其他车行道路时，路面以上的净空高度不应小于4.5m。

（5）管架立柱边缘距铁路不应小于3.5m，距道路不应小于1m。

（6）跨越铁路、道路上方的管段上不得装设阀门、法兰、螺纹接头、波纹管及带有填料的补偿器等可能出现渗漏的组成件。

（三）管道与铁路、道路平行敷设的距离

（1）地上管道与铁路平行敷设的距离不应小于3.8m(装卸栈桥下的管道除外)。

（2）地上管道与道路平行敷设时，与路边的距离不应小于1m。

（3）埋地管道沿道路平行布置时，不得敷设在路面之下。

（四）热力管道敷设的规定

（1）热力管道不得与甲、乙、丙A类液体管道在同一条管沟内敷设。

（2）埋地敷设的热力管道与埋地敷设的甲、乙类工艺管道平行敷设时，两者之间的净距不应小于1m；交叉敷设时，两者之间的净距不应小于0.25m，且工艺管道宜在其他管道和沟渠的下方。

【052】如何考虑管路的伸缩补偿

热胀冷缩是物质的普遍规律，管路热伸长、冷缩短就是这种规律的表现，为保证管路的安全运行，在管路设计时必须考虑伸缩补偿。否则将会损坏管路，这已有很多教训。

（一）管路热伸长(冷缩短)计算公式

管路热伸长(冷缩短)计算见式(6-4)。

$$\Delta L=\alpha \cdot L \cdot (t_y-t_p) \tag{6-4}$$

式中 ΔL——地上自由放置管线的伸缩量，m；

α——管材的线膨胀系数，见表6-5；

L——管路长度，m；

t_y——管路安装时的温度(取安装时的气温，常取-5℃)；

t_p——管路使用时的温度(取管路运行的最高油温)，℃。

表 6-5　各种管材的膨胀系数(α值)表

管道材料	α值/[m/(m·℃)]	管道材料	α值/[m/(m·℃)]
不锈钢	1.03×10^{-5}	铸铁	1.1×10^{-5}
碳素钢	1.17×10^{-5}	聚氯乙烯	7.0×10^{-5}
铜	1.596×10^{-5}	聚乙烯	10.0×10^{-5}
青铜	1.8×10^{-5}	玻璃	0.5×10^{-5}

(二) 每米管长伸缩量

根据表 6-5 给出的各种管材的膨胀系数 α 值，选择不同的温度差，用公式(6-4)计算出不同管材每米管长伸缩量，结果见表 6-6，供参考。

表 6-6　每米管长伸缩量表　　mm

温度差/℃	钢　管	铁　管	生铁管	铜　管
10	0.13	0.12	0.11	0.16
30	0.38	0.37	0.33	0.47
50	0.63	0.62	0.56	0.80
70	0.97	0.97	0.78	1.12
100	1.26	1.24	1.11	1.60
120	1.41	1.40	1.33	1.91
150	1.88	1.85	1.66	2.40
170	2.26	2.10	1.88	2.71
200	2.52	2.47	2.22	3.20

(三) 管路补偿器比较及使用范围

管路补偿器有多种，可归并为 3 类，优缺点比较及使用范围见表 6-7，供选择补偿器参考。

表 6-7　管路补偿器比较及使用范围表

形式	优点	缺点	使用范围
波纹管式	结构简单、紧凑、体积小，严密性好，不需检修	补偿能力小，使用压力低，一般为 $1.96\times10^5\sim4.9\times10^5$ Pa；易积锈渣	现在油库较少应用，不宜用于小口径管上
填料筒式	结构简单、紧凑，补偿能力大，可到 200~250mm 以上	严密性较差，必须定期更换填料，有时有卡住的危险	一般用于 9.8×10^5 Pa 以下，管径在 *DN*150 以上
曲管式	制造安装容易，使用方便，补偿能力大，通常可达 400mm，推力很小	尺寸大，安装受地形、管沟条件的限制	用于温度和压力较高的管路上

【053】怎样选择管路阀门

阀门是管路中必不可少的而且很重要的管件，阀门有多种，功能各异，所以必须根据管路要求的作用，选择相应功能的阀门。

（一）油库设计有关规范对管路阀门选择的规定摘编

（1）油品管道上的阀门应采用钢制阀门。

（2）阀门的类型和使用参数，应满足使用和控制要求。

（3）阀门的公称压力不应小于设计工作压力。公称直径大于或等于50mm的阀门，其公称压力不应小于1.6MPa；公称直径小于50mm的阀门，其公称压力不应小于1.0MPa。

（4）用于油品定量灌装、灌桶或加注的自动控制阀门：对操作温度下不会凝固的油品，宜采用电液阀；操作温度下可能凝固的油品，不得采用电液阀。

（5）公称直径大于或等于250mm且操作频繁的阀门，宜采用蜗杆传动阀门或具备手动开启功能的电动阀门。

（二）油库常用截断阀性能比较

油库常用截断阀门的性能比较见表6-8。

表6-8 油库常用截断阀性能比较表

项目	闸阀	截止阀	球阀	蝶阀	旋塞阀
密封性能	好	较好	优	较好	较差
可靠性能	好	好	好	较好	较好
启闭性能	速度慢	速度慢	轻便、迅速	轻便、迅速	迅速
适用介质	水、蒸汽、油品	水、蒸汽、油品	水、蒸汽、油品	水、蒸汽、油品	水、蒸汽
介质流向	双向	单向	双向	双向或单向	双向
摩擦阻力损失(ζ)	小(0.1~1.5)	大(4~10)	极小(<0.2)	可调(0.2~0.6)	可调
结构特点	较复杂	简单	较复杂	简单	简单
维修难点	较难	容易	难	容易	较难
使用寿命	长	较长	较长	较短	较短
价格	较贵	较便宜	贵	便宜	便宜
使用注意	严禁节流	不宜节流	严禁节流	可以节流	可以节流

（三）阀门类型选择

根据该管路要求阀门的作用，参照表6-8各种阀门的性能，选择阀门类型，参见表6-9。

表 6-9　阀门类型选择表

使用条件		阀门基本形式			
		球阀	闸阀	旋塞	蝶阀
压力、温度	常温~高压	○	●	▲	◆
	常温~低压	○	○	○	○
	中温~中压	●	○	●	●
公称直径	300~500	▲	○	◆	○
	<300	●	○	▲	●
	<50		●	●	▲

注：○适用；●可用；▲适当可用；◆不适用。

CHAPTER 7 / 第七章

油库附属建筑工程建设问答

【054】油库变配电所位置选择与室内布置应考虑哪些问题

油库变配电所的设计是电气专业者的工作，外行难以搞懂，但油库管理者了解变配电所位置选择与室内布置还是有必要的。

（一）变配电所位置选择

油库的变配电所位置的选择，应根据下列要求综合考虑确定：

（1）根据油库安全第一的原则，变配电所宜独立设置，且远离爆炸危险场所，以利防爆防火。

（2）其位置应接近负荷中心和大容量用电设备。

（3）其位置应进、出线方便。

（4）其位置不应设在地势低洼可能积水的场所。

（5）其位置应运输方便。

（6）不宜设在多尘或有腐蚀性物质的场所，当无法远离时，不应设在污染源盛行风向的下风侧，或应采取有效的防护措施。

（二）变配电所的布置

1. 变配电所的布置要求

（1）布置应紧凑合理，便于设备的安装、操作、搬运、检修、试验和监测，还要考虑有发展的可能性。

（2）尽量利用自然采光和自然通风。适当安排建筑物内各房间的相对位置，使配电室的布置便于进、出线。低压配电室应便于运行人员工作。

（3）变压器室的布置应尽量避免西晒。

（4）有人值班的中心变配电所，应有单独的控制室或值班室，并应设有其他辅助间及生活设施。

（5）配电室在平面布置上要考虑进出线方便(特别是架空进出线)。

(6)如果10kV及以下的变配电装置的变配电间与易燃液体泵房(棚)相毗邻布置，应符合下列要求：

① 隔墙应为不燃材料建造的实体墙。与变配电间无关的管道不得穿过隔墙，所有穿墙的孔洞，应用不燃材料严密填实。

② 变配电间的门、窗应向外开，便于工作人员撤离现场。其门、窗应设在泵房的爆炸危险区域以外。

③ 变配电间的地坪应高于油泵房室外地坪0.6m。

④ 变配电装置的布置应遵循现行最新版标准20kV及以下变电所设计规范GB 50053—2013。考虑油库未来维护扩建的需要，中压配电装置每段母线宜预留1~2台备用柜位置。低压配电装置每段母线宜预留1~3台备用柜的位置和备用出线回路，且不同容量备用出线回路不宜少于一回路。

2. 布置方式

变配电所的布置方式根据其规模大小而异。油库中心变电所的推荐方案见图7-1(a)、(c)；区域或泵站用的分变电所方案见图7-1(b)。

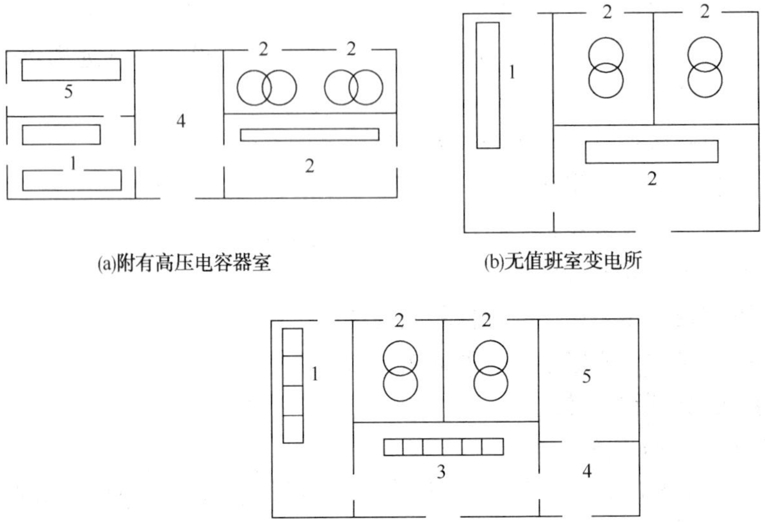

(a)附有高压电容器室　(b)无值班室变电所

(c)附有值班室及休息室的变电所

图7-1　独立变电所

1—高压配电室；2—变压器室或户外变压装置；3—低压配电室；4—值班室；5—高压电容器室

【055】油库自发电站位置怎样选择？对有关专业有何要求？

常用的自发电站为柴油发电站，它具有效率高、启动快、耗水量少、设备紧凑、运输方便及操作维护简单等优点。作为油库管理者，应了解柴油发电站的位置选择和对有关专业的要求。

（一）柴油发电站的位置选择

柴油发电站的位置选择，通常应考虑以下因素：

（1）其位置应靠近负荷中心，尽量缩短供电距离，减少电能损失。

（2）其位置应远离要求安静的工作区和生活区。

（3）其位置应交通运输比较方便。

（4）其位置应进、排水比较方便。

（5）其位置应烟气排放符合环境要求，这对油库是必须遵守的原则。

（二）电站设计对有关专业的要求

1. 对建筑专业的要求

（1）电站建筑要有足够的面积和高度。

（2）电站建筑应有足够门孔和出入通道，特别是通道的转弯处要有必需的转弯半径。

（3）在机组的纵向中心线上应预留2~3个起重吊钩，每个吊钩承重按机组总重考虑；大型的柴油电站可以设置梁式吊车。

（4）电站机房和控制室内应设置必要的地沟以便敷设电缆和油、水管道；管道要尽量减少长度，避免交叉，减少弯曲，符合工艺流程要求；地沟应有一定的坡度，便于排水。

（5）机房和控制室应尽量分设，相邻的隔墙上设置观察窗，并应采取隔音措施。

（6）电站机房和控制室的地面，一般采用压光水泥地面，有条件时控制室可采用水磨石地面。

（7）柴油发电机的基础应采取防油浸蚀的措施，一般可设置排油污的沟槽；基础表面应做20~40mm厚的二次灌浆层；带有公共底盘的机组的基础表面应高出地面50~100mm；机组的体积应保证达到要求以减少振动；机组与基础间、基础与周围地面间应采取隔震措施。

2. 对通风专业的要求

（1）供给足够新鲜空气，以保证机组运行的燃烧空气和机房一定的换气量。

（2）寒冷地区冬季采暖。为保证机组顺利启动，机房最低温度不应低于5℃；机组工作时机房最高温度不超过35℃，相对湿度不大于80%。

(3) 应有排除电站内储油间和蓄电池室的有害气体的措施。

(4) 排烟管应尽量减少阻力。要设置消音器和烟管热膨胀装置，室内烟管要有保温层。

3. 对给排水和供油专业的要求

(1) 要有足够的冷却水量，其水质应满足柴油机使用维护说明书的要求。

(2) 应设两个以上柴油储油桶，便于新油沉淀，油箱的最低油面应高出柴油机的地面1m左右，以便自流供油。

(3) 自启动的机组的冷却水应能自流供给。

(4) 电站内适当设置洗手池、拖布池以及排除积水的地漏。

【056】油桶灌装设施设计应考虑哪些问题

油桶灌装设施是油库零发油的灌桶设施，多数与汽车油罐车发油站(棚)合用，此处仅介绍规范规定、灌桶方法及设备和灌桶间的建筑要求。

(一)《石油库设计规范》(GB 50074—2014)中的有关规定摘编

(1) 油桶灌装设施组成：油桶灌装设施主要由灌装油罐、灌装油泵房、灌桶间、计量室、空桶堆放场、重桶库房(棚)、油桶装卸车站台以及必要的辅助生产设施和行政、生活设施组成，设计可根据需要设置。

(2) 油桶灌装设施的平面布置，应符合下列规定：

① 空桶堆放场、重桶库房(棚)的布置，应避免油桶搬运作业交叉进行和往返运输。

② 灌装油罐、灌桶操作、收发油桶等场地应分区布置，且应方便操作、互不干扰。

(3) 灌装油泵房、灌桶间、重桶库房可合并设在同一建筑物内。

(4) 对于甲B、乙类油品灌桶油泵与灌油栓之间应设防火墙。甲B、乙类油品的灌桶间与重桶库房合建时，两者之间应设无门、窗、孔洞的防火墙。

(5) 油桶灌装设施的辅助生产和行政、生活设施，可与邻近车间联合设置。

(6) 油桶灌装方式：油桶灌装宜采用泵送灌装方式。有地形高差可供利用时，宜采用油罐直接自流灌装方式。

(7) 油桶灌装场所的设计，应符合下列规定：

① 甲B、乙、丙A类油品宜在灌油棚(亭)内灌装，并可在同一座灌油棚(亭)内灌装。

② 润滑油等丙B类油品宜在室内灌装，其灌桶间宜单独设置。

③ 灌油枪出口流速不得大于4.5m/s。

④ 有毒液体灌桶应采用密闭灌装方式。

(二) 灌桶方法及设备

灌装油品的方法有质量法和容量法两种。质量法适用于灌装黏油，容量法适用于灌装轻油。

1. 质量法灌桶设备

常用的质量法灌桶设备如图 7-2 所示。它采用普通转心阀(直径一般为 32mm)来灌装油品。一个灌油栓与几根平行的灌桶集油管相连，使几种油品共用同一灌油栓。但有特殊质量要求的油品，如航空油料或高级润滑油等，必须设专用灌油栓，不得与其他油品共用。

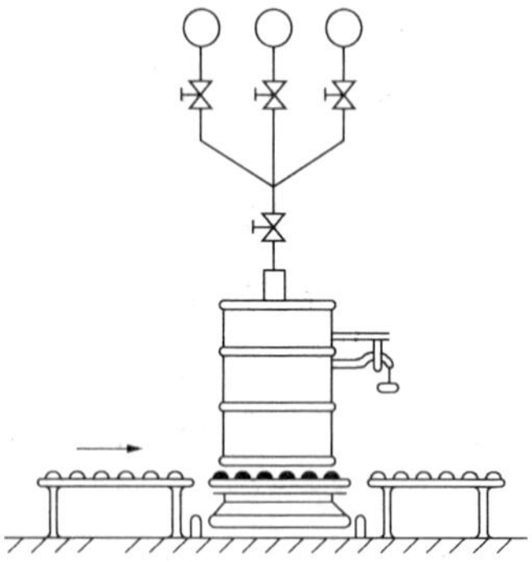

图 7-2 质量法灌桶示意图

2. 容量法灌桶设备

容量法灌桶主要利用标准计量罐或流量表两种设备。由于利用标准计量罐进行计量灌桶速度慢，操作也不方便，所以已逐渐被流量表代替。

利用流量表灌桶具有迅速轻便等优点，并且易于自动控制，目前已得到广泛推广。最常用的是腰轮流量计等。为了便于检修，流量计应接旁通管。为了保护流量计，在流量计前面应装过滤器。为了计量准确，流量表前面的输油管上应装设油气分离器。

电子定量灌装是目前国内较成功的一种自动控制的灌桶方法。这种方法是利用电子仪表和腰轮流量计等对灌桶作业进行自动控制。电子定量灌油装置由涡轮流量变送器(称为一次仪表)和电子定量灌装设备(称为二次仪表)组成，统称“电子定量灌装仪”，其系统如图 7-3 所示。

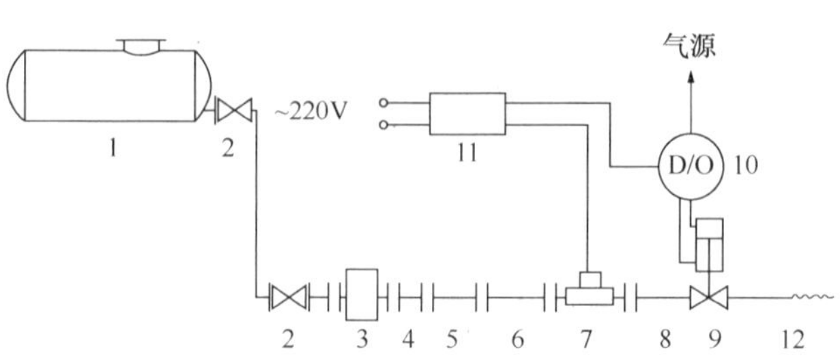

图 7-3 电子定量灌油系统图

1—灌装罐；2—手动闸阀；3—滤油器；4—倍数段；5—整流器；6—直管段；7—流量变送器；8—直管段；9—气动闸阀；10—电气转换器；11—电子定量灌装设备；12—胶管(灌桶用)

其基本结构原理如下：由灌装罐来油经手动闸阀、滤油器进入流量变送器，并通过它把流量转换成电脉冲信号，送给电子定量灌装设备。该设备可以测量流体瞬时流量，也能累计总值，并能实施定量控制。

稳压元件：包括倍数段、整流段、变送器前直管段和后直管段。其作用是使油品在变送器前后的流线和流态稳定，以提高计量的准确性。倍数段和整流段的长度均应大于或等于 2 倍管径。变送器前直管段应大于或等于 10 倍管径；后直管段的长度应大于或等于 5 倍管径。

二次表：与一次表配合使用，其作用是将一次表发出的电脉冲信号积算或转换为体积流量数。该表可灌装汽车罐车或灌桶。灌桶时，在仪表上定好每桶容积和需装桶的数量后，可以自动定量灌桶。

（三）灌桶间的建筑要求

（1）润滑油灌桶间应单独设置；汽油和煤油、柴油可同设一栋灌桶间；润滑油与汽、煤、柴油同一栋灌桶间灌桶时，应采用防火墙隔开。

（2）润滑油灌桶一般宜在室内。润滑油高架罐可以设在润滑油灌桶间上部。

（3）灌桶用油泵可与灌桶间设在同一栋建筑物内。对于甲 B、乙类油品，应在油泵和灌油栓之间设防火隔墙。

（4）重桶堆放间可与灌桶间设在同一建筑物内，但必须设隔墙。

（5）灌装甲 B、乙类轻质油品的灌桶间，其耐火等级不得低于二级，其余油品不低于三级。

（6）灌桶间一般采用素混凝土地坪，地面应设坡度坡向集油沟及集油井。

（7）灌桶间窗户采光面积与地坪面积之比应不小于 1∶6。

（8）灌桶间的门应外开，高宽尺寸不小于 2m×2.1m。

（9）灌桶间应装自然通风或机械通风设备，每小时换气次数应不小于 8～12 次。室内禁止采用明火取暖。

（10）灌桶间的宽度一般取 5～6m，净高为 3.3～3.5m。若用流量表在靠近灌桶间外站台旁停的汽车上的油桶直接灌桶时，灌桶间的宽度可取 3m 左右，长度根据灌油栓的数量决定，每个灌油栓所占宽度应不小于一辆汽车的宽度。每个灌油栓所需的建筑面积约为 $12m^2$。

【057】桶装油品库房设计应考虑哪些问题

装油的空桶可露天堆放，或建造空桶棚。但装油的重桶应建桶装油品库房。

（一）桶装油品库房大小的确定

（1）桶装油品库房应是耐火等级为一、二级的建筑物，其大小的确定应考虑库房内易燃、可燃油品的允许储量，见表 7-1。

表 7-1　耐火等级一、二级建筑物内易燃、可燃油品的允许储量参考表

储存方式	允许储量/m^3	
	易燃油	可燃油
桶装储存在不燃的墙、顶房内，有直接向外出口，且与相邻房隔开	20	100
储罐设在用不燃的墙、顶盖与其相邻的房隔开，且设直接向外出口的地上房间内	30	150
储罐设在半地下或地下室内	不允许	300
储罐设在丁级、戊级生产的建筑物内，安置在不燃的支柱、托架、平台上	1	5

（2）桶装库房面积确定应参考下列计算公式：

$$F=Q/n\gamma HK\alpha$$

$$\text{或}\quad F=QD^2/n\gamma Vh\alpha$$

式中　F——桶装库房使用面积，m^2；

Q——桶装库房容量，《石油库设计规范》要求：重桶的堆放量宜为 3 天的灌装量，空桶的堆放量宜为 1 天的灌装量，t；

n——油桶堆放层数(设计一般按一层考虑)；

γ——油品的密度，t/m^3；

H——油桶的高度，m；

K——库房容积充满系数(即油桶圆柱体的体积与油桶所占其六面长立方体的空间体积之比)；

α——库房容积的利用系数。主要根据通道宽度而定，一般通道宽为 2~3m，辅助道宽为 1m 时，可取 $\alpha=0.3\sim0.4$，大中型油库取 $\alpha=0.3\sim0.36$，小型油库取 $\alpha=0.45\sim0.5$；

D——油桶的最大外径，m；

V——油桶的容积，m^3；

h——油桶容积的充实系数(油桶在库房内为立放的)，K、h 值见表 7-2。

表 7-2　油桶容积的充满(实)系数 ***K*、*h*** 值

焊接铁桶			衔接铁桶		
桶容积/L	K	h	桶容积/L	K	h
100	0.571	0.96	100	0.635	0.96
200	0.600		200	0.612	
			275	0.647	

（3）桶装油品库房容量与使用面积关系见表 7-3。

表 7-3　桶装油品库房容量与使用面积关系

桶装库容量/t	桶装库面积/m²			油桶数量/个			桶装库容量/t	桶装库面积/m²			油桶数量/个		
	汽油	煤油	润滑油	汽油	煤油	润滑油		汽油	煤油	润滑油	汽油	煤油	润滑油
25	150	132	118	180	157	141	65	390	342	307	467	409	368
30	180	158	142	216	189	170	70	420	368	330	503	440	396
35	210	184	165	252	220	198	75	450	395	354	539	472	424
40	240	210	189	288	252	226	80	480	421	378	575	503	452
45	270	237	212	323	283	254	85	510	447	401	611	535	481
50	300	263	236	359	315	283	90	540	474	425	647	566	509
55	330	289	260	395	346	311	95	570	500	448	683	598	537
60	360	316	283	431	377	339	100	600	526	472	719	629	565

注：本表系按 200L 焊接铁桶计算的，表中所列面积为最小值。

（二）规范对桶装油品库房（棚）的建筑要求

《石油库设计规范》(GB 50074—2014)中的有关规定摘编如下。

空桶可露天堆放。重桶应堆放在库房(棚)内，重桶库房的设计应符合下列要求：

(1) 当甲 B、乙类油品重桶与丙类油品重桶储存在同一栋库房内时，两者之间应设防火墙。

(2) 甲 B、乙类油品的重桶库房，不得建地下或半地下式。

(3) 重桶库房应为单层建筑。当丙类油品的重桶库房采用一、二级耐火等级时，可为两层建筑。

(4) 油品重桶库房应设外开门。丙类油品重桶库房，可在墙外侧设推拉门。建筑面积大于或等于 100m² 的重桶堆放间，门的数量不应少于两个，门宽不应小于 2m，并应设置斜坡式门槛，门槛应选用非燃烧材料，且应高出室内地坪 0.15m。

(5) 重桶库房的单栋建筑面积不应大于表 7-4 的规定。

表 7-4　重桶库房单栋建筑面积

油品类别	耐火等级	建筑面积/m²	防火墙隔间面积/m²
甲 B	一、二级	750	250
乙	一、二级	2000	500
丙	一、二级	4000	1000
	三级	1200	400

（6）桶装库重桶堆码、层高及平面布置要求如下：

① 空桶宜卧式堆码。堆码层数宜为3层，不得超过6层。

② 重桶应立式堆码。机械堆码时，甲B类油品不得超过2层，乙类和丙A类油品不得超过3层，丙B类油品不得超过4层。人工堆码时，各类油品均不得超过2层。

③ 运输油桶的主要通道宽度，不应小于1.8m。桶垛之间的辅助通道宽度，不应小于1.0m。桶垛与墙柱之间的距离，不宜小于为0.25m。

④ 单层的重桶库房净空高度不得小于3.5m。油桶多层堆码时，最上层与屋顶构件的净距不得小于1m。

【058】油料化验室设计应考虑哪些问题

油料化验室的设计建造各行业有专门规定，此处介绍非商用油库系统设计建造规定，供参考。

（一）非商用油库设计有关规范的规定

（1）油料化验室与有明火作业场所的距离，不应小于30m，并应远离震源和噪声等干扰较大的场所。

（2）油料化验室的建筑面积，应为150~250m^2，建筑层高宜为3.2~3.5m。

（3）化验室应按需要配套设置化验操作间、天平室、烟厨间、样品间、试剂间、仪器室、压缩机间、修理间、办公室、资料室等。

（4）化验室内各房间的布置应满足下列基本要求：

① 化验操作间宜设前廊。化学试验间与物理试验间宜分开布置；室内采光、通风、照明应良好；门窗应设纱门和纱窗。寒冷或风沙较大的地区，对外门窗应严密，窗上玻璃应采用双层或中空玻璃；地面应采用水磨石或瓷砖；室内应设化验台及洗涮用的给排水设备。

② 烟厨间与物理试验间应毗邻布置，烟厨间与其他毗邻房间的隔墙应为防火墙。烟厨间的排烟口应避免影响周围环境。

③ 天平间宜与化学试验间和物理试验间相邻布置，但不应与压缩机间、修理间等有震动的房间邻近布置。天平操作台应有防震措施。

④ 样品间、试剂间、仪器室应避光和通风。样品间与其他房间的隔墙应为防火墙，应设置单独的对外出入口，并符合防爆防火要求。

⑤ 压缩机间的压缩空气应用管道送至化验操作间的用气点。

⑥ 化验室应有220V/380V电源，其照明用电应与设备等其他用电分开。

⑦ 化验操作间、烟厨间应设排风设备。

(5) 当化验室与其他用房合建时，化验室应布置在不受其他活动干扰的一侧，并宜采用独立的防火分区和出入口。

(二) 非商用油库油料化验室分级及建筑要求

在非商用油库中，油料化验室可分为一、二、三级。不同级别的化验室，其建筑面积、建筑要求及设备配备均有区别，下面的介绍仅供参考。

1. 一、二级油料化验室的建筑要求

(1) 化验操作间：应按油料种类或化验项目分设房间。根据化验项目要求，室内可装通风橱、空调等设施，要求采光、照明、通风好。

(2) 天平室：房间要避开震源、热源，并尽量设在北面。根据需要室内可装抽湿机和降(升)温设施，墙壁要贴面(或刷涂料)，工作台要防震。

(3) 计量仪器检定室：

① 恒温室。供小容量仪器检定和恒温操作的化验项目用，室内应安装空调设施。

② 温度计检定室。可根据检定温度计范围分设低温、中温、高温检定室，室内要安装排风设施。

③ 砝码检定室。室内要求同天平室，但地面要铺设软垫。

④ 黏度计、密度计检定室。室内要安装空调、排风设施，并有仪器洗涤处。

⑤ 仪器检定修理室。供检定和维修各种秒表、电器仪表用，室内要安装排风设施，地面要铺橡胶板。

(4) 电化教室：供自学和培训化验人员用，室内采光、照明、通风要好。

(5) 图书资料室：供存放各种图书、资料、技术档案等用，可根据需要分设房间，室内通风要好。

(6) 计算机室：室内要防尘，墙壁要贴面(或刷涂料)，地面要防潮。

(7) 库房：供存放各种化验仪器、计量仪器、试剂(药品)、油料样品及仪器配件用。室内要通风、干燥。一般要设化验仪器库房、标准计量仪器库房、试剂(药品)库房和地下室。

(8) 办公室：供化验人员办公学习用，房间要尽量设在离大门近的位置，室内采光、照明、通风要好。

(9) 修理间：供修理各种普通仪器，室内要安装工作台、打孔机、电钻、台钳、砂轮机等。

(10) 配电间：要设在进出方便的位置，室内要通风、防潮，窗户等通风处要设金属网。

(11) 洗澡间：供化验人员洗澡用，室内要设喷淋器。

另外，化验楼内要有专用的消防设备、符合要求的配电设施，化验楼周围要尽量建围墙，确保安全。

2. 三级油料化验室的建筑要求

化验室应建在油库办公区，与明火作业场所的距离不少于 30m；如建在作业区，应符合安全规定，并避开震源和噪音较大的场所。

(1) 化验操作间。室内层高不低于 3.3m，水磨石地面，双层窗(南方含纱窗)，采光、照明、通风要好。设上、下水道，压缩空气管道和取暖设备(北方地区)。电源有 380V 和 220V 两种，工作用电和照明用电要分开。化学试验台宜为白色瓷砖贴面，物理试验台宜为水磨石台面，并设烟厨和排风设备，热区可安装空调设备。

(2) 天平室。房间要设在北面，避开震源和热源，室内工作台要防震，热区可安装空调设备。

(3) 油样、试剂、仪器室。室内应避光、通风，油样间应符合防爆防火要求。

(4) 压缩机间、修理间。应尽量远离天平室。

(5) 办公室。供化验人员办公学习用，应和化验操作间有门隔开，室内采光、通风要好。

【059】油料更生间(厂)设计应考虑哪些问题

油料更生间(厂)是废油再生的场所，其建筑要求和主要工艺流程介绍如下。

(一) 油料更生间(厂)建筑要求

(1) 平面布置应满足油库安全距离的有关规定，应交通方便，离洗修桶间、电源、水源较近。

(2) 建筑材料应耐火，耐火等级不能低于二级，并有相应的消防、防雷电等设施，以保证安全生产。

(3) 室内地面、墙面等应适当作耐酸、耐碱等防腐处理。

(4) 室内外排水良好，配有污水处理等环保设施。

(二) 油料更生主要工艺流程设计

1. 工艺流程设计原则

油料更生依据不同的任务要求，可采用不同的工艺流程实现。设计时应遵循的原则如下：

(1) 应尽量选用已经成熟的先进工艺方法及设备。

(2) 在满足主要更生任务的前提下，适当考虑处理各种废油的机动性。

(3) 流程中有安全流量、温差报警及安全自控停机系统，以及防静电等设施。

（4）管路应按系统进行水力计算和按选泵要求统一考虑，并进行热力补偿及强度计算。

2. 常用几种工艺流程

（1）酸洗-减压带土蒸馏工艺流程：

① 工艺流程如图 7-4 所示，其主要过程为：预处理→酸精制→减压带土蒸馏→过滤→调配。

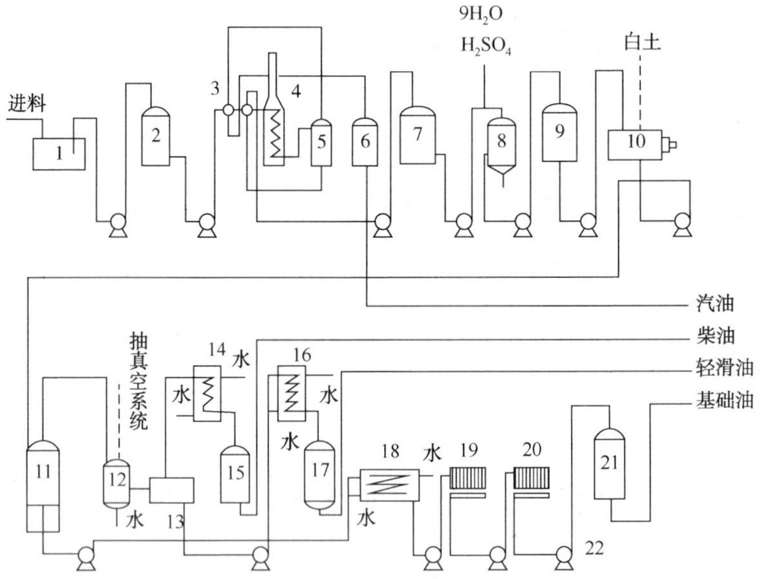

图 7-4 酸洗-减压带土蒸馏工艺流程

1—沉降罐；2—原料罐；3—换热器；4—加热闪蒸塔；5—闪蒸脱水罐；6—汽油罐；7—中间罐；8—酸精制罐；9—中间罐；10—白土混合罐；11—减压高温带土蒸馏罐；12—减压罐；13—分离罐；14，16—冷凝器；15—柴油罐；17—轻滑油罐；18—釜残；19、20—过滤机；21—基础油罐；22—油泵

② 特点：适于处理量大的更生间(厂)，生产效率高、设备腐蚀严重、质量不够稳定，回收率 73%。

（2）酸钙土管式炉循环蒸馏工艺流程：

① 工艺流程如图 7-5 所示，其主要过程为：沉降→酸洗→混合石灰和白土→管式炉、卧式釜循环蒸馏精制→真空脱水→过滤→调配。

② 特点：一次加热省能耗，生产周期短，效率高、收率高，回收率可达 75%以上，但仍有酸腐蚀。

（3）无酸污染白土高温精制新工艺：

① 工艺流程如图 7-6 所示，其主要过程为：

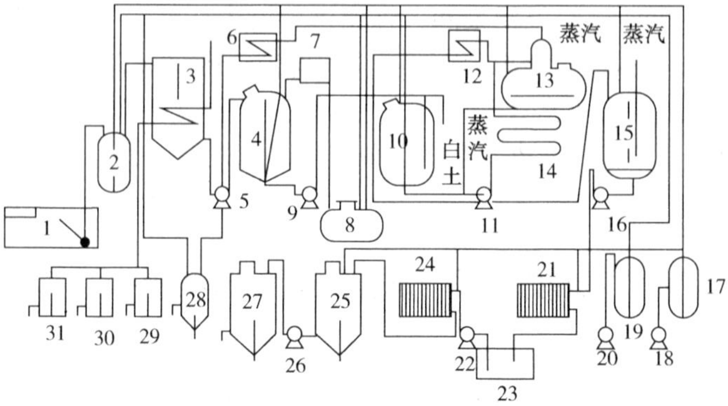

图 7-5　酸钙土管式炉循环蒸馏工艺流程

1—倒油池；2—真空压力输送罐；3—沉降罐；4—酸洗罐；5、9、11、16、22、26—泵；6—冷凝槽；7—酸计量罐；8—酸储罐；10—混合罐；12—冷却槽；13—蒸馏釜；14—管式炉；15—真空脱水罐；17—储气罐；18—空压机；19—真空罐；20—真空泵；21、24—压滤机；23—中间罐；25—储存罐；27—成品罐；28—轻滑油罐；29~31—油水分离罐

预处理 → 白土混合 → 管式炉循环汽提、减压蒸馏

釜残油真空脱水——过滤（高黏度基础油）

轻滑油白土补充精制后脱水——过滤（低黏度基础油）

调配

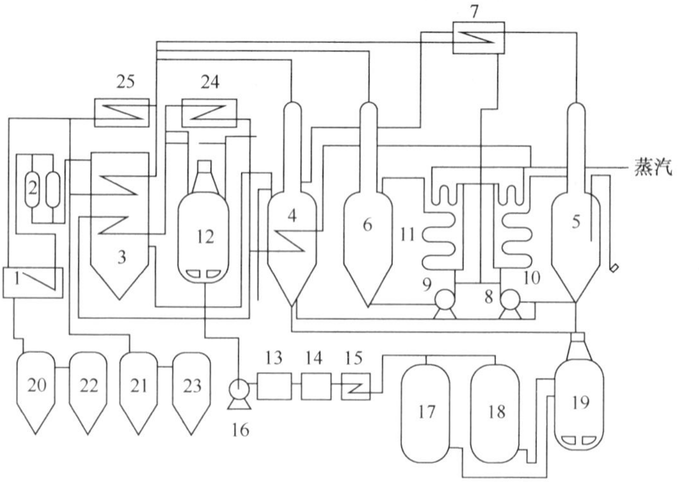

图 7-6　无酸污染白土高温精制新工艺流程

1—倒油池；2—真空压力输送罐；3—沉降罐；4—白土混合换热闪蒸釜；5—高温精制釜；6—馏分滑油精制釜；7—换热器；8—1 号热油泵；9—2 号热油泵；10—1 号管式炉；11—2 号管式炉；12—真空脱水罐；13—1 号暗流压滤机；14—2 号暗流压滤机；15—急冷器；16—3 号热油泵；17—高黏度基础滑油罐；18—低黏度基础滑油罐；19—调配罐；20—洗涤油油水分离罐；21—柴油油水分离罐；22—洗涤油精制罐；23—柴油精制罐；24—冷却槽；25—冷凝器

② 特点：无酸渣、酸气污染和酸性腐蚀；能生产高黏度滑油和轻滑油，能处理各种混杂油和废旧程度深的滑油；收率高，可达80%以上；虽然升温较高，若余热利用好，能耗并不高；较传统工艺省煤，无溢锅危险，无结焦，实现了安全自控，提高了生产的安全性；加温设备材质要求较高，加工工艺要求较高。

【060】油库洗修桶间(厂)设计应考虑哪些问题

油库洗桶过去常用机械洗桶和化学洗桶两种，新建洗(修)桶间(厂)可采用高温高压水洗桶技术，也可采用超声波洗桶技术。此处介绍非商用油库系统的相关规范规定和非商用《油库设备设施更新改造通用技术方案》中有关洗修桶间(厂)的内容，供参考。

(一) 非商用油库设计有关规范规定摘编

(1) 油桶洗修设施应根据油库的任务、业务性质、油桶发放与回收数量等因素综合考虑确定，并宜相对集中设置。

(2) 洗修桶一般应由洗桶(包括机械洗桶和化学洗桶)、整形、检漏、补焊、烘干、除锈与喷漆等设备组成。

(3) 洗修桶间(厂)必须配套建设相应的污水处理设施及空桶堆放场地等。

(4) 洗修桶间(厂)和油桶洗修设备的平面布置，应满足安全防火和操作工序的要求，并避免交叉作业和油桶往返搬运。

(5) 洗修桶间(厂)的建筑设计，应符合下列规定：

① 主要操作间的层高不应低于3.6m。

② 各房间的门应向外开。进出油桶的门宽不应小于2m，门外应设斜坡道。

③ 锅炉、乙炔发生器、气焊、油冲、喷漆、空气压缩机应各自单独设置房间，隔墙应为实体墙。锅炉间、乙炔发生器间、喷漆间应各自独立设置对外的出入口。

(6) 采用化学洗桶时，与酸、碱直接或间接接触的设备、管道、器件以及房间的地面、墙面等，应耐酸、碱腐蚀。

(7) 主操作间、乙炔发生器间、除锈及喷漆间等可能产生有害气体和粉尘的房间，除必须满足一定的自然通风要求外，尚应设置机械通风装置。

(二) 非商用《油库设备设施更新改造通用技术方案》摘编

(1) 新建洗修桶间(厂)可采用高温高压水洗桶技术，也可采用超声波洗桶技术，若原有洗桶设备性能完善的可继续使用。

(2) 洗修桶间(厂)的安全距离、建筑结构设计必须符合建筑规范要求，其耐火等级不低于二级。

(3) 根据油桶洗修作业工序的行进路线确定洗修设备平面布置，应做到布局紧凑，无交叉作业，油桶以最短的路线经历全部作业过程，不发生往返搬运。

高温高压水洗(修)桶工艺流程如图 7-7 所示，超声波洗(修)桶工艺流程如图 7-8 所示。

上述两种洗桶技术方案正在完善中，选用时仅供参考。

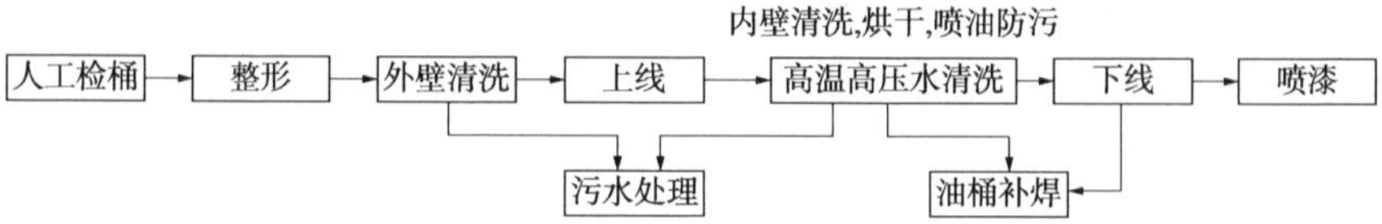

图 7-7 高温高压水洗(修)桶工艺流程示意图

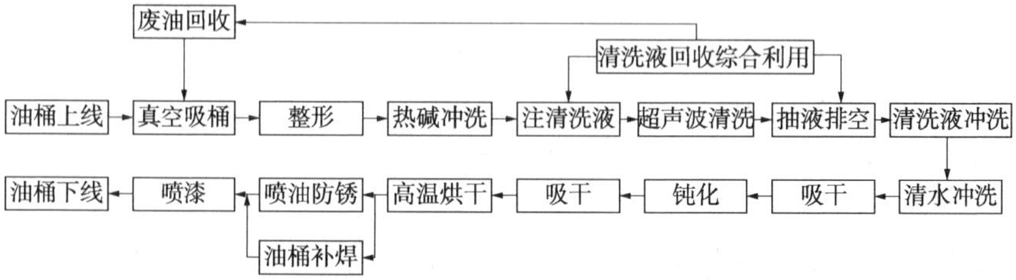

图 7-8 超声波洗(修)桶工艺流程示意图

【061】油库机修间设计应考虑哪些问题

机修间是大中型油库必不可少的场所，目前国家尚无统一设计标准，此处介绍非商用油库系统设计建造的相关规定，仅供参考。

(一) 非商用油库设计有关规范的规定

(1) 油库的机修间应具备完成平时油库设备、管道配件的简单修理与加工和应急对设备的抢修能力。

(2) 一、二、三级油库宜配备普通车床、钻床、牛头刨床、万能铣床、砂轮机、电焊机、氧气焊、钳工台和锻工台等。四、五级油库和便于依托外部加工力量的一、二、三级油库，可不设车床、刨床等较大的精加工设备。

(3) 机修间的建筑设计应符合下列规定：

① 机修间的房间净高不应低于 3.2m，并应具备良好的自然通风和采光条件。

② 除工具间外，各房间宜单独对外开门，并应满足设备和材料的进出要求。

③ 主要工作房间应设洗手盆及污水池等给排水设备。

(4) 机修间的前侧应留有一定的室外作业场地和停放移动设备及器材的场地。

(二) 机修间的主要设备配备

为了承担油库内部的小型设备维修，油库机修间一般应配备普通车床、钻床、牛头刨床、铣床、砂轮机、直流电焊机等各一台，氧气焊、钳工台、锻工台、龙门台虎钳等各一套，氧气瓶 8~10 个。其建筑、配电要求同一般的机修间(厂)。

【062】油库锅炉房设计应考虑哪些问题

锅炉房是油库供暖和黏油加温必不可少的场所，目前国内尚无统一设计标准，此处介绍非商用油库系统设计建造的做法，仅供参考。

(一) 锅炉房位置的选择

锅炉房位置的选择应考虑以下 4 方面因素。

1. 位置适当

锅炉房的位置既要尽量靠近黏油罐、装卸油站台、洗修桶间(厂)和滑油更生间(厂)等用汽部位，又要与油库其他建筑物及设备保持一定的安全距离。并宜建在低于供热点的位置便于自流回水。

2. 场地够用

锅炉房占地面积除自身建筑用地外，附近还应有足够的燃料和灰渣堆放场地，并且运输要方便。

3. 水源充足

锅炉房附近要有足够的水源，且排水方便。

4. 注意安全隐蔽

非商业用油库的锅炉房宜选在地形隐蔽、便于伪装的地方，缩小对空目标。

(二) 锅炉房的建筑要求

(1) 锅炉房面积一般应包括锅炉操作间、休息室，有条件时应考虑储煤库(巷道内的燃油锅炉应设油罐间)。

(2) 锅炉房操作间的面积应保证烧火与清炉有充分的余地，并适当考虑交通及存放少量燃料的需要。燃煤锅炉的炉门正面距墙壁不应小于 3m，并设有储煤池。

(3) 锅炉与侧墙之间或两锅炉之间的尺寸不应小于 0.7m，锅炉后部与墙壁之间的距离不应小于 1m，如有水平烟道时，应按烟道尺寸及烟道位置等具体条件考虑。

(4) 锅炉房的高度。自锅炉上部的主管至屋顶结构底面不应小于0.7m。

(5) 锅炉房的大门尺寸要根据所选锅炉规格而定，如门口尺寸不够时，应在外墙上预制过梁，并在梁下留出临时打开洞口的位置。锅炉房外门要向外开，并避免外门正对炉门正面，以免冷风直接吹向燃烧室。锅炉房门外还应做斜坡道。

(6) 锅炉水平烟道应避免逆坡，接至烟囱的水平总烟道一般应有3%左右的坡度坡向烟囱，烟道和烟囱施工时要保证严密不漏风。烟囱下部须留有0.6~1.0m左右的存灰坑(低于水平烟道的底面)，烟道和烟囱应尽量减少局部阻力，转弯和三通等应圆滑平顺，避免死角硬弯。

烟囱的高度除保证烟气流动的引力需要外，还应考虑到目标小、环境卫生和防火的要求。烟囱应有良好的避雷接地装置。如有条件，可顺山坡修建，以利隐蔽。

(三) 锅炉的选择原则

锅炉的选择应考虑以下原则：

(1) 油库中一般选用小型锅炉。在选用锅炉时，应先计算油库所需的最大热负荷量。所选用锅炉的蒸发量应当等于或稍大于最大热负荷量。

(2) 由于油库的热负荷量随季节和作业情况而不同，因此选用锅炉时宜选用两台同型号、同规格的锅炉。两台锅炉的蒸发量总和应等于或稍大于油库最大热负荷量，这样既能满足最大热负荷量的要求(两台锅炉同时使用)，也满足了一般要求(不是最冷季节或最大作业量时可烧一台锅炉)。因为燃油锅炉可调节燃烧器负荷的大小，所以选用一台亦可。

(3) 锅炉选择应符合所在城镇或地区的环保要求，有的大城市要求只允许使用燃油锅炉，不允许选用燃煤锅炉。

(4) 锅炉的形式应根据需要的蒸发量和工作压力，选择参数适当、性能良好、效率高、耗燃料少、体积小的锅炉。

CHAPTER 8 / 第八章

油库工程建设其他问答

【063】怎样安全改造储油洞库的十大系统

非商用油库于1990年开始用三年多时间进行了安全改造。编者从开始就参加了此项工作，现对储油洞库十大系统的安全改造介绍如下。

（一）洞罐呼吸系统的安全改造

洞罐呼吸系统与地面罐呼吸系统的不同之处，就是为使油气不直接排在洞内，而须用较长的呼吸管引到洞外。这样呼吸管的摩阻绝不能忽略，否则就会造成罐内负压超标，发生吸瘪罐事故。

1. 原有洞罐呼吸系统主要存在的问题

（1）每个洞罐的操作间设一单向吸气阀（即负压阀），此阀用久后可能漏油气，污染洞库。

（2）呼吸管管径选择不妥。有的太大，造成浪费；有的太小，有吸瘪罐的危险。

（3）呼吸立管和水平管的弯头处年久会沉积锈渣，水平呼吸管的低凹处容易聚积冷凝液，这些都会堵塞呼吸管畅通呼吸。

2. 洞罐呼吸系统应进行如下改造

（1）取消每个操作间的单向吸气阀，取而代之使用管道呼吸阀，并加旁通呼吸管、蝶阀、U形管压力计、放液阀，对每个罐间的呼吸立管下部改弯头为排渣口。

（2）校核呼吸管径、管长。若管径小或不符合《石油库设计规范》对呼吸管管径不得小于输油管管径的要求，应更换大管径。不同种油品共用呼吸管的，也不符合规范要求，应改为按油品分开设置。

（3）在呼吸管的变坡点、最低点，应设放液阀。

（4）引至洞外的呼吸管，应延长至洞口水平距离20m以外，并高于洞口，且比周围地坪高1.5m，地面打混凝土，周围用栏杆封围。

洞库呼吸系统安全改造如图 8-1 所示。

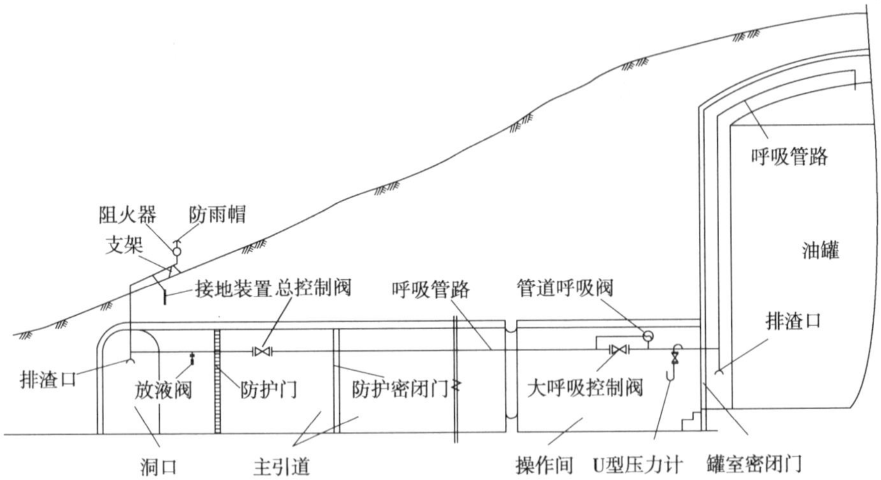

图 8-1 洞库呼吸系统安全改造图

(二) 洞库通风系统的安全改造

洞库通风系统的主要作用是排除洞内油气，其次为防潮降湿。洞库通风系统安全改造主要解决如下问题：

(1) 通风机选择不当。如有的通风机防爆等级不符合要求；有的通风量不足；有的风压不够；有的产品已属国家淘汰产品等。存在这些问题，就需要更换通风机。

(2) 通风管管径(或断面)和材质选用不妥，敷设不规范。如有的风管管径(或断面)太小，摩阻太大；有的风管采用不导静电的塑料及玻璃钢管材；有的风管安装不严，跑风漏气；有的风沟和排污沟合用等，这些则需要更新风管或大修改造。

(3) 通风系统设置不合理，通风口布置不当，缺少控制蝶阀，通风效果差。这就需要改造系统，在罐室对称设两个通风口，在罐顶量油口处和罐室外操作间各设一个通风口，并分别设旋转蝶阀，控制通风点；在主引道防护门外的通风干管上装与防护门等抗力的防爆隔离蝶阀，平时关闭，防止冲击波侵入。

(4) 洞外通风管的延伸不符合规范要求。国内有关规范、规定要求：洞外风管应采用非金属材料，并延伸到离洞口水平距离 20m 以上，且高于洞口，在管口装防雨罩。洞外风管和呼吸管的延伸最好不在同一方向，或两者离 10m 以上距离，防止油气回流。

(三) 洞库储油系统的安全改造

洞库储油系统的安全改造，主要是对金属洞罐及罐体附件的维修保养、防腐防渗，延长其使用寿命；对丁腈橡胶和聚氨酯衬里油罐的改造。丁腈橡胶衬里油罐多数在20世纪70年代初建造，储油30多年，未发现其对油品有不良影响，油品也未对其有不良影响。其主要的问题是当时罐体的混凝土被覆层排水、防水措施不够，致使山体渗水透过被覆层作用在丁腈橡胶衬里上，使衬里鼓泡、剥离。多年前这种内衬洞罐的改造试验已进行验收鉴定，改造任务早已完成。

（四）洞库输油系统的安全改造

洞库输油系统的安全改造，主要是对输油管线及其管路附件、阀门的维修保养，防腐防渗，延长其使用寿命；对管路敷设位置不当、工艺流程不合理、胀油管和放空补气管设置不当的予以调整；7度以上地震区，油罐进出油管未设金属软管的应予补加。

倒罐泵房设在洞内的，最好移到洞外，改善泵房内环境；油泵选型不当、工艺流程不合理的应予更换调整。

（五）洞罐排污系统的安全改造

洞罐排污系统由罐底集水槽及排水管、排水阀、输水管（或沟）、排水阻油器、油污水处理装置、泄水沟（管）等组成。在每个油罐操作间和输水管（或沟）分段设有积水井的称为间断式排污系统。积水井的作用，一是可观察排出污水中是否含油，从而决定排与不排；二是可以沉淀和清掏泥沙、杂物，保证管（沟）畅通。在整个系统中没有积水井的称为密闭式排污系统。这种系统的优点是系统密封，不易散发油气，有利环境保护；其缺点是在操作间无法检查排出污水中是否含油，只能到系统终端才能查看污水的情况，这样就加大了污水的排放量和处理量。所以只有对质量要求较高的航空油料储罐，才选用这种排污系统。

洞罐排污系统安全改造主要是对系统选择不合理或系统组成不完善予以调整、补充。另外，对集水槽的改造也是重点，原集水槽结构设计不合理、施工质量不佳、未做特别加强防腐者，应予以更新或改造。

（六）洞库防爆电气系统的安全改造

因为洞库多数都储存甲、乙类油品，所以要求洞内电气设备和线路均应符合防爆要求。若设备、灯具选择和线路敷设不符合防爆要求的应更换，年久老化失修者应大修或更新。

洞罐的液位自动测量、高液位报警和洞内油气浓度报警及洞口的自动监控等应选防爆、优质、可靠产品。

（七）洞库通讯系统的安全改造

洞库的通信系统同样应按防爆设计。现有的电话、通信线路、电话插座等选型或敷设不符合防爆要求者要更换，年久老化失修者应大修或更新。

（八）洞库防雷、防静电系统的安全改造

洞库防雷、防静电系统因历史原因，多数都不太符合现行规范要求，存在安全隐患，因此必须按现行规范加以改造、完善。

(1) 洞内金属油罐必须做好接地，其接地点不应少于两处，且对称或均匀设置。立式油罐的接地点沿罐周长的间距，不宜大于 30m。罐内壁需全部防腐涂漆者，应选用导静电涂料。

(2) 洞内地上或管沟内平行敷设的金属管道，其净距小于 100mm 时，应用金属线跨接，跨接点的间距不应大于 30m。管道交叉点净距小于 100mm 时，其交叉点亦应用金属线跨接。平行敷设的油管、通风管、呼吸管、电线的穿管或电缆外皮、照明灯具外壳等都应用金属线跨接，跨接线再与接地干线连接，接地干线引出洞外设接地体，接地体接地电阻值不应大于 10Ω。

(3) 输油管、呼吸管用法兰连接时，法兰应跨接。当有 6 根以上螺栓的法兰，且在非腐蚀环境下，可不跨接。

(4) 洞外金属呼吸管、通风管应装设独立避雷针，管口上方 3m 应在避雷针保护范围内。避雷针尖端应设在爆炸危险区之外。

(5) 进出洞外的金属管道，从洞口算起，当其洞外埋地长度超过 50m 时，可不设接地装置；当其洞外部分不埋地或埋地长度不足 50m 时，应在洞外作两处接地，接地点间距不应大于 100m，接地电阻不宜大于 20Ω。

(6) 电力和信息线路应采用铠装电缆埋地引入洞内，若由架空线路转换为电缆引入洞内时，由洞口至转换处的距离不应小于 50m。电缆与架空线路的连接处，应装设低压阀型避雷器。避雷器、电缆外皮和瓷瓶铁脚应作电气连接并接地，接地电阻不宜大于 10Ω。洞口的电缆外皮，必须与油罐、管线的接地装置连接。

(7) 在洞口门旁应设人体导静电手握体。

(8) 洞内地面不得铺设橡胶、塑料等绝缘材料板。

(九) 洞库消防系统的安全改造

储油洞库内的灭火原理是密闭窒息灭火，所以洞内没有安装固定或半固定消防系统。洞内水管也主要是为了洗罐使用，多数未考虑满足消防用水量和水压。在洞内引道和罐顶设置一些灭火器、石棉毯等移动消防器材，可扑灭小型火灾。所以消防系统的安全改造也就是按有关规定配全消防器材。

(十) 洞库防护系统的安全改造

本系统的安全改造有两个方面：一方面是检查加固洞库围护结构，对岩石失稳、结构破损、渗漏水严重的应予处理；另一方面是对穿防护墙的孔、洞堵塞不严、穿墙风管抗力与防护墙不等效、防护门和密闭门关闭不严或开启方向不对的要予以改造。

另外，还应按相关规范要求，在洞口增设拦油设施。

【064】油库含油污水怎样处理

随着我国对环境保护的重视，油库含油污水绝不能不达国家排放标准就任意排放。但多数成品油库，特别是储备油库，含油污水量很少，建设搞复杂或较庞大的处理设备会造成不必要的浪费，这已有不少教训。可见摸索一套成品油库含油污水处理的实用方案很有必要。

（一）含油污水的排放要求

（1）油库的含油与不含油污水，必须采用分流排放。含油污水应采用管道排放；未被油品污染的地面雨水和生产废水可采用明渠排放，但在排出油库围墙之前必须设置水封装置。水封装置与围墙之间的排水通道必须采用暗渠或暗管。

（2）油罐区防火堤内的含油污水管道引出防火堤时，应在堤外采取防止油品流出罐区的切断措施。

（3）含油污水管道应在下列各处设置水封井：油罐组防火堤或建筑物、构筑物的排水管出口处；支管与干管连接处；干管每隔 300m 处；在通过油库围墙处。

（4）水封井的水封高度不应小于 0.25m。水封井应设沉泥段，沉泥段自最低的管底算起，其深度不应小于 0.25m。

（5）油库的含油污水必须经过处理，达到现行的国家排放标准后才能排放。

（6）油库污水排放处，应设置取样点或检测水质和测量水量的设施。

（7）覆土油罐罐室和人工洞油罐罐室应设排水管，并应在罐室外设置阀门等封闭装置。

（二）含油污水的来源及污水量

经多年的实践，成品油库含油污水的来源见表 8-1。

表 8-1　含油污水的来源及污水量

含油污水的来源	污水量
储油洞库的油罐渗漏油品与洞内山体渗水混合后产生的污水	这部分污水量与山体渗水量及油罐渗油量的大小有关，可通过测量排水沟的排水流量得知。其污水中的含油量可通过化验水质确定
清洗油罐及管线产生的污水	这部分污水量与油罐大小、管径管长、冲洗方法有关
冲洗储油洞库地面及油库内其他设备产生的污水	这部分水量与地面及设备的脏污程度及冲洗方法有关，一般可按 1m² 表面积 1～2L/s 来估算。但 1～2L/s 并不能等于 3.6～7.2m³/h。因为不可能 1h 内不停顿地冲洗，而是冲冲停停、冲停间隔进行
洗修桶间、更生间排出的洗修油桶、更生时产生的含油污水	其污水量可根据油冲、水冲等泵流量及每天工作的时间估算

续表

含油污水的来源	污水量
清洗灌桶间、汽车加油场、桶装油仓库及有油存在的建、构筑物地坪产生的污水	这部分水量与地面及设备的脏污程度及冲洗方法有关。一般可按 $1m^2$ 表面积 1~2L/s 来估算，但 1~2L/s 并不能等于 $3.6 \sim 7.2m^3/h$。因为不可能 1h 内不停顿地冲洗，而是冲冲停停、冲停间隔进行

(三)油库污水成分及处理方法

1. 油库污水的成分

一般油库污水的成分见表 8-2。

表 8-2 油库污水成分

项目	数值	项目	数值
含油量/(mg/L)	400~12000	四乙铅/(mg/L)	1.0~2.0
悬浮物/(mg/L)	100~600	5 日生化需氧量(BOD_5)/(mg/L)	150~670
残渣/(mg/L)	600~850	pH 值	7.2~7.8

2. 含油污水的处理方法

含油污水处理，应根据污水的水质和水量，选用相应的调节、隔油、过滤等设施。对于间断排放的含油污水，宜设调节池。调节池、隔油池等设施宜结合总平面及地形条件集中布置。当含油污水中含有其他有毒物质时，还应采用其他相应的处理措施。

处理含油污水的构筑物或设备，宜采用密闭式或加设盖板。

含油污水的处理，主要是除去污水中的油分。油分在污水中通常以三种状态存在：第一种是浮油，它是以较大颗粒存在于水中，处于不稳定状态，密度比水小，由于密度差的关系，它易于从水中分离出来，上浮至水面而被撇除。此种浮油约占水中总油量的 60%~80%。第二种状态是乳化油，在油罐和油桶清洗时，就会产生一部分乳化的油品，它以较小的颗粒较稳定地分散悬浮在水里，用一般简易隔油方法很难把它们分离出来。第三种状态是溶解油，但因为石油在水中的溶解度甚小，一般约为 5~15mg/L，所以通常不必处理。

对于以上三种状态的含油污水，可有不同的处理方法，一般处理方法见表 8-3。

表 8-3 不同状态的含油污水处理方法

颗粒直径/m	$>10^{-4}$	$10^{-5} \sim 10^{-9}$	$<10^{-9}$
存在状态	浮油	乳化油	溶解油
处理方法	隔油	浮选，絮凝，过滤粗粒化	吸附，化学氧化

（四）油库含油污水处理实用方案

油库的污水主要是含油污水，而含油污水中以浮油状态存在的油分约占水中总油量的60%~80%；其次是以乳化油状态存在；以溶解油状态存在的甚少。所以油库含油污水处理实用方案主要是考虑除去浮油，即选择适用的隔油池；其次是选择一种除去乳化油的适用设备。

隔油池的形式有多种，有普通油水分离池、平流式隔油池、平行波纹板式隔油池和斜板隔油池等。根据油库的实际情况，通常选择普通油水分离池就可以了。

普通油水分离池是用砖砌筑的地下池，由进污水格、收油格、排除污水的阀门格组成。结构如图8-2所示。这种池施工简单，造价低，占地小，不需专人管理。

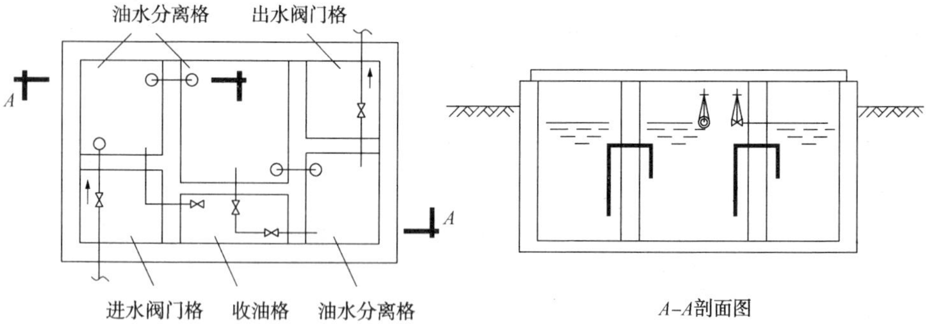

图8-2　隔油池结构示意图

除去乳化油的设备，目前国内有很多产品，应结合本油库的规模、含油污水的量及待建含油污水处理系统的场地大小，择优选用性价比合适的设备。

综上，油库含油污水处理实用方案为：一池、一室、一设备，即一个普通油水分离池、一个含油污水处理设备室、室内装一套含油污水处理设备。作者认为这是行之有效、经济合理、满足一般成品油库含油污水处理的方案。

【065】油库防爆电气怎样安全整修

油库许多场所是着火爆炸危险场所，这些场所设置的防爆电气必须保证合格，年久失修的防爆电气必须进行安全整修。

（一）油库防爆电气安全整修的必要性及存在问题

油库是容易着火爆炸的危险单位，油库的许多作业场所属爆炸危险场所，爆炸危险场所安装的电气必须是防爆电气，否则就容易产生火花，引爆危险场所的油气，造成火灾，导致生命和财产损失。

但是防爆电气比普通电气价格高、施工难度大、工期长，所以有的单位在爆炸危险场所选用了普通电气，或防爆等级未达到规范要求，或选用了不合格的防爆产品。

有的单位原装的防爆电气是符合要求的，但由于使用、维修、保养不当，产生腐蚀或损坏，达不到防爆要求，存在安全隐患。

鉴于上述情况，非商用油库的上级部门，曾于 1987 年开始对其所属油库的防爆电气进行了三年安全整修，彻底改善了防爆电气的技术状态。以后每隔几年经普查进行补修，保证防爆电气始终处于良好的技术状态。

（二）油库防爆电气安全整修的方法步骤

在油库防爆电气三年安全整修中总结了一套方法步骤，简称五步整修方法。

第一步，现场查看，找出问题

由油库业务或技术人员和电气专业人员组成防爆电气检查组，到现场查看防爆电气的防爆等级是否符合现行规范要求、安装是否牢固可靠、有无锈蚀损坏、防爆电气所处的环境是否存在安全隐患等等。将查看情况做好记录，作为整修计划的依据。

第二步，设计计算，做出计划

设计人员按设计任务书及现场查看记录等资料，按规范要求做出防爆电气整修设计，提出设计成果。油库按设计成果，结合油库实际，做出整修计划。

第三步，采购订货，做好准备

油库按设计人员提出的防爆电气型号、规格、数量，向正规厂家采购订货。并选择专业施工队伍，做好施工前的现场准备。

第四步，现场安装，规范标准

施工队伍应严格按设计要求和相关规范、标准安装，并应遵守油库安全管理要求，做好施工中的安全，防止发生设备和人生事故。

第五步，检查验收，确保质量

施工中应做好自检、互检，保证施工质量。完工后，应组织设计、施工、监理、使用等部门检查验收。验收不合格的，经返工再验收，确保质量。

（三）油库防爆电气安全整修的注意事项

（1）一定要请专业人员进行设计，正确选择防爆电气产品，型号、规格、防爆等级符合规范要求。

（2）一定要选购正规厂家的产品，产品到现场后，必须经过验收。不合格产品不得使用。

（3）一定要由专业的施工队伍进行安装，必须按有关施工规范安装操作。

（4）一定要按有关验收规范进行严格验收。验收不符合要求的必须返工，并再验收。

（5）一定要注意施工中的安全，严防发生事故。

【066】油库自控和信息系统设计应考虑哪些问题

现今已进入信息化时代，油库自控系统和信息系统也要跟上时代的步伐。

（一）油库自控系统设计应考虑哪些问题

油库自控系统由储运业务、消防及安防自动化三类系统及其他辅助监控系统构成，各系统之间互相关联，形成油库的自动化控制系统。自控系统应分为三层，包括设备层、控制层和操作站层，在控制层设置两台数据库服务器，互为热备，对各系统数据进行统一存储，并统一向信息系统提供数据集成接口。

1. 储运业务自动化

（1）基本设计方案：

① 公路装车控制一般与IC卡车辆门禁系统集成，实现IC卡一卡通智能化装车控制。

② 灌装保护装置应与发油控制系统联动，防爆闸刀的开、关状态应通过发油控制系统监测。发油岛上的溢油静电检测、多舱流量显示、读卡、启停操作、灌装防护控制等设备应集成设置。

③ 公路装车、铁路装车、码头装船如采用流量计进行交接时，控制系统计量精度达到成品油贸易交接要求。

④ 可燃气体报警信息接入PLC系统时，接入卡件应独立设置。

（2）系统构成：储运业务自动化系统一般由公路发油控制系统、铁路发油控制系统、码头发油系统、油罐自动计量系统、油品移动系统构成。

2. 消防控制系统

（1）基本设计方案：

① 消防报警可通过控制系统与视频系统进行联动；

② 应设有中心控制室和消防值班室二级控制功能；

③ 消防控制系统一般有自动、手动、故障手动工作模式。自动工作模式应能够在火灾自动报警状态下，经人工确定后，按照消防工艺的要求自动完成灭火；手动工作模式应能够在火灾报警状态下，人工通过手动操作盘进行操作灭火；故障手动工作模式应能够不通过计算机系统，直接对泵和阀进行单体操作灭火。

（2）主要功能：

① 监控界面能动态显示报警设备、泵、阀执行设备的工作状态，动态显示消防工艺流程；

② 系统能装载多种消防流程联动预案；

③ 火灾实施自动检测并报警，消防手动报警需经人工确认后执行一键启动控制，有两种以上自动报警设备同时报警时宜进行流程自动控制；

④ 消防水池液位动态监测，具备低液位自动补水、高液位自动停止补水控制；

⑤ 消防报警事件及事件确认自动存储、生成报警记录，支持记录查询；

⑥ 消防报警应具备联动视频及储运生产控制系统；

⑦ 火灾报警确认后，能驱动库区消防广播系统进行报警及指挥；

⑧ 火灾报警及设备状态等信息在数据集成平台内自动存储，报警信息自动上传库级管理信息系统。

（二）油库信息系统设计应考虑哪些问题

油库信息系统应在各自动化系统的基础上，对自动化系统的生产数据进行应用和管理，规范成品油收发、库存、监控等业务，支持成品油从入库到出库的全过程业务管理，实现油库日常业务处理、监控和管理的信息化，为一次物流、二次物流等信息系统提供必要的信息支持。

1. 基本设计方案

（1）自动化系统与管理信息系统应进行一体化总体设计和系统集成，并按照结构化和模块化原则进行系统架构设计。

（2）储运、消防及安全监控应设计采用一套监控软件，在一台操作站就可对多个系统进行监控，同时也可安装在多台操作站分别进行监控。

（3）自动化系统可实现任一控制系统报警能联动相关系统进行保护，确保生产安全。

（4）油库自动化系统在监控层设以数据服务器为核心的数据集成平台，储运、安防、消防监控数据全部存储在数据集成平台内，集成平台应与油库信息管理系统无缝连接，实现业务流程自动流转及业务信息化管理。

（5）油库信息集成要全面，宜将储运、消防、安防以外的电力系统、通信系统及污水处理系统等有助于安全管理的相关信息进行集成。

（6）自动化系统、网络及现场仪表设备应有防雷措施并做好接地处理。

（7）油库管理信息系统按中石油销售公司信息化建设的统一标准进行软件和硬件配置，应与油库建设同步实施。

（8）储运业务自动化系统应与消防控制系统连锁，当火灾发生确认后连锁关闭所有紧急切断阀，并停止正在作业的生产作业设施。

2. 信息管理系统

（1）基本设计方案：

① 为保证信息的可靠性，管理信息系统用服务器配置为双机热备；

② 管理信息系统的客户端和服务器设置在油库办公网内，与油库生产网隔离；

③ 库级信息管理系统实施应采用先进、可靠、实用的软硬件系统；

④ 自动化系统与信息管理系统数据交互统一由数据库服务器完成。

（2）功能架构图：功能架构图如图 8-3 所示。

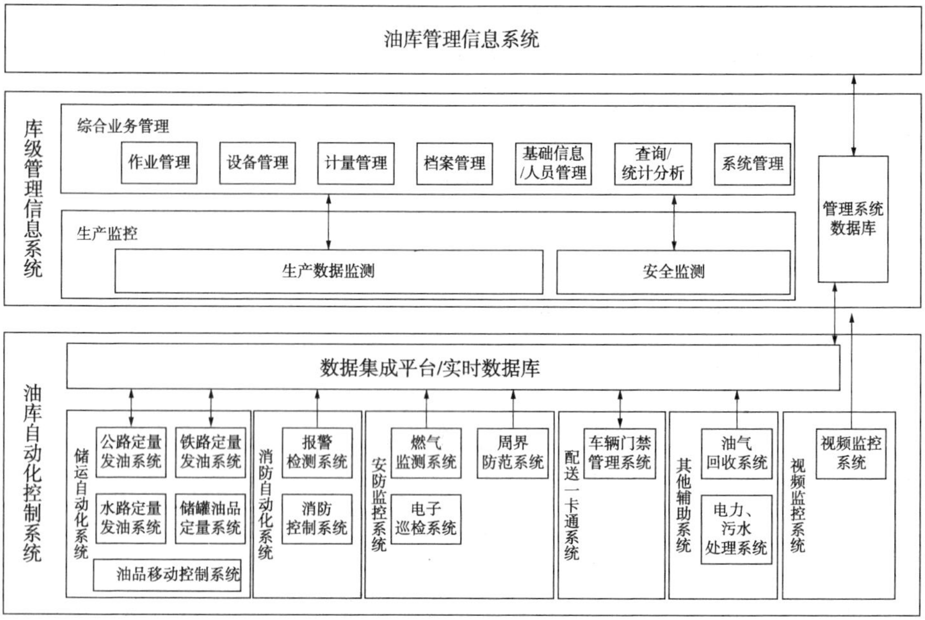

图 8-3 功能架构图

【067】油库防雷防静电接地设计有哪些具体要求

雷电和静电是油库着火爆炸的两种点火源，所以油库防雷防静电接地设计是必须重视的重要设计，具体要求如下。

（一）油库防雷设计提要

1. 油罐防雷的接地

（1）钢油罐必须做防雷接地，接地点不应少于 2 处。

（2）钢油罐接地点沿油罐周长的间距，不宜大于 30m，接地电阻不宜大于 10Ω。

2. 储存易燃油品油罐的防雷

（1）装有阻火器的地上卧式油罐的壁厚和地上立式固定顶钢油罐的顶板厚度等于或大于 4mm 时，不应装设接闪杆(网)。铝顶油罐和顶板厚度小于 4mm 的立式钢油罐，应装设接闪杆(网)。接闪杆(网)应保护整个油罐。

（2）外浮顶油罐或内浮顶油罐不应装设接闪杆(网)，但应将浮顶与罐体用 2 根导线做电气连接。外浮顶油罐连接导线应选用横截面不小于 $50mm^2$ 的扁平镀锡软铜复绞线或绝缘阻燃护套软铜复绞线。内浮顶油罐的连接导线应选用直径不小于 5mm 的不锈钢钢丝绳。

（3）覆土油罐的呼吸阀、量油孔等法兰连接处，应做电气连接并接地，接地电阻不宜大于 10Ω。

3. 储存可燃油品油罐的防雷

储存可燃油品的钢油罐，不应装设接闪杆(网)，但应做防雷接地。

4. 易燃油品泵房(棚)的防雷

（1）油泵房(棚)的防雷应按二类防雷建筑物设防。接闪网的引下线不应少于 2 根，并应沿建筑物四周均匀对称布置，其间距不应大于 18m。网格不应大于 10m×10m 或 12m×8m。

（2）进出油泵房(棚)的金属管道、电缆的金属外皮或电缆金属桥架，在泵房(棚)外侧应做 1 处接地，接地装置应与保护接地装置及防感应雷接地装置合用。

5. 可燃油品泵房(棚)的防雷

（1）在平均雷暴日大于 40d/a 的地区，可燃油品泵房(棚)的防雷应按第三类防雷建筑物设防。接闪器的引下线不应少于 2 根，其间距不应大于 25m。

（2）进出油泵房(棚)的金属管道、电缆的金属外皮或电缆金属桥架，在泵房(棚)外侧应做 1 处接地，接地装置宜与保护接地装置及防感应雷接地装置合用。

6. 装卸易燃油品鹤管和栈桥(站台)的防雷

（1）露天装卸油作业的，可不装设接闪杆(网)。

（2）在棚内进行装卸油作业的，应装设接闪网。棚顶的接闪网不能有效保护爆炸危险 1 区时，应加装接闪杆。

（3）进入油品装卸区的输油(油气)管道在进入点应接地，接地电阻不应大于 20Ω。

7. 输油(油气)管道的防雷

（1）输油(油气)管道的法兰连接处应跨接。当不少于 5 根螺栓连接时，在非腐蚀环境下可不跨接。

（2）平行敷设于地上或非充沙管沟的金属管道，其净距小于100mm时，应用金属线跨接，跨接点的间距不应大于30m。管道交叉点净距小于100mm时，其交叉点应用金属线跨接。

8. 油库信息系统的防雷

（1）装于地上钢油罐上的信息系统的配线电缆应采用屏蔽电缆，并应穿镀锌钢管保护，保护管两端与罐体做电气连接。

（2）油库内信息系统的配电线路首末端需与电子器件连接时，应装设与电子器件耐压水平相适应的过电压(电涌)保护器。

（3）油库内的信号电缆宜埋地敷设，并宜采用屏蔽电缆，当采用铠装电缆时，电缆的首末端铠装金属应接地。当电缆采用穿钢管敷设时，钢管在进入建筑物处应接地。

（4）油罐上安装的信息系统装置，其金属的外壳应与油罐体做电气连接。

（5）油库的信息系统接地，宜就近与接地汇流排连接。

9. 油库建筑物内供配电系统的防雷

（1）当电源采用TN系统时，从建筑物内总配电盘(箱)开始引出的配电线路和分支线路必须采用TN-S系统。

（2）建筑物的防雷区，应根据现行国家标准《建筑物防雷设计规范》(GB 50057)划分。工艺管道、配电线路的金属外壳(保护层或屏蔽层)，在各防雷区的界面处应做等电位连接。在各被保护的设备处，应安装与设备耐压水平相适应的过电压(电涌)保护器。

（二）油库防静电接地设计提要

油库设备设施防静电接地，在《石油库设计规范》(GB 50074)及相关规范中都有具体要求，现摘编如下。

1. 油库防静电接地范围

除已进行防雷电措施的设施、设备无须再静电接地外，还应考虑防静电接地的设施、设备有：金属、非金属地面油罐及洞式、掘开式油罐；输油管线；油泵房、灌桶间、洗修桶间等工艺设备；金属通风管线；铁路装卸油设备设施；码头装卸油设备设施；汽车加油场、加油站工艺设备及加油枪。

2. 油库防静电接地要求及具体做法

（1）洞库防静电接地系统做法：储油洞库内的油罐、油管、油气呼吸管、金属通风管(非金属通风管的金属件)、管件等都应用导静电引线(Φ8或Φ10钢筋)连接。在主通道内设导静电干线(一般用40mm×4mm扁钢)，引线和干线连接形成导静电系统。干线引至洞外找适当位置设静电接地体。如有两个以上洞口，最好向两口引出接地干线，每口设一组接地体。

（2）油罐防静电接地做法：

① 地面金属油罐外壁应设防静电接地点，容量大于 $50m^3$ 的罐，其接地点应不少于两处，对称设置，且间距不大于 30m，并连接成环形闭合回路。

② 油罐测量孔应设接地端子，以便采样器、测温盒导电绳、检尺工具接地。

③ 油罐内壁需涂漆时，应涂比所装介质电导率大的漆，其电阻率应在 $10^{14}\Omega \cdot cm$ 以下。

（3）输油管路防静电接地做法：

① 地上、管沟中的输油管路其两端、分岔、变径、阀门等处以及较长管道每隔 200m 左右（GB 50074—20014 中要求 200～300m）都应接地一次。

② 防静电接地可与防感应雷接地合用，接地电阻不宜大于 30Ω。

③ 输油胶管的外壁应有金属绕线。

④ 所有管件、阀门的法兰处都应设导静电跨接。当法兰连接螺栓多于 5 个时，在非腐蚀环境下可不跨接。

⑤ 平行敷设的管线之间在管道支架（固定座）处应做跨接。

⑥ 平行敷设的地上管线之间间距小于 100mm 时，每隔 30m 左右应用 40mm×4mm 扁钢互相跨接。

⑦ 输油管线已装阴极防护的区段，不应再做静电接地。

（4）铁路装卸油场所防静电接地做法：

① 铁路装卸油场所的设施设备，如钢轨、钢制装卸油栈桥、集油管、鹤管、油槽车等都应做防静电连接并设接地体。每座装卸油栈桥的两端及中间处各设一组连接线及接地体。

② 两组跨接点的间距不应大于 20m，每组接地电阻不应大于 10Ω。

（5）码头装卸油设施设备防静电接地做法：

① 码头区内的所有输油管线、设备和建（构）筑物的金属体，均应连成电气通路并进行接地。

② 码头的装卸船位应设置接地干线和接地体，接地体应至少有一组设置在陆地上。

③ 在码头（趸船）的合适位置，设置若干个接地端子板，以便与油船（驳）做接地连接。

④ 码头引桥、趸船等之间应有两处相互连接并进行接地。

（6）自动化计量设备的接地：

① 凡使用称重式计量仪表的油罐，其上罐及伸入罐内的气管均应采用金属导管，并安装牢固，罐内钟罩应做好接地连接。

② 液位计仪表及部件须与油罐体做可靠的电气连接。

③ 自动电子计量灌装设备的防静电联锁装置必须可靠、完好。

CHAPTER 9 / 第九章

油库工程质量管控问答

【068】油库整修改造工程应遵循什么程序

油库整修改造工程通常直接由油库组织实施，其与普通工程建设程序大体相同，但又有所差异，所以油库管理者应懂得油库整修改造工程程序。

（一）整修改造工程程序与组建单位

1. 油库整修改造工程程序

油库整修改造工程基本程序，与一般工程建设程序大体相同。其基本程序为：工程立项→工程设计→工程施工→工程竣工验收等四步。

随油库整修改造工程的性质、规模、投资、涉及范围、安全程度、项目来源、工期要求等不同，对每步工序的细节要求可有所增减，但对上述四步程序不应改变。

2. 油库整修改造工程组建单位

油库整修改造工程的组建单位通常为油库或油库的上级业务主管部门，而一般工程的组建单位通常为工程建设部门。这就是说，油库整修改造工程是管建合一的工程建设管理体制，这是油库经常采用的体制，即自建、自用的工程，工程质量好坏，责任全由油库自家承担。

（二）工程立项程序与实施要点

1. 工程立项程序

工程立项的程序，不同行业、不同规模、不同时期有所不同，但工程立项的一般程序却大同小异，通常为：组建单位提出项目建议书或可研报告，并会同有关单位选址→组建单位编写立项申报文件→按审批程序和权限逐级上报相应的业务主管部门→报请当地规划、消防、环保、建委、发改委等有关部门审批→上级业务主管部门对同意建设的工程项目正式批复。

但油库整修改造工程通常规模小、投资少，工程立项的程序可以简化，通常由油库申报，只在油料系统报批。但涉及消防、环保等方面的整修工程，还应报当地相关部门审批签署意见。

2. 工程立项实施要点

工程立项申报文件的内容，不同规模、不同时期，只申报本系统或还需申报当地政府有关部门的要求有所不同，其主要内容应包括：

(1) 整修工程建设的必要性和可行性(如存在安全隐患或与规范不符或年久失修)。

(2) 整修位置(附图)及占地面积。

(3) 整修项目、方案、规模。

(4) 选择设计、施工、监理单位的方法。

(5) 计划开工、竣工时间。

(6) 工程设备材料的采购方式。

(7) 经费估算等。

(三) 工程设计程序与实施要点

1. 工程设计工作程序

工程设计主要由设计单位承担。但完成设计工作任务、获取良好设计成果，还需要有组建、施工、监理的配合，遵循周密的设计工作程序才能实现。设计工作程序通常为：编制设计任务书→选择设计单位→签订设计合同→设计→设计会审及报批→设计交底。

2. 工程设计实施要点

(1) 编制油库设计任务书，并报上级业务主管部门批准。任务书由组建单位编制，请设计单位协助。规模小、投资少的工程，任务书可简单一些。

(2) 为设计准备所需的基础资料，待设计单位确定后，再共同收集、完善基础资料。

(3) 选择设计单位。选择方法应根据油库工程的规模和资金来源，按上级要求来确定。需要招标确定的，则应通过招标投标方式来确定设计单位，并签订设计合同。

(4) 进行设计。设计分段应根据工程规模大小、技术复杂程度，由组建单位和设计单位共同研究确定，或在签订设计合同时即行明确。分段设计时，每段设计完成后，应经上级业务主管部门批准后，再行下一段设计。

为提高设计质量，设计人员应深入现场，调查研究，按现场实际，遵循设计规范精心设计。为防止差错，设计单位内部应进行校对、审核、审定；设计成果交组建单位后，组建单位还应组织设计、施工、监理者会审，在施工前还应组织设计者向上述参与者技术交底。在施工过程中，发现设计图纸问题，应及时向设计者提出变更，并出变更通知书待查存案。

(四) 工程施工程序与实施要点

1. 工程施工程序

选择施工单位→施工准备→组织施工→竣工验收。

(1) 选择施工单位：选择方法应根据整修工程的规模和资金来源，按上级规定来确定。需要招标确定的，则应通过招标投标方式来确定施工单位，并签订施工合同。

(2) 施工准备：即施工的前期工作，包括工程建设总体部署的编制、施工组织设计的编制、准备施工现场、准备工程设备材料和施工设备机具等。

(3) 组织施工：施工单位应按照施工合同的规定，按期进入施工现场，并按照工程建设总体部署和施工组织设计开展施工，保证工程质量和施工安全，控制工程进度和工程造价，力争创造优质工程。

2. 工程施工实施要点

(1) 一定要选择施工资质合格、专业对口、经验丰富、安全可靠、认真负责的施工队伍。

(2) 制定一个好的施工组织设计。内容主要包括计划安排、施工方案、质量管控、材料准备、安全措施、管理机制等。

(3) 施工质量管控措施：

① 加强施工单位在施工过程中的内部质量检查：自检、互检(工程分段时交接检)、小组检。

② 质量监理人员要认真负责，从设计会审开始，设备材料验收、工程进展中检查、竣工验收均应把好质量关。

③ 油库应参加工程质量联合检查组，监督施工质量，参加工程中间验收和竣工验收。

(五) 工程竣工验收程序与实施要点

1. 工程竣工验收程序

工程竣工验收的一般程序是：验收准备→听取施工情况汇报(由施工、监理单位)→现场检查→工程质量评定(含问题处理)→签署工程验收书→移交工程档案资料。

2. 工程竣工验收实施要点

(1) 验收准备：

① 组成竣工验收小组，并拟定好验收初步方案。

② 施工(及监理)单位准备好工程情况介绍，存在问题的处理意见，验收证件和施工技术资料、图纸、签证、施工记录等材料。

③ 组建(使用)单位准备好参与施工管理的情况，对存在问题的处理意见，

以及由建转用的准备工作情况等材料。

④ 为便于验收顺利进行，施工单位应备齐现场测试所需的通用与专用工具和仪器。

(2) 听取施工等单位情况汇报：要着重汇报施工合同执行情况；施工过程中工程质量检查，特别是隐蔽工程施工验收情况；施工中设计的重大变更；先进施工方法和新工艺、新设备、新材料的采用等内容。

(3) 实施现场检查。实施现场检查是具体进行现场检查验收的阶段。由各专业组按计划分工负责实施，一般程序是：先坑道、掩体内，后坑道、掩体外；并按燃油(轻油)系统、润滑油(黏油)系统、辅助作业区、行政生活区的顺序进行。现场检查主要方法如下：

① 外观检查。在外观上检查工程有无明显的施工缺陷，质量是否完好；工艺、电气、给排水、消防、暖通等系统是否正确；设备附件是否完好齐全，并对工程质量做出鉴定。

② 试运转。检查动力设备的技术性能和安装质量情况，如抽注设备、通风设备、电气设备等均应进行试运转检查。

③ 测试数据。利用仪器、仪表检查(测试)各项设备、建筑的安装施工质量。如电气设备的绝缘电阻和设备的接地(工作接地、保护接地、静电接地)电阻、动力设备转速、通风管道风速的测定及其他设施的坡度、标高、相对位置的测定等。

④ 查看施工验收技术资料。根据施工图纸、技术要求与单项工程验收记录，对有关土建和工艺安装情况进行全面检查，了解各项工程的施工质量情况，以便从中发现问题，正确估价工程质量。

⑤ 调查。向有关单位了解工程的某些问题，弄清事情的本来面目，以便做出正确结论。

(4) 评定工程质量，确定有关问题的处理原则：在现场检查的基础上，对单项工程质量进行评定，在分析的基础上对整个工程质量进行评定，做出结论，写入记录。

对于剩余工程(也叫收尾工程，即个别未完工程项目，经验收质量不合格的项目)，认真地、慎重地进行研究，协商讨论，明确具体负责处理的单位、完成时间及复验方法等。

(5) 签署工程移交证明书：按照一定的格式签署验收文件，如建筑、设备、验收结果记录、工程质量评定表、剩余工程项目处理决定等。

(6) 移交工程资料：签证后，施工单位应向组建单位(使用单位)移交工程档案资料。

【069】油库工程开工应具备哪些条件

时间就是金钱，延误工期就是浪费。所以油库工程开工前必须检查评估开工条件是否具备，不具备时绝对不准开工。

工程开工应具备的条件，不同性质工程的要求有所不同。此处综合各工程与行业的有关规定，对油库工程开工前应具备的条件归纳为以下 12 点基本要求。

(1) 建设项目管理机构(或项目部)已经设立，职责分工已明确，管理人员已经到位，规章制度健全，能够正常运作。

(2) 项目初步设计(或基础设计)及概算已经批复。

(3) 环境影响评价、劳动、安全、卫生和消防等，已办理国家和地方要求的报批手续。

(4) 工程建设总体部署(或工程建设总体网络计划)编制完成。

(5) 项目已列入年度投资计划，项目资金已落实，资金来源符合国家的有关规定。

(6) 项目设计合同已签订，项目主体工程(或控制性工程)的施工图，至少可满足连续三个月施工的需要。

(7) 需要监理的项目，监理单位通过招投标已经选定。

(8) 项目主体工程(或控制性工程)的施工单位已通过招标选定，施工合同已签订。

(9) 已办理工程质量监督手续。

(10) 项目设备器材采购招标机构已落实，采购计划与工程进度能衔接，交货周期及主要设备、材料已经谈判或订货，交货进度能满足施工进度的需要。

(11) 主体工程(或控制性工程)施工准备工作已具备基础施工的条件。

(12) 项目征地、拆迁、“四通一平”(即供水、供电、道路、通信和场地平整)工作已经完成。

【070】怎样编制油库工程施工组织设计文件

施工组织设计也叫施工组织安排，它是工程开工前对人工、材料、机械等需要量、需用时间以及施工程序和方法等所做的全面、周密的安排，是保证按期、优质、低耗完成工程施工的重要措施，是实行施工科学管理的重要环节，是指导施工的重要技术经济文件。

(一) 施工组织设计编制依据

(1) 设计施工图纸。

(2) 施工图预算。

(3) 施工合同。

(4) 定额文件(包括预算定额、劳动定额、施工定额、工期定额等)。

(5) 调查研究资料(包括建构筑物的特点、用途、材料供应情况、施工现场的运输条件、自然环境、生活设施条件及气候情况等)。

(6) 上级指示和国家有关规范、标准、建筑法规以及建设地区对安全、消防、环保等方面的规定和要求。

(7) 计划文件(包括国家批准的建设计划文件,投资指标和工程设备、材料的订货指标,建设地区主管部门的批件等)。

(二) 施工组织设计编制原则

(1) 严格遵守基本建设的程序和施工程序,保证重点,统筹安排。建设工程项目必须在国家计划控制下建设,确定最合理的施工程序,保证主要项目与配套项目在要求的工期内同时竣工验收,交付使用。

(2) 遵守承包施工合同所规定的各项条款,按合同工期和质量交付使用。

(3) 积极采用技术先进、经济合理的施工方法和技术组织措施,努力提高标准化,逐步提高预制装配和施工机械化水平。

(4) 合理安排施工计划,组织连续、均衡、紧凑的施工。在安排计划时,应尽量平衡人力、物力,认真压缩施工高峰,做到均衡组织施工;在保证重点项目的同时,将一些配套、辅助工程项目适当安排好,作为施工中的调节;要统筹安排冬季施工和雨季施工项目;要注意组织好各个项目的平行流水及立体交叉作业;对一个单位工程而言,在连续、均衡的前提下,使各个施工过程最大限度地搭接起来,减少资源消耗。

(5) 确保工程质量和施工安全。在制定质量和安全措施时,要严格执行国家各类法规、标准、规范和操作规程;要在施工中实行预防为主的方针,开展各种质量、安全管理及教育活动,并强化各项具体措施。

(6) 合理布置施工现场,节约用地,组织文明施工,提高施工作业水平。

(7) 应体现科学的施工管理,提高企业的综合效益。

(8) 认真进行技术经济活动分析,贯彻增产节约方针,降低工程成本。

以上这些原则,是高质量地完成工程任务的前提。因此,在编制、贯彻施工组织设计时,必须认真遵照执行。

(三) 施工组织设计编制程序

施工组织设计编制程序如图 9-1 所示。

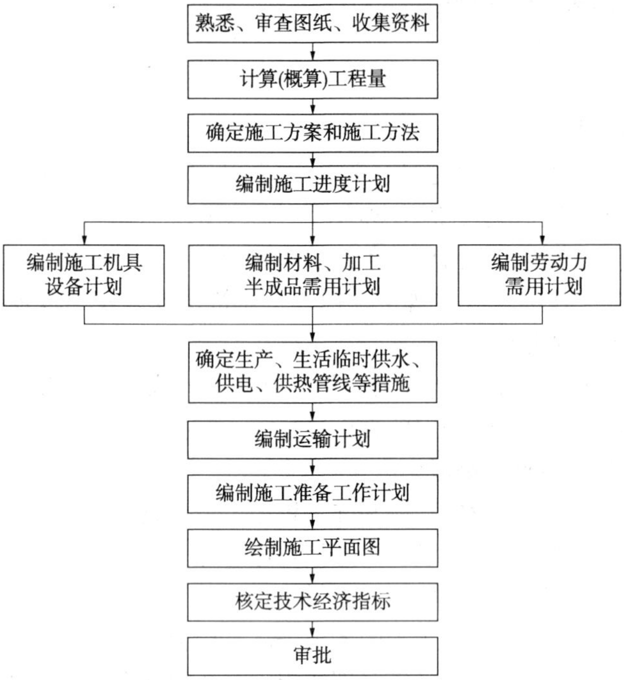

图 9-1　单位工程施工组织设计编制程序

(四) 施工组织设计编制内容

施工组织设计的内容，应根据所承担的工程性质、规模大小、施工复杂程度、工期要求、施工条件及建设地区的自然和经济条件而定，既要全面、具体，又要切实可行，避免繁琐。施工组织设计一般内容是：

1. 工程概况

工程名称、项目、性质(新建、改建或翻修)、所在位置、主要工程量、工程总投资、建设总工期、工程特征、工艺要求、组建单位、监理单位、设计单位、上级对本工程的批件等。

2. 施工条件

工程设计；建筑地区的地形、地质、气象、交通运输、动力(水、电)与材料供应；当地可利用的资源和劳动力以及附近社情等。

3. 施工组织与管理

包括采取的施工组织方式和施工力量部署以及管理机构的职责分工、现场管理制度等。

4. 施工方案

根据工程特点提出施工方法、顺序、所需施工设备机具及本方案的先进性等。

5. 施工进度计划

根据选定的施工方法和施工机具以及各个施工过程的施工顺序，确定总进度计划以及据此编制的分期（月或周）的施工作业计划以及班组（工种）作业计划等。

6. 施工质量目标

提出目标及保证实现目标的管理措施。

7. 施工安全与技术措施

保证实施施工方案与进度要求所采取的安全措施和技术措施，以及冬、雨季施工措施等。

8. 施工总平面布置图

拟建工程位置、施工现场各个临时设施位置、各种材料堆放场地和交通运输线路等。

9. 物资供应计划

根据工程进度要求，编制分期材料供应计划、施工机具调用计划和运输计划。

10. 工程费用预算总表

根据上级财务部门关于基本建设经费开支范围的规定和工程预算定额指标，编制施工预算总表。

另外，对类似且经常重复出现的工程项目，可编制施工工艺卡片作为通用施工组织设计。其主要内容有工程概况、主要施工方法、施工进度计划、主要材料和机具及劳力计划、施工平面布置等。

【071】油库工程施工现场应做哪些准备

为了按期顺利开工，应做好工程施工的现场准备：一是要搞好施工所需临时设施，可归纳为"五通一平"，即水、电、通讯、工棚、运输便道要通，场地要平整；二是要准备好工程设备材料和施工机械设备等。

（一）搞好施工所需临时设施

1. 保证临时供水

施工工地的用水量，应当满足施工和生活及消防的需要。一般最大用水量可按每日计划施工面积 $0.1m^3/m^2$ 左右计算。

对水质的要求：生活用水应符合当地卫生机构规定的标准；施工用水，凡具有侵蚀性和含有大量酸质及油质的沼泽水、工业污水以及含硫化氢的矿物水，均不能用来调制砂浆和混凝土。

2. 保证临时供电

工地最大电力需要量，按施工机具用电量与照明用电量之和计算，并考虑满足施工高峰阶段机械设备同时用电的可能性。单班作业时，可不考虑照明用电量。

总用电量可按下式计算：

$$P=(1.05\sim1.10)(K_1\sum P_1/\cos\Phi+K_2\sum P_2/\cos\Phi+K_3\sum P_3/\cos\Phi+K_4\sum P_4/\cos\Phi)$$

式中 P——供电设备总用电量，kW；

P_1——电动机额定功率，kW；

P_2——电焊机额定功率，kW；

P_3——室内照明容量，kW；

P_4——室外照明容量，kW；

$\cos\Phi$——用电设备的平均功率因数，在施工现场最高为0.75~0.78，一般为0.65~0.75；

K_1、K_2、K_3、K_4——需要系数，见表9-1。

表9-1 需要系数*K*值

用电名称	数量	需要系数	
		K	数值
电动机	3~10台	K_1	0.7
	11~30台		0.6
	30台以上		0.5
加工厂动力设备			0.5
电焊机	3~10台	K_2	0.6
	10台以上		0.5
室内照明		K_3	0.8
室外照明		K_4	1.0

3. 保证临时通信

根据工地办公、生活需要，安装临时电话总机及临时电话线路，以便对内、对外通讯联系。电话线路敷设尽量考虑临时与永久相结合，特别是外接线路尽量按永久线路的走向、标准敷设。

4. 保证临时工棚

（1）属于仓库和生产性质的临时工棚：这类工棚应视其存放材料、工作棚性质、机具和设备数量、工艺过程、生产能力等具体情况而定。

（2）生活用临时工棚面积：应按实有人数，本着节约的原则，考虑方便生活决定。

（3）临时工棚建设：除应尽量利用附近已有房屋和提前修建正式房屋外，多使用活动营房，必须修建时，应根据工期长短、地区气候条件，充分利用旧料和当地廉价的材料，因陋就简，能用、够用即可。

5. 开通运输便道

运输便道的需用数量，可在场地布置时实地量出。修建时应结合永久道路系统，考虑其提前修建的可能。

6. 做到场地平整

平整场地以前，要按照油库总平面图定出建筑场地范围，设立永久性的水平基桩，通过测量计算出挖土、填土的数量，计划好堆土位置。堆土时应尽量不占用农田。在山区还应先考虑移山填坑、造田、造林，扩大耕地面积，支援农业，然后拆除旧房屋、砍伐和移植树木、清除杂草以及树根等工作。如果工程位于山坡上，开工前还应把拟建工程周围的场地大致整平。

（二）备齐工程设备材料和施工设备机具

（1）做好工程设备材料的筹措运输及保管。

（2）施工设备机具的准备并搬运到位：油库工程施工前，施工单位应根据所承担的工程项目、工程量，准备必要的施工设备、机具，并提前搬运到施工现场，按施工平面图将大型设备安置就位，小型机具妥善保管。

【072】怎样做好工程材料设备的验收与保管

把好工程质量关，首先要把好为工程准备的材料设备关，这是工程质量的基础。要把好材料设备关，重要的是把好对工程材料设备的验收与保管两个环节。

（一）把好材料设备的验收环节

（1）刚运到现场的工程材料设备应及时检查验收。

（2）验收人员要认真负责，应按相关标准或设计要求及产品说明书查验，有的产品需要用仪器测试。

（3）要按运货清单查对品名、型号、规格、数量是否与清单相符，说明书、合格证等资料是否齐全。

（4）验收后要做好记录，双方要签署意见认可。

（5）验收发现的问题要提出处理意见，并报单位领导。

（6）验收应有懂技术的专业人员参加，通常也应有材料设备保管人员参加，这样免去交接手续，便于分清责任。

（二）把好材料设备的保管环节

（1）由材料保管员负责材料保管，要做到责任到人，尽职尽责。

(2) 材料、设备应依据类别、批次、位号、到场时间等要素分别登记，实行库房保存或场地存放。库房要做到密闭，能通风换气，但不得无控制地透风漏雨，场地要有基本的隔土设施。

(3) 库存材料、设备应做到防潮、防盗、防火。

(4) 焊接材料应存放在阴凉、干燥的室内；相同规格应分垛码放，标志明显，离开地面及四周墙壁 300mm 以上，避免风吹、雨淋、受潮。焊材库温度要保持在 5℃以上，相对湿度不大于 60%，必要时要设置空调、去湿机等设备。

(5) 板材要分类码放，几层板之间应用木方进行垫起。

(6) 对防腐用化工原料，应避免倒置、泄漏、阳光照射、高温、碰撞等。

(7) 露天存放的管材应采取防止管子垛滑动措施，一般堆垛不超过 4 层或 2m。

(8) 对小口径管材、小型阀门及零配件应入库上架。小型管件，如弯头、异径管、三通、封头、法兰、紧固件等采用草帘、泡沫等材料防护后放在箱里，防止丢失损坏。

(9) 所有钢材不得直接接触泥土地面堆放。

(10) 防腐管子的堆放：

① 拉运到临时堆放场的防腐管，不同壁厚、不同防腐层的防腐管应分垛堆放。

② 防腐管堆放底部一般采用装土编织袋(土墩)、枕木或其他柔性材料垫起，防腐管材距离地面不得小于 200mm；若用枕木，枕木与防腐管之间应垫上橡胶板或草袋等柔性材料，支撑物与管子的接触宽度不小于 500mm，管子堆边缘的枕木上应有固定的楔形木块，以防止管子滚动，同时楔木上也应铺有胶皮垫层。

③ 每堆管子的堆放高度不得超过 5 层。

(11) 设备及主要阀门开箱检查后，应重新装箱包装，用叉车或吊车摆放到适当位置正确放置，妥善遮盖，避免风吹、日晒、雨淋、水浸和其他腐蚀介质及外来物机械损坏。阀门的主要备件、合格证、质量证明书、安装说明书、操作手册等应保存好，以便安装后移交存档。

(12) 建立材料设备账，库存材料设备还应建立卡片，要求账、物、卡相符。

(13) 根据材料设备特性要求，定期对其检查，以防材料设备性能下降、变质。

(14) 建立材料设备保管、发放、领取、查库制度。

(15) 建立人员出、入库制度。闲人不得随意入库，确保库房安全。

【073】设计和施工单位在油库工程质量管控中应起什么作用

油库工程质量管控是参加油库建设的各单位都应承担的责任，承担油库设计和施工的单位对工程质量应负直接责任。

（一）设计单位在油库工程质量管控中应起的作用

设计单位在油库工程质量管控中应起如下作用：

（1）设计单位应按设计合同的要求，保质保量按时完成好承担的设计任务。

（2）设计单位应严格贯彻国家工程建设的方针政策，按国家与行业的规范标准进行设计，设计出符合国家与行业要求的设计成果。

（3）要精心设计，设计成果力争达到技术先进、经济合理、安全可靠、适用管理、操作方便的优秀作品，为保证工程质量打好技术支持的基础。

（4）做好施工图技术交底：

① 设计单位接到建设单位对施工图的预审意见后，应立即分发各有关专业，各专业设计负责人按照预审提出的问题编写施工图设计交底提纲，然后与建设单位商定施工图会审时间。

② 施工图设计交底分项目（或单元）交底和专业交底两部分内容。原则上按主项分专业集中一次进行，若有特殊情况，建设单位可要求按施工程序分次进行。

③ 施工图设计交底的主要任务是：交代设计意图；说明设计文件组成和查找办法，以及图例符号表达的工程意义；明确设计施工验收应遵守的标准、规范；介绍同类工程的经验教训；解答建设单位和施工单位提出的问题等。

（5）在施工中随时解答有关设计方面的问题。

（6）在施工中发现设计中的问题，需要变更的要出设计变更通知，并存档备查。

（7）大中型油库工程，设计单位应派代表驻油库工地指导，协商解决有关问题。

（8）与施工、监理、建设单位密切配合，参加隐蔽工程的中间验收和竣工验收。

（9）遵守国家和油库的保密规定。到施工现场的人员要遵守现场的安全管理规定。

（10）对工程设计的技术问题终生负责，无论什么时候发现工程设计中的技术问题都应负责解决。

（二）施工单位在油库工程质量管控中应起的作用

油库工程质量管控是参加油库建设的各单位都应承担的责任，承担油库施工的单位更不例外，工程质量就是施工质量，所以施工单位在油库工程质量管控中应起主要作用。施工质量上的问题，首先应由施工单位负责。为了管控好工程质量，施工单位应做好以下几点。

（1）认真履行施工合同的要求，制定一个好的施工组织设计，保质保量按时完成好承担的施工任务。

（2）严格执行有关施工验收规范标准和设计文件要求，深入领会设计意图，按图精心施工，确保施工质量。

（3）施工中严格按施工质量管控机制，搞好施工中的自检、互检、班组检。做好前后工序交接，便于查清责任，增强工人的责任意识。

（4）施工单位负责采购的设备材料，要保质保量；建设单位提供的设备材料，要经过验收核准，保质保量；对设备材料要认真保管，防止变质或损坏；发出设备材料时要认真核准，防止发错。

（5）在施工中发现设计中的问题，应及时向设计单位提出，请设计单位尽快做出设计变更，施工应按设计变更通知进行施工。

（6）遵守建设单位施工现场的安全管理规定。扩建工程要遵守油库安全管理规定。

（7）遵守国家和建设单位（或油库）的保密规定。

（8）与监理、设计、建设单位密切配合，参加隐蔽工程的中间验收和竣工验收。

（9）对工程施工质量问题终生负责，无论什么时候发现工程施工质量问题都应负责解决。

【074】工程监理和建设单位在油库工程质量管控中应起什么作用

油库工程质量管控是参加油库建设各单位都应承担的责任，承担油库工程监理的单位是专门负责工程质量的单位，工程建设单位是对工程质量管控更加重视的单位。

（一）工程监理单位在油库工程质量管控中应起的作用

工程监理单位是专门负责工程质量管控的单位，所以在油库工程质量管控中应起如下作用：

（1）工程监理单位应结合工程特点，遵循事前控制和主动控制原则实施工程监理，并及时、准确记录监理工作实施情况。

（2）工程开工前，总监理工程师及有关监理人员应参加由建设单位主持召开的第一次工地会议，会议纪要由工程监理单位负责整理，与会各方代表会签。

（3）工程监理单位应定期召开监理例会，组织有关单位研究解决工程监理相关问题。

（4）工程监理单位应建立健全协调管理制度，采用有效方式协调工程建设相关方的关系。

（5）工程监理单位应审查施工单位报审的施工组织设计、专项施工方案，符合要求的，由总监理工程师签字确认后报建设单位。

（6）工程监理单位应检查施工单位现场安全生产规章制度的建立和落实情况，检查施工单位安全生产许可证及施工单位项目经理资格证、专职安全生产管理人员上岗证和特种作业人员操作证，检查施工机械和设施的安全许可验收手续，定期巡视检查危险性较大的分部分项工程施工作业情况。

（7）工程监理单位在实施监理过程中，发现工程存在安全事故隐患的，应签发监理通知，要求施工单位整改；情况严重的，应签发工程暂停令，并及时报告建设单位。

（二）建设单位在工程质量管控中应起的作用

油库工程质量管控是参加油库建设的各单位都应承担的责任，对油库建设单位来说就是分内的事，在油库工程质量管控中应起如下监督作用。

（1）按有关规定选择设计、施工、监理、采购等工程建设队伍，这是搞好工程质量管控的前提条件，一定要认真。

（2）按设计、施工、监理、采购等合同，对其各单位完成的成果进行检查验收。不合格的要求补救、修改。

（3）认真组织设计文件技术交底，让施工单位彻底领会设计意图。

（4）对照施工单位编制的《施工组织设计》进行检查，督促施工单位认真执行。

（5）在施工过程中应跟随施工、监理单位做好工程质量检查，应参加隐蔽工程的中间验收和工程竣工验收。

（6）对其他单位采购的设备材料要认真检查验收，不合格的设备材料不得用于工程。

（7）即时办理工程质量检查验收手续，并整理归档，以备后查。

（8）负责制定施工现场安全管理规章制度及保密守则，并监督执行，确保生命财产安全和防止失密。

(9) 定期召集设计、施工、监理等单位的协调会，共商相关事宜，促使工程顺利进行。

【075】油库工程质量验收分为哪几类

根据不同的验收阶段，油库工程质量验收一般可分为工程中间验收、单项工程交工验收、专项工程竣工验收、竣工初步验收和竣工正式验收等五种类型。

(一) 工程中间验收

工程中间验收，是指某个单项工程的主要工序、重要隐蔽部位在进行隐蔽施工前或转入下一道工序前所进行的检查验收。

工程中间验收前，应满足被检项目专业对应的施工及验收规范要求的"保证项目"和"基本项目"条件，以及其他相关行业要求的条件。

(二) 单项工程交工验收

单项工程交工验收，是指工程施工单位按照合同内容完成单项工程的全部建设任务后，通过自验达到合同和设计文件规定的质量要求，具备使用条件，向工程建设单位提出申请，由工程建设单位组织相关单位所进行的工程数量、质量的交工验收。

一个合同可以包含一个或几个单项工程。交工验收的目的是为了工程建设单位通过试运行，进一步考核施工质量，安排与之相衔接的其他工程项目继续进行，组织各单项工程之间的综合协调等。

单项工程交工验收前应满足以下条件：

(1) 施工单位已经完成了承包合同及相应设计施工文件规定的全部建设内容，并满足使用要求。

(2) 工程施工的主要工序和隐蔽工程的中间验收已经合格。

(3) 施工单位已按设计文件和相应施工验收规范(规程)要求，对承建的工程建设内容进行了全面自验，不合格的建设项目及质量问题已经得到妥善处理。各种建(构)筑物外观完善，内外清洁，周围场地平整，障碍物清除，道路畅通。

(4) 项目内各种设备设施安装调试全部结束，已通过分项和联合满负荷试运转，其主要技术指标均达到设计要求，运行状态平稳，能够满足运行操作和安全管理要求。国外进口设备项目，应达到合同规定要求和相关规范要求。

(5) 施工单位已认真清理承建项目范围内全部工程量和建设材料、设备的数量、品种并列出清单。负责整理的竣工图纸、施工记录和施工变更文件资料已按要求整理完毕并已分类装订成册。

(6) 监理单位已按监理规定认真检查施工单位自验情况，并出具同意进行交工验收的意见。

（7）设计单位已复核项目建设内容并出具同意进行交工验收的意见。

（8）交付油库运行试用的工程项目，油库已出具同意接收试运行意见，并制定了相应的安全操作运行规章制度和应急情况处置预案。

（9）施工单位已向工程建设单位上报工程质量自验情况报告和交工验收申请报告。

（三）专项工程竣工验收

1. 专项工程范围

油库专项工程竣工验收，是指对某些具有特殊专业性质、需由特定部门审核验收批准，或需要进行强制技术认证的单项工程项目，如铁路专用线、城市上下水接入、市电高压供配电、计量设施及环境保护等所进行的竣工验收和手续办理工作。

2. 专项工程竣工验收前应符合的条件

（1）符合单项工程交工验收的所有条件。

（2）已取得本行业相关部门同意该专项工程投入并网运行。

（3）已编制完成专项工程决算。

（四）竣工初步验收

1. 竣工初步验收时限及部门

油库工程竣工初步验收，是指工程建设单位完成全部单项、专项工程交（竣）工验收，并经试运转正常，向上级呈报竣工申请，由油库主管部门组织的竣工验收。

2. 竣工初步验收前应满足的条件

（1）全部主体工程，包括：罐室、坑道土建，油罐预制：安装与防腐及附件安装，库区和库外管线敷设施工，铁路、水路、管道收发油和汽车零发油系统的土建、工艺、设备、设施改造等内容，全部达到设计要求和技术质量标准，并通过各单项工程交工验收。

（2）各项配套工程，包括：罐区防火堤、隔油设施，覆土、回填土、防洪设施，库区的消防道路、检查道与围墙，库区固定和移动消防系统，电气、安防、仪表自动化、采暖、通风、给排水、通信工程（含设施、设备），各种业务及生活用房，油库内外领油道路，环境保护、劳动安全保护设施等，全部经过试用或试运转，性能指标符合设计要求，并通过单项工程交工验收。

（3）各单项、专项工程交（竣）工验收中存在的问题已全面得到整改。

（4）油罐容积表和各种计量系统已取得有效合格证书，各项审核批准手续齐备。

（5）工程建设单位会同设计、施工、监理等单位，已按工程档案管理要求，将竣工图纸、文件资料等工程竣工资料档案进行了全面整理和规格顺序统一。竣工资料编制内容齐全、真实，图字清晰、准确，并分类装订成册。竣工资料的编制及责任单位参考相关规范内容编写。

（6）油库（使用单位）各类管理、操作人员接受了施工单位或设备厂家的一般性培训，上岗人员取得了上岗资格证书；配备的消防器材、专用安全装具工具、维（抢）修装备、备品备件能够满足投入使用后的基本需求。油库制定了相应的规章制度，设置了相应的安全警示标牌，对各种设施设备进行了统一编号和标注；编制了相应的应急情况处置预案。

（7）建设单位已认真清理并统计、登记全部工程量和建设材料、设备的数量。已汇总整理整个工程的所有竣工图纸、资料和工程管理文件资料及视频音像、图片资料。已清理、统计和登记所有施工剩余物资、设备和重大报废设备与材料。

（8）工程建设单位已编制、上报了工程竣工决算，一般在工程竣工验收前应经上级主管部门审计审核批准。如竣工验收前不能及时完成正式工程决算，应在竣工验收后限期补报。

（9）工程组建单位已完成主体工程建设，但仍有部分剩余零星土建工程和少数生活配套设施未建成，若不影响改扩建油库的收发、储存油料和安全管理，经上级主管部门同意，可先行组织竣工初步验收。对剩余工程，应按设计留足建设经费，限期完成。

（10）工程建设单位已向上级主管部门上报工程竣工初步验收申请报告。

（五）竣工正式验收

1. 竣工正式验收时限及部门

油库工程竣工正式验收，是指竣工初步验收通过后，对存在的问题进行了彻底整改，除特别批准的项目外，收尾工程已经全面完工，使用单位已接收试用，工程决算已编制完成，最后由下达任务的部门组织工程竣工验收。正式验收后工程进入保修期，工程建设单位转入善后工作。

2. 油库工程正式竣工验收的条件

油库工程竣工正式验收前应符合下列条件：

（1）工程全部竣工或主体工程及大部分工程完工。

（2）工程质量检查合格，大、中型工程经初步验收合格。

（3）工程初验中检查出的问题已得到整改。

（4）对工程遗留问题已经过相关各方充分协商，提出解决处理办法。

（5）设备、仪表试运转正常。

(6) 工程决算已通过相关部门审计审核。

(7) 上报工程竣工初步验收情况报告和竣工正式验收申请报告。

【076】怎样编制油库工程竣工验收文件

油库工程竣工验收后应编制验收文件，下面介绍编制内容，可供参考。

(一) 初步验收报告的编制

油库工程初步验收要形成初步验收报告，其内容如下。

1. 封面

某油库某工程初步验收报告；建设单位、设计单位、施工单位、监理单位；初步验收报告编制时间。

2. 正文

以表格和文字相结合的方法编制，主要内容包括：工程名称、地址、编号、建设规模、项目划分；项目及主要工程实物量完成情况；对工程工期、质量、造价、设计、施工、工艺、环保、安全、投运准备等做出评价；未完工程、项目、内容及处理意见；初步验收委员会对工程评语、竣工验收的建议及存在问题；初步验收委员会主任及各验收组长签章等。

3. 附件

主要包括：竣工项目工程量、概算、预算、实际造价表；未完工程项目工程量预算表；主要设备及材料消耗表；工程质量检验及运行考核评定表等。

(二) 竣工验收报告的编制

竣工验收报告是油库工程的全面总结，是竣工验收的主要文件，由建设单位起草，原始资料由设计、施工、监理和接收单位提供。其主要内容如下：

(1) 工程建设概况：主要内容包括：自然状况、建设依据、建设目的、建设规模、工程性质及主要工程内容等。

(2) 工程设计情况：主要内容包括：设计依据、设计特点；设计采用的新工艺、新技术、新材料和新设备；主要设计变更及其原因；设计质量评定。

(3) 工程施工情况：主要内容包括：施工组织与分工；总工期和实物工程量；预制加工、三材消耗；施工特点和先进施工技术；工程质量评定和施工管理评定等。

(4) 投用准备及试运行考核：主要内容包括：组织机构及人员分配、人员培训、试运行准备及其考核。

(5) 工程预(决)算的执行情况；合同执行、竣工决算、经济效益分析等。

(6) “三废”治理、环境保护、安全防火及劳动卫生等情况。

(7) 竣工质量验收文件和资料编制情况。

(8) 未完工程处理意见及期限。

(9) 对油库工程质量总评语。

(10) 竣工质量报告附件：主要内容包括总平面布置图、设计任务书、预算批复文件、工程编号、主要设备表、主要实物工程量完成表、已完成项目和中间验收情况、工程质量评定表、三材消耗表、预算执行情况、项目竣工决算、劳动组织及任务分工表、未完工程表等。

(11) 初步验收报告。

(三) 竣工图编制

竣工图是反映施工实际的技术资料，要求准确、清楚、签字等手续齐全。由施工单位图纸修改人、现场技术员、负责工程师分别签字后交建设单位。

1. 有关竣工图的规定

油库竣工图尚没有专门规定，但可参考原石油部“竣工图工作细则”进行，主要是“十改七不改”的要求。

(1) “十改”内容。凡外表不易辨认的变动，原则上应在竣工图上予以修改，其“十改”包括：

① 竖向布置和地面、道路标高；

② 设施装置、建筑物、管带、道路平面布置和坐标；

③ 工艺、热力、电工、暖通等机械设备；

④ 流程改变的管道直径、连接方式；

⑤ 电力、电信设备接线方式、走向、截面；

⑥ 自动控制方式和设备；

⑦ 设备基础、框架、主要钢筋混凝土结构的配筋和标号；

⑧ 地下自流管道、排水管道的坐标、标高；

⑨ 阀门的增减、位移和型号；

⑩ 保温材料结构。

(2) “七不改”内容。凡是地面易于辨认的非原则性变动，可不在竣工图上修改，“七不改”包括：

① 房屋尺寸、地面结构、门窗大样、照明灯具；

② 地面以上的钢结构、平台梯子的尺寸和型钢规格；

③ 地面以上的管道坐标、标高；

④ 地面以上的管道壁厚；

⑤ 油罐排布施工图；

⑥ 一般管件代用；

⑦ 地面和地下不超过规范许可的施工尺寸误差等。

2. 竣工图的形成及处理

施工中没有变更的施工图，在图纸角的后面加盖“竣工图专用章”；施工中只有少量变更的，用碳素墨水在原图上修改，并加盖“竣工图核定章”，在图纸角的后面再加盖“竣工图专用章”；改动较大的施工图，应重新绘制，加盖图章以作为竣工图。由于设计单位出图，因建设单位和施工单位原因变更的，由施工单位或建设单位出图，图角上注明设计单位和原图档案号。

3. 竣工图的装订存档

竣工图按单位工程编制装订；竣工图按规定尺寸折叠，档案类装订；卷内目录必须登记文件材料的名称、起止页数；在资料卡片上注明项目名称、工程编号、卷内张数、编制日期、档案号；竣工图册一式 3 份，送上级管理部门 1 份，送当地档案局 1 份，移交使用单位 1 份，并分别存档。

（四）竣工验收鉴定书的编制

油库工程竣工验收应组成验收委员会，下设秘书、安装工程、总体布局和土建、安全环保、工程财务审查、资料审查等小组，具体负责所属验收内容的审查，最后编写竣工验收鉴定书，其内容如下。

1. 封面

某油库工程竣工验收鉴定书；建设单位、设计单位、施工单位、监理单位；鉴定书编制时间。

2. 正文内容

以表格及文字相结合的方法编制。其主要内容包括：项目名称、工程编号、建设地址、建设性质、总投资；审定意见及评语，包括项目完成情况、对初验执行情况的意见，对设计、施工的评语，对竣工资料意见和评语，对完成总投资情况及固定资产交接意见，对投用准备工作的意见和评语，验收委员会对油库工程总的评语，以及对今后工作的意见或建议；验收委员会及分工表，并签章及时间。

3. 鉴定书附件

主要包括竣工验收项目总表、竣工验收报告及附件、油库工程项目决算书、初步验收报告书、固定资产移交清册等。

下篇
油库业务管理问答

CHAPTER 10 / 第十章

油库管理规章问答

【077】为什么说油库规章也是“法”

在执行国家法律时，有些人认为是“法”，不敢违背，而对油库规章也是“法”却认识不足，执行时存在很大的随意性。因此对油库规章制度也是“法”的观念应强化教育。

（一）油库规章的基本属性同于“法”的属性

油库规章的建设与油库工程建设是同步进行的，也是同步投入运行的。它从建立之初就显示出下列属性。

1. 规范性

这是油库管理的基本要求。它要求油库全员在各项作业活动中，必须以一定的规章去约束自己的思想，规范自己的行为，即规范一切作业、操作、管理等行为。

2. 严肃性

油库规章从本质上体现了油库管理模式与应有的秩序，同时也表现出油库整体利益的需求。因此，它要求对油库全员一视同仁，并按既定的方式、秩序开展各项工作，不允许任何人以任何方式或任何理由做出超越规章的行为。

3. 科学性

油库规章是油库历代人智慧的结晶，是几十年油库管理正面经验和反面教训的总结，是前人通过管理实践、总结、再上升到理论的客观的科学规律。

4. 油库规章还具有系统性、完整性、针对性、操作性、严密性等特性

油库规章有自成一体的系统性，覆盖全面的完整性，一一对应的针对性，具体明确的操作性，内含逻辑的严密性。

可见油库规章的属性完全具备“法”的属性，因此油库规章也是“法”。

（二）油库规章的地位作用同于“法”的地位作用

油库管理规章的地位作用可从以下五个方面充分体现。

1. 规章能陶冶油库行业人员的情操，培养良好的职业道德

油库是实现油料保障有力的执行单位，是油料系统的窗口。油库工作者在实施储存、供应管理功能的过程中，既要与人交往，又要与物交往。而这种交往是在油库这个特定的环境中，按照油库管理规章的原则和要求进行的。当将执行原则和要求变为自觉行动时，其情操和道德则上升为理性，就使为人民、为客户、为社会服务的思想确立。

2. 规章能约束和改造油库行业人员的思想

油库收发、储存的物资大都是易燃易爆的油品。人员与具有极大危险性的油品交往，如果思想上不重视，就可能导致重大事故的发生，造成无法挽回的损失，甚至危及自己的生命。油库行业人员通过学习，认识油品的危险性，理解执行规章的必须性，就自觉地用规章约束和改造思想，使之适应油库的客观要求。

3. 规章能规范油库行业人员的行为

油库行业人员只有用规章规范自己的行为，才能实现安全作业。否则，违反规章就会酿成灾害，甚至葬送自己和他人的生命。这种油品及其作业活动的危险性，促使油库行业人员自觉用规章规范自己的行为。

4. 规章是油库一切作业活动的准则

油库管理规章明确规定了干什么、怎么干的要求，使油库行业人员有法可依、有章可循。只要按规章要求办事，就能顺利完成各项任务，到达胜利的彼岸，实现保障有力。否则，油库储存、供应管理功能难以实现，各项任务也难以完成，甚至会造成不应有的损失。

5. 油库管理规章的出发点和归宿点

油库管理规章的出发点和归宿点都是为保护工作者的身体健康及国家财产不受损失。

油库管理规章既能陶冶人的情操，培养良好的职业道德，又能约束规范人员的思想和行为，是指导油库各项作业活动的准则，它的出发点和归宿点等地位作用与“法”的相同，因此油库规章也是“法”。

（三）油库规章的制定颁发实施同于“法”的制定颁发实施

没有规矩不成方圆，家有家规，国有国法，油库行业也应有其独具特色的管理原则。管理原则的具体化就是油库管理规章。油库规章是由有关权力机关依据国家有关法律和行业的有关规定而制定、颁发、实施的。还有根据基本法规而制定的规程、程序、办法、细则等。都具有高度的权威性、科学的规范性、相对的稳定性。

油库规章的制定颁发实施同于“法”的制定颁发实施，因此油库规章也是“法”。

油库的建设与管理离不开正规化，正规化的核心是制度化，制度化的本质是法规化。油库的规章已经基本完善，油库员工特别是各级领导，一定要强化规章也是“法”、规章就是“法”的观念，增强“法”的意识，提高依“法”办事，按章操作的自觉性，真正将油库建设与管理纳入法规化的轨道。

【078】油库规章有哪些属性、名称及作用

明确了油库规章也是“法”，必须严格执行，还应懂得油库规章的属性，知道油库规章的名称及作用。

（一）油库规章的基本属性

油库规章在油库管理中具有什么样的地位？这是由其基本属性来决定的。作为油品仓储部门和防火重点单位的油库，要按照一定的管理模式、作业程序运行，如没有一整套行业与内部规章作保证，显然是不行的。可以这么说，油库规章的建设与油库建设是同步进行的，也是同步投入运行的，它从建立之初就显出其属性，即规范性、严肃性、科学性、派生性。前面3个是油库规章的三大基本属性，而派生性是由基本属性派生出的系统性、完整性、针对性、操作性、严密性等特性。

油库规章的三大基本属性的含意在【077】问题中已经说明，此处不再重复。

油库规章的基本属性与派生特性是油库管理实践经验的总结与理性概括。通常以书面形式成章，用以示范、指导、推动、规范油库管理。这充分体现了油库规章是油库管理的基础，是不以人的主观意志为转移的客观事实。因此，只有承认油库规章的客观基础，不断夯实这一基础，才能找到油库管理的出路。

（二）油库规章的名称及作用

油库规章内容很全，名目繁多，分类繁杂，作用各异。现行油库规章主要有规范、规则、标准、职责、程序、规程、规定、守则、责任制、制度等。其名称、作用见表10-1。

表10-1 油库规章的名称、作用简释

分类	含义	适用范围	作用与主要特点	示例
条例	既定法式	行业领域组织与职权，建设性管理	规范行业的行为准则，具有行业综合特性，是行业的“母法”	油料条例
规范	既定标准、法式	专业领域的设计、管理	明确专业设计、管理各个环节全过程的准则。具有专业综合特性，对其他规章具有牵一挂十作用	石油库设计规范

续表

分类	含义	适用范围	作用与主要特点	示例
规则	既定原则	专业领域人员应共同遵守的各项要求	明确专业领域人、机、物、环境等的管理任务、环节、方法、措施、手段等。在该专业领域具有管理"母法"的作用	油库管理规则
标准	衡量事物的准则	不同的标准适用于不同的机、物、环境等	明确考量机、物、环境等的准则，是考量机、物、环境等质量档次与优劣的依据。具有针对性强、专一性	油库管理等级标准
职责	职权、责任	岗位人员职权、责任范围	明确各级、各层次、各类人员职责、责任范围。具有较强的专用性和特殊性	油库各类人员职责
程序	程式、次序	用于各项作业活动	明确作业活动的要领、过程和先后顺序，规定各环节间的联系。具有简捷、明了、示意性强的特点	油料、油料装备收发作业程序
规程	一定的程式	适用于设备设施的操作	明确设备设施操作方法、步骤要求。具有很强的操作性和步骤感	各种设备设施的操作规程
规定	约定	适用于不同场所或事项	对未明确的事宜或补充说明事项的要求。便于进行有效的管理，具有较强的针对性	油库用火安全管理规定
守则	遵循的原则	适用于人员共同遵守的方面	明确人员必须遵守的内容、要求。具有共同性强，内容较为抽象、原则	油料系统文明服务措施
责任制	责任的约定	适用于人员、部门、场所等重要事项管理	对人员、部门、场所等专项管理提出明确的要求，应加强责任性	油库安全责任制
制度	定式及规定	适用于特殊工作或具体工作	明确工作内容、做法、要求，以及注意事项。可进行必要的延伸、量化，具有较强的操作性	入洞库制度

【079】油库规章有几类、是何结构体系

严格执行油库规章，强化规章意识，了解规章分类和结构体系，熟悉规章，是非常必要的。

(一) 油库规章的分类

油库规章主要针对管人、管物、管环境而制定，大体可归纳为管人员、财

物、场所、专业、作业、操作、专项、临时等8类。

1. 人员管理

油库管人的规章主要有人员职责、岗位职责、共同遵循的守则以及工作标准等。

2. 财物管理

财物是油库人员生活与油库运行的保障。为有效运用财物，都应制定相应的管理规则，以便于管理与监督的实施。

3. 场所管理

油库各个场所都具有其独特功能、不同的危险，是油库管理的一个重要方面，应制定相应的管理规定，使场所的管理落实到部门、单位，并明确责任人。

4. 专业管理

油库涉及专业较多，且不同专业有其独特规律，每个专业都应有相应的规章，围绕专业全过程的主要环节，应有配套完整的职责、规则、程序、规定、规程。

5. 作业管理

油库各项作业活动是油库运行的主要内容。为确保油库安全运行，都应制定相应的作业程序。

6. 设备管理

油库设备设施是油库正常、安全运行，实现规定功能的物资基础，每台设备、每种设施都应有维护保养、技术鉴定、操作使用等规定、规程。

7. 专项管理

油库的油罐清洗、高空作业、动土作业等专项工作，都具有一定的危险性，必须有相应的规章、细则进行规范，以确保安全。

8. 临时管理

油库经常会有一些临时委托的工作任务，这些任务的完成也应有规章作保证。

上述八个方面的油库规章都必须明确对执行人的要求、分工协调的严密界定、监督检查的范围和内容、管理层的权限和考核依据，且必须具有可操作性及量化标准。

（二）油库规章的结构及体系

油库规章是为满足油库管理需求，经过几代油库工作者努力，对已有的实践经验加以概括、提炼而形成的。

从提出“科学管库”以后，油库工作者开始以现代管理科学理论为指导，结合本行业实际，从宏观、整体角度思考油库管理规章的结构与体系，经过多年的调整和充实，初步形成了如下油库管理规章的结构与体系。

1. 总纲要求(第一层次)

该层次是油库管理规章的最高层次。主要是确立油库工作的指导思想、基本原则、基本任务，从宏观上调整油库内外工作关系，将油库管理的性质、地位、作用以法规的形式确定下来。这个层次的《仓库工作条例》和《油料条例》等是由上级部门颁发执行的。

2. 油库行业规范(第二层次)

为保证国民经济的正常运行而建立了油库行业。油库行业规范主要是规范油库管理行为的。对于非商用油库来说，主要由总部级单位颁发。

该层次的油库管理规章及相关规章主要有：

（1）油库管理规则；

（2）油料供应管理规则；

（3）油料技术工作规则；

（4）油料仓库建设标准；

（5）油料仓库设计规范。

3. 油库分类规范(第三层次)

油库作为一个行业，需要管理的范围很广、对象很多。该层次现行主要有管理标准、技术标准、考核标准等 3 类规章共 39 种，现列出主要几种。

（1）管理标准：

① 油库设备设施建设与管理标准；

② 油库业务正规化业务建设与管理标准；

③ 油料化验室正规化建设标准；

④ 油库油料、油料装备收发作业规程；

⑤ 油库事故管理规定；

⑥ 油库安全用火管理规定；

⑦ 油库外来施工人员安全管理规定；

⑧ 油库设备完好标准。

（2）技术标准：

① 油库爆炸危险场所电器安全规程；

② 油库防止静电危害安全规程；

③ 油库油罐清洗、除锈、涂装作业规程；

④ 油库油罐呼吸阀、液压安全阀检定规程；

⑤ 油库设备设施技术鉴定规程；

⑥ 油库设备设施更新改造技术规定；

⑦ 油库消防装备器材配置标准；

⑧ 液态石油产品自然损耗标准；

⑨ 油库散装成品油交接计量规程；

⑩ 油料储存年限规定。

(3) 考核标准：

① 油库管理等级标准；

② 油库安全工作评价标准；

③ 油库安全度评估标准。

4. 实施细则(办法)(第四层次)

由于各大单位油库在编制体制、地理环境、工作方法上的差别，以及设备设施规格、型号的不同，主要根据上级规章的总体要求，结合本单位实际情况制定。这一层次的规章主要由上级油料部门及油库制定，共有操作规程、管理细则、实施办法等三个方面。

【080】油库安全整修为何必须强化规范意识

强化规范意识，努力做到规范化，这是对油料工作者的基本要求，也是油料工作正规化建设的重要组成部分。在“油库三年设备设施安全整修”中，强化规范意识更加必要，也完全可能。

(一) 油库安全整修中，强化规范意识的必要性

油库安全整修，时间紧、任务重、难度大，究竟应从何做起？从哪下手？笔者认为应从规范化做起，从强化规范意识下手，这是非常必要的。其理由如下：

(1) 整修任务项目多、范围广、战线长。只有用规范去统一指挥，按规范整修，才不会各行其是、打乱仗，才不会产生不符合规范要求的五花八门的整修结果。

(2) 整修任务时间长、人员接替多。有的单位整修任务可能需几届领导才能完成。只有依规范来统一要求、统一标准，才能保证整修工作的连续性，才不会因时间差而产生缺乏整体性的不规范的整修结果。

(3) 整修所需投资大、材料多。只有按规范进行，才可能减少返工浪费，提高投资效益，才不会花冤枉钱，或花钱买个“不安全”。

(4) 整修现场大多在危险场所。尤其是改造洞库油罐的油气呼吸系统，危险性就更大。正如有的同志所说“是在太岁头上动土，提心吊胆”。因此必须严格按规范行事，安全才有保证，才不会在安全整修中发生事故。

(5) 整修既需要精心设计，又需要精心施工。在设计、施工中按规范办事，这是技术人员人人皆知的常识，也是技术人员应有的基本素质。不符合规范的设计，不能成为合格的设计。衡量设计水平高低，很重要的一条就是看设计是否正确、合理地执行了设计规范。同样，不符合规范的施工，也不能在竣工验收中被通过。

（6）整修的科学性、技术性很强。只有严格按照规范整修，才能符合科学发展规律，满足技术要求。因为规范是科学知识和实践经验的结晶。规范中有些条文是通过无数次科学实验及无数次的成功或失败而得出的结论。特别是在当今科学技术大发展的时代，新技术发展日新月异，新的规范不断产生。死抱老规范，光靠老经验、用老方法、走老路子是不行的。

（二）油库安全整修中强化“规范”意识的可能性

在近几年非商用油库正规化建设的过程中，强调科学管库、制度管库，严格执行油库管理的规章制度，已逐渐成为人们的自觉行动，这是油料战线的主流。因此在油库安全整修中，强化规范意识，在大多数人的头脑中已不生疏，容易被人们所接受，这就是强化规范意识良好的思想基础。

对于油库安全整修的规范化，油料系统的各级领导都做了大量工作，使国家的有关规范与行业的有关规定、规程挂上了钩，使行业的规定、规程与各大单位的标准及油库的细则、图册等连上了线。使国家和行业原则的规范、规定、规程更具体化。有的同志说，这样搞油库安全整修，有据可查，有章可循，心中有底。例如，某大单位在油库安全整修一开始就提出了“五个统一”，即统一规范、统一标准、统一方法、统一设备选型、统一图纸。“统一规范”就是在油库安全整修中明确提出必须遵循国家和行业制定的有关规范、规定和规程；“统一标准”就是指在油库安全整修中掌握好工程质量标准，既不贪大求洋，讲排场，搞花架子，又要确保工程质量，强调在实用、耐久、节约的前提下，求协调、美观；“统一方法”就是在安全整修施工中采用统一的施工方法，充分发挥大单位维修中心库的作用，利用大单位工程车进行整修，尽量争取在危险场所用不动火的整修方法；“统一设备选型”就是对油库安全整修中所需要的15种专用设备由大单位统一筹措、供货，这是为了使所选设备既先进可靠、一步到位，又降低价格、节省投资；“统一图纸”就是在油库安全整修中，要按照由大单位组织设计的《油库安全设备设施整修通用图册》去施工。大单位通过“油库安全设备设施整修集训班”又做到了“五有”，即有整修通用图册、有整修实施细则、有整修试点录象、有整修讲课录音、有整修项目样板。这“五个统一”“五个有”为油料工作者强化规范意识、按规办事创造了有利条件，树立了具体的衡量尺度，使强化规范意识、走规范化道路增加了可能性。

（三）在油库安全整修中怎样强化规范意识

在油库安全整修中，要强化规范意识，就要做以下五点：

（1）首先要提高对规范重要性的认识。认识到规范就是技术工作范畴中的“法”，违反规范就是犯法。在油库安全整修中，不按规范去做而造成返工浪费，就是犯罪。

（2）要广泛宣传规范，让参加油库安全整修的全体同志都知道在油库安全整修中要严格遵守哪些规范、规定和规程。

（3）要反复深入地学习规范，对重点章节要逐条逐字去推敲、理解，领会其精神实质，不要满足于死记硬背。

（4）要严格执行规范，以规范为标准，去指导本单位的油库安全整修工作。确定整修项目、设计整修方案、选择设备材料、制定施工方法、采取安全措施等，都要以规范为依据。

（5）认真贯彻各大单位根据国家和行业的规范、规定制定的油库安全整修细则、通用图册、标准及各项规章制度。因为这些都是国家和行业的规范、规定与各单位实际结合的产物，是原则性和灵活性的有机结合，是提高整修质量和改善投资效果的保证。

CHAPTER 11 / 第十一章

油库新兴管理模式简析

【081】《油库业务正规化建设标准》简析

2008 年 12 月 1 日非商业油库部门颁发了《油库业务正规化建设标准》(以下简称“新标准”)。“新标准”由 13 章 52 条和 4 个附录组成。

(一) 废除“旧标准”颁发“新标准”的必要性

1. 油库适应形势发展的现实需要

“旧标准”于 1988 年在油库系统颁布执行，对油库业务正规化建设起到了显著的推动作用。但随着形势的发展和油库全面建设的深入，“旧标准”在实践中也日渐显现出了一些与时代要求及油库实际不相适应的问题，影响了制度效能的发挥，降低了标准强制执行的法力效应。20 年来，油库的建设层次、科技含量不断提高，管理模式、考评体系也不断优化，对加强新时期油库建设提出了新的更高的要求，“旧标准”已不能完全指导新时期油库业务的正规化建设。

2. 深化油库等级管理活动的内在需要

非商用油库实行等级管理活动以来，保障能力明显增强，管理水平显著提高，油库步入良性发展的建设轨道，等级管理也已成为油库全面建设的一条主线。后又围绕提高油库精细化管理水平，出台了一批制度要求，积累了不少经验做法，掀起了一场以等级管理为牵引、以精细化管理为手段的科学管库热潮。

(二)“新标准”总体架构

“新标准”分为三大部分。

第一部分即总则，其内容是标准的总体要求。分为立法依据、适应范围、遵循原则、基本任务、基本要求 5 条标准。

第二部分为主体内容，主要包括第二章至第十章的“油料、油料装备收发，油料、油料装备储存保管，设施与设备，机械化与信息化，安全管理，库容库貌，登记统计与表报文书，业务资料管理”等 9 个方面的内容，分 9 章 43 条标准 132 项考核内容来阐述，基本上涵盖了油库管理的方方面面，规范了油库业务正规化的全面建设。该部分是"标准"的核心内容，其他两部分都服从和服务于该部分的内容。

第三部分为附设内容，主要是为了精练标准主体内容而设置的，包括第十一章"考核验收"和第十二章"附则"共4条内容，以及"附录"等。

（三）"新标准"章节设置

根据标准总体结构，结合油库基本任务和业务工作情况，《油库业务正规化建设标准》设置了12章52条及4个附录，包涵了《后方基地油库正规化业务管理标准（试行）》《后方基地油库业务资料室正规化标准（试行）》《油库统一业务表格式样》三项标准的内容，涵盖了油库业务工作的方方面面，完全适应油库业务正规化建设的要求。具体内容见表11-1。

表11-1 "新标准"章节条目设置

章名	条数	内容
第1章 总则(5条)	1~5条	立法依据、适用范围、遵循原则、基本任务、基本要求
第2章 油料、油料装备收发(4条)	6~9条	总体要求、整车(船)收发、日常零发、代储战略储备油料收发
第3章 油料、油料装备储存保管(4条)	10~13条	总体要求、油料储存保管、检定与计量、油料装备储存保管
第4章 设施与设备(7条)	14~20条	总体要求、操作与管理、检查维护、定期鉴(检)定、更新改造、场所标识、技术档案
第5章 机械化与信息化(4条)	21~24条	总体要求、机械化作业、自动化作业、信息化管理
第6章 战备与训练(8条)	25~32条	总要求、物资储备管理、抽组分队、业务训练、知识结构
第7章 安全管理(8条)	33~40条	安全管理的总体要求、组织建设与安全教育训练、安全检查、消防管理、安全监控、油罐清洗、风险评估与违章追究、防火防爆与防雷防静电
第8章 库容库貌(3条)	41~43条	总体布局、环保绿化、营院秩序
第9章 登记统计与表报文书(2条)	44~45条	登记统计与表报文书、登记统计与表报文书保存
第10章 业务资料管理(3条)	46~48条	业务资料分类、资料室建设、资料整理与借阅
第11章 考核验收(2条)	49~50条	授权与考核、组织与实施
第12章 附则(2条)	51~52条	标准解释、执行与废止
附录(4个)	附录1~4	"三清四无""六不发"具体内容；油库设备涂色规定；油库主要业务场所标牌设置规定；油库基本登记统计表格

（四）“新标准”附录简要说明

附录是为简化标准条文和主体内容而设置的，是标准内容的必要补充，油库实施业务正规化建设时，也必须按照附录要求内容去做。

附录一 “三清四无”“六不发”

“三清四无”是储存保管期间维护油料、油料装备数量、质量、技术性能满足使用要求的，不使油料、油料装备受损而规定的；“六不发”是保证油库发出的油料、油料装备数量、质量、技术指标、技术性能符合要求，并有齐全的手续。

附录二 油库设备涂色规定：

是“原标准”的附录，在“原标准”的基础上进行了修改完善，新增加了一些涂色规定。比如根据油库实际和工作需要，增加了“油罐消防冷却水喷淋系统管道及设备”涂绿色；泡沫消防系统管道及设备、消防栓、消防炮、消防井盖、消防报警电话、按钮涂红色；本安电路及关联电路配线的电缆、钢管、端子板涂蓝色色环；透气管线每隔 100m 左右处涂宽 25mm 银粉色环和相连油罐油品的色环等。该规定进一步规范了油库设备的涂色，便于操作使用者识别，能有效防止差错发生，符合国家有关标准要求。

附录三 油库主要场所标牌设置规定

场所标牌是综合各大单位多年来油库正规化建设经验新增设内容，设定了 19 个场所的要求，目的在于规范油库场所设置，提醒场所工作人员（或外来人员）的注意，在油库业务场所应按章操作、办事，预防风险转化为事故。同时，规范场所标牌也是落实精细化管理、营造安全文化的一项重要内容。

附录四 油库基本业务登记统计表格

是在原《油库统一业务表格式样》的基础上，综合总结各大单位使用表格式样而形成的。为了便于使用管理，将其归纳为 8 类 33 种，即勤务性记录 6 种，作业记录 6 种，测量记录 2 种，检修测试记录 2 种，设备运行记录 3 种，作业通知单 4 种，安全检查记录 4 种，油库六表 6 种。

【082】《油库管理等级标准》简析

为了提高对油库的管理办法，非商业油库部门于 1993 年 12 月 4 日印发了《油库管理等级标准》（试行）稿，到 2000 年，经 7 年试行、总结、修改颁布了正式稿，2002 年又印发了《油库管理等级考核评审补充规定》，2004 年在《油库管理等级标准》中又增加了“一级油库标兵单位标准”，2013 年又颁发了《油库管理综合评估办法》，附《油库管理等级评定标准》，这就使《油库管理等级标准》不断完善。

《油库管理等级标准》是以“油料与油料装备的储存供应为中心，以安全工作为重点，按照业务工作制度化、设备设施标准化、装卸搬运机械化、作业程序规范化、保障手段信息化、库区建设园林化”为总目标，为油库建设与管理由经验型向科学型转变提供了考核的依据和方法。现将《油库管理等级标准》2000 年的正式稿摘编如下，供参考。

(一)《油库管理等级标准》2000 年正式稿摘编

第一章 总则

(1) 为加强油库全面建设，建立科学、有序、高效、安全的油库管理机制，制定本标准。

(2) 本标准是油库管理等级评定工作的基本依据，适用于非商用油库。

(3) 油库管理等级工作应当坚持落实《基层建设纲要》、全面建设、整体提高的指导思想，遵循谁组织谁考核谁负责的原则，按照严格标准、确保质量、公正公平、规范有序的要求组织实施。

(4) 油库管理等级实行逐级推荐、分级验收、能上能下、动态管理的办法。

第二章 分类标准

油库分类以油库现有容量和承担任务为基本依据，其类别反映油库的实际规模和作用。油库类别划分为一、二、三、四等 4 类。

一类油库～四类油库，其库容量或年供应量由大到小有具体数量规定。

第三章 分级标准

油库分级以油库正规化建设内容为基本依据，其级别反映油库的全面建设水平。油库等级划分为五级，分级标准规定了油库在达到相应级别时必须具备的条件。

1. 一级油库标准

(1) 油库业务正规化建设成绩达到 A 级水平。

(2) 油库安全度达到 A 级水平。

(3) 油库安全工作评价达到 A 级水平。

(4) 油库在晋级前，必须受到下列之一的表彰：

① 三年内曾被×级以上单位评为先进党委(支部)或《纲要》达标等全面建设先进单位；

② 连续二年被×级单位评为先进党委(支部)或《纲要》达标等全面建设先进单位；

③ 二年内曾荣获集体三等功以上奖励一次。

(5) 油库管理区与周边单位界限分明，标志清楚，产权明确，手续完备，资料齐全。

（6）油库铁路装卸油设施综合接卸能力达到本行业的要求。

（7）轻油年零发油量在×千吨以上的油库必须具有油料灌装自动化装置，自动化作业率达到90%以上。

（8）油库装卸搬运机械完好率达到90%以上，桶装油料、油料装备收发机械化作业率达到85%以上。

（9）油库消防能力达到国家《石油库设计规范》和本油库上级有关规范要求。

（10）油库设备设施建设达到《油库设备设施建设与管理标准》相应要求。

（11）油库建设必须达到下列要求：

① 具有使用外接电、自发电的能力；

② 具有×套机动的油料抢收抢发装备，×处备用应急铁路（水路）收发油作业场地，×处备用应急公路汽车油罐车发油作业场地；

③ 具有×套应急的油罐、管线抢修装备，×套安全检测设备和抢救装具，×套安全、消防报警装置；

④ 制定有×套应急保障预案。

（12）晋级前一年内，业务资料室通过上级业务部门组织的达标验收。

（13）油库油料质量管理达到：

① 晋级前三年内，无油料质量事故和重大油料质量管理问题；

② 晋级前一年内，化验室通过上级业务部门组织的正规化建设达标验收。

（14）油料收发、储存的计量精度达到下列标准：

① 零发油灌装系统计量误差不大于3.5%；

② 加油机计量误差不大于3‰；

③ 铁路油罐车和油船的计量符合国家标准；

④ 立式储油罐，必须逐个编制容积表，其误差不大于1‰，并取得有效的检定证书。

（15）油库必须建有计算机局域网，建有油库综合数据库及信息管理系统，实现业务管理信息化、信息管理网络化，业务干部必须会上网操作。

（16）油库必须建立禁区门禁自动管理系统；必须装备有保管员查库到位仪，晋级前必须有二年以上连续有效数据。

（17）库区绿化达到省级以上先进单位标准。含油污水排放达到国家标准，并取得当地环保机构检定合格证书。

（18）晋级前三年内，油罐容积平均在用率达到90%以上。

（19）晋级前三年内，油库整修项目监理符合要求，工程验收合格率达到100%，优良率达到80%以上。

（20）领油单位对油库的服务满意度达到90%以上。

（21）罐装油料账物误差不大于0.5‰，油料收发、储存的自然损耗不超过《油料自然损耗标准》。

（22）油库晋级前必须连续二年通过上级组织的财务审计，并且无严重财务管理问题。

（23）晋级前三年内，无严重行政责任事故，无各类犯罪案件。

（24）业务干部达到本专业中专以上学历，其中大专以上学历占70%以上。油库高级工程师编配在岗在位。

（25）油料技术员80%以上具有技术等级，其中中级以上技术等级占25%以上。

（26）晋级前三年内，科研和学术活动成果达到表11-2要求。

表11-2　科研和学术活动成果表

类　别	一	二	三	四
科研成果/项	1			
学术文章/篇	5	4	3	2

（27）晋级业务考核中，参考人员及格率达到100%，优秀率达到60%以上。

（28）晋级演练考核中，消防、“三抢”等预案演练考核成绩优秀。

2. 二级油库标准

二级油库标准也是28条，其要求比一级油库标准相应降低。

3. 三级油库标准

三级油库标准也是28条，其要求比二级油库标准相应降低。

4. 四级油库标准

四级油库标准共19条，其要求比三级油库标准相应降低。

5. 五级油库标准

未达到四级以上标准的为五级油库。

第四章　考核评审

（1）油库类别的评审权限。

（2）油库级别的评审权限。

（3）油库级别为年度考核制，凡需评（晋）级的油库，应当在当年1月30日前提出申请，进行考核验收，所评审的级别各项指标全部达到后，按相应权限作出认定。

（4）油库级别实行逐级晋升制，不得越级申报。

（5）油库级别认定后，又出现下列情况之一的，其级别应当降低一级，并改挂相应等级标志牌：

① 发生二等以上业务等级事故或各类犯罪案件的；

② 油库正规化建设考核成绩与现级别标准相差两个档次的；

③ 油库安全度考核成绩与现级别标准相差两个档次的。

（6）发生着火、爆炸事故致使油料收发供应、储存系统功能严重瘫痪的，或发生百万元以上重大事故损失和重大经济犯罪案件的，其级别一次性降至五级。

（7）油库类别、级别认定后，由最上级油料部颁发统一的等级标志牌。

（二）“等级标准”遵循的原则

《油库管理等级标准》是根据现代管理理论，以“提高综合保障”为总要求，以务必使“基层建设纲要”的各项要求落到实处，使基层油库建设与管理有一个全面进步统揽总目标而制定的。其遵循的原则是“整、分、合”的原则、客观性原则、可比性原则、可操作性原则、长短期结合原则。

（三）“等级标准”具有的特点

1.“标准”的内涵丰富

“等级标准”既明确了油库建设与管理的方向，又规范了落实“标准”的方法；既突出了管理这个重点，又反映了为行业服务的热点；既阐述了油库综合保障能力的内容，又强调了政治工作在油库中的地位；既明确了设备设施更新改造的重点，又提出了实施更新改造的途径。总之，“等级标准”涵盖了油库政治、业务、行政等工作的所有内容，内涵丰富。

2.“标准”的参与面广

《油库管理等级标准》规范的目标，涉及油库政治、业务、行政工作的方方面面，是《基层建设纲要》提出的五条标准在油库的具体化。“等级标准”规范的“业务工作制度化、设备设施规范化、装卸搬运机械化、收发作业程序化、库区建设园林化”总目标的实现，还要有政治、业务部门齐抓共管，缺少了哪家都难以实现“等级标准”提出的目标。

3.“标准”的学术性强

《油库管理等级标准》是油库建设与管理进步的表现。其学术性的表现：一是具有整体目标性与分项的规范性，必将形成一种内外竞争与激励机制；二是具有系统性与整体性，集政治、业务、行政为一体；三是具有严格的标准性与权威性，其控制指标有科学依据与权威性的规范；四是具有动态性与可变性，“等级标准”规定的目标与控制指标是在随时间而变化的空间和人员过程中实施的。

【083】油库精细化管理简析

2004 年，《细节决定成败》一书发行量突破百万大关，细节、精细化管理成为热门词汇，精细化管理已被各类组织广泛关注，在油库行业也提出了精细化管理的要求。

（一）精细化管理的起源

被誉为科学管理之父的泰勒，早年做过学徒、勤杂工、小组长、工长、总工程师等职务。1881 年，25 岁的泰勒开始在钢铁厂作“时间-动作”研究。他对工人的操作动作进行细致的观察和分析，利用总结出来的一套合理的操作方法和工具培训工人，使绝大多数工人都能达到或超过定额，使生产工人人数下降到原来的 30%，人均日产量提高了近 2.7 倍，工人日工资提高 59%，人工成本下降了 45%。

从上述数据可以看出，推行精细化管理后，生产人数极大减少，劳动生产率大大提高，工人的工资也得到大幅提升，人工成本大大降低。

1911 年，泰勒的名著《科学管理原理》一书发表，成为世界上第一本精细化管理的著作。

（二）管理模式的发展阶段

采用什么样的管理模式是由企业发展阶段、管理进步成长过程决定的。根据现代管理研究成果，结合西方国家的经验，管理大体分为“三个阶段”“五种管理模式”，如图 11-1 所示。

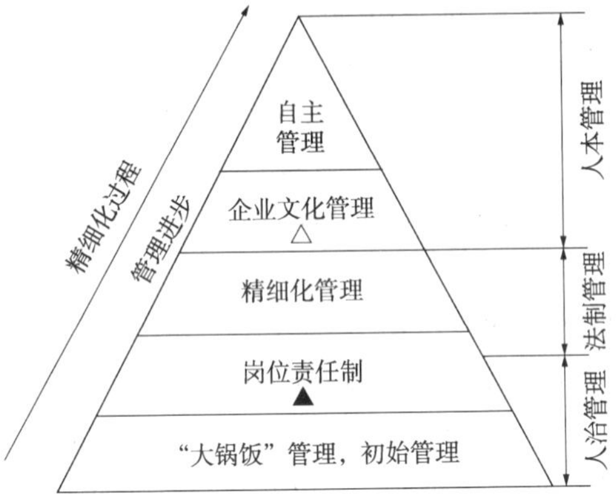

图 11-1　管理模式的发展阶段

△—为欧美先进企业所处阶段；▲—国内企业所处阶段

“三个阶段”是人治、法治、人本管理，“五种管理方式”是初始管理、岗位责任制管理、精细化管理、企业文化管理、自主管理。

人治管理、法治管理两个阶段，包括了初始管理、岗位责任制管理、精细化管理三种方式；人本管理阶段包括企业文化管理、自主管理两种管理方式。

管理进步是个长期过程，它经由初始管理到实行岗位责任制，再到精细化管理，然后才能进入企业文化管理、自主管理；由人治到法治，再到人本管理，这是管理水平不断提升、精细化程度不断提高的过程。企业的管理方式每上升一个台阶，管理水平就前进一大步，而且每种管理方式都为下种管理方式奠定了基础。

（三）精细化的内涵

什么是精细化管理？精细化管理可以用“精、准、细、严”四个字来概括。“精、准、细、严”囊括了管理过程的各个环节。精是目标，追求最好；准是信息与决策，准确无误；细是执行细化，重视细节；严是严格控制偏差，一丝不苟。

（1）精者，是做精，精益求精。精是最佳、最优，是追求最好。不仅把产品做精，也把服务和管理做精。

（2）准者，是准确、准时。准是信息情报准确无误。领导层对事态判断准确，决策、计划准确，指令传递准确，执行指令准确，汇报工作准确，业务计量准确，数据准确，工作时间、业务衔接的时间准确。

（3）细者，是做细，把工作做细，把管理做细。细就是操作细化、管理细化，特别是执行细化。泰勒的“动作-工时研究”，丰田的“精益管理与成本控制”，沃尔玛的“节约管理”，都是做细的典范。

（4）严者，是严格控制偏差，严格执行标准和制度。可以说在企业里，严格就等于精细化，凡是不严格的企业，大都管理粗放。

“精、准、细、严”是精细化管理的核心思想，它以科学管理为基础，以精细操作为特征，通过充分运用企业的各种资源，强化协作，提高执行力，从而提高企业的整体效益。

（四）精细化管理的方法论体系

精细化管理的方法论体系，着重强调带有共性的、规律性的方法。它适用于各类组织的各个方面，而不限于列举成千上万具体到可能碰到的具体事项的具体方法。精细化管理的方法，从理念到应用，可以归纳为四个层次，如图 11-2 所示。

第一层次，理念层次。精细化管理的核心思想，是精、准、细、严，是管理人员对做精、做细的认识、重视、决心、意志、态度。

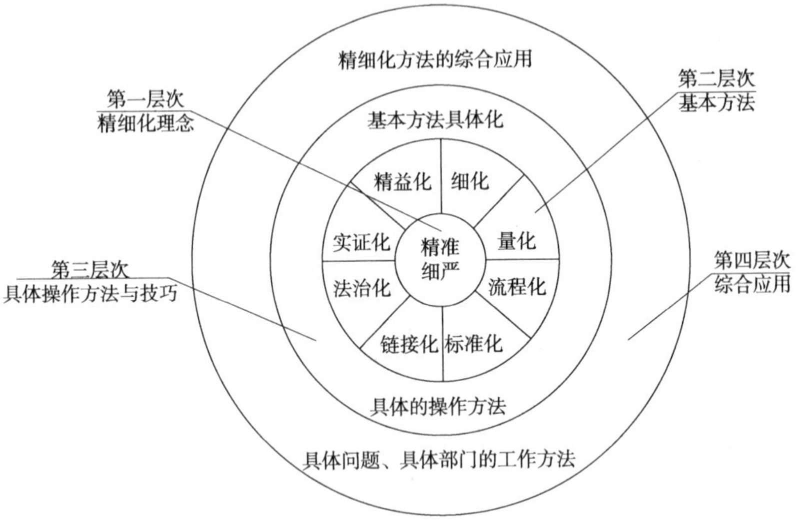

图 11-2 精细化管理的方法论体系

第二层次，基本方法层次。精细化管理属于带有规律性的技术与方法范畴，主要有细化、量化、流程化、标准化、链接化、法治化（或严格化）、实证化、精益化等八个方面。这些是具有普遍意义的共性技术与方法，也可称之为总体技术与方法。

第三层次，具体操作方法。它是第二层次技术与方法的展开延伸和具体化，是基本方法的具体操作方法与技巧。例如，精益化是基本方法，专业化则是它下位的具体方法；细化是基本的、总体的方法，横向细化、纵向细化、责任细化、衔接细化，就是它下位的具体操作方法与技巧。

第四层次，综合应用。这是将基本方法和具体操作方法综合地运用于解决具体问题、具体业务、具体部门的工作之中，形成更具体的工作方法与技巧。例如，精细化决策与计划、精细化执行管理、精细化的人力资源管理、精细化营销管理、精细化生产管理、精细化物流管理、精细化质量管理等。

（五）油库推行精细化管理的任务、原则及注意事项

这种先进的管理方法在国内各行业已逐步推行，油库当然也应推行。

1. 油库推行精细化管理的基本任务

当前，对于多数油库来说，精细化安全管理有两个主攻任务：第一项任务是提高全体干部、员工的执行力；第二项任务是解决各部门之间、各工作环节之间的衔接配合；这两个问题是眼下制约油库发展的最大瓶颈，是油库目前普遍的需要解决的共性问题。

2. 油库推行精细化管理的基本原则

推行精细化管理应遵循实效性、简单性、可操作性三项主要原则。

(1) 实效性原则：推行精细化管理是一场油库变革，应考虑它的实用性，都必须注重实际、重视实效，具体情况具体分析。不同油库、不同的发展阶段，应因地制宜，谨防形式主义，谨防不顾本库实际情况，生搬硬套先进单位的经验，谨防做表面文章，空喊口号，光打雷不下雨。

(2) 简单性原则：精细化管理不应搞得太复杂、繁琐，而应简便易行，突出重点，关注主要矛盾，抓关键环节，能简化的尽量简化。

(3) 可操作性原则：精细化管理的推行，要有具体的操作方法，要考虑到在本库能行得通、推得动，要充分估计到在推行中可能出现的困难，并针对可能出现问题的关键细节，预先拟定应对方法。

3. 油库推行精细化管理的注意事项

油库推行精细化管理有五点必须予以关注和重视：

(1) 权力集中：精细化管理适合于采用集权式管理。权力分散不利于整体协调、统一调度、统一指挥。权力下放更不利于严密控制、及时纠偏。

(2) 责任个人化：推行精细化管理的一大配套措施，就是要把所有事情的责任全部落到个人头上。个人的劳动与个人的责任、个人的报酬高度结合，才能使员工像做自己的事一样做公家的事。

(3) 问责管理者：出了问题，除了处罚直接操作者、责任人外，管理者应负连带责任，一级一级问责。

(4) 管理者是决定性的因素：管理者是影响执行力的决定性因素，是关乎决策能否执行到位的关键。管理者必须言传身教，细致指导，严密监督，以身作则。因此，培养过硬的干部，是油库推行精细化管理非常重要的前提条件。

(5) 以事为本：强调把每一个人每一天做的每一件事，都纳入严格、细致的管理、控制范围，这是以事为中心，而非以人为中心。这一方法概括成五句话：一是总账不漏项，二是事事有人管，三是人人都管事，四是管事凭效果，五是管人凭考核。

目前，强调以事为本比追求以人为本更能取得管理实效。强调以事为本，有利于企业在处理问题时，就事论事，将人与事分开，将私人关系与工作关系分开，有利于抑制人情关系对工作的干扰，也有利于做事精耕细作。

【084】油库 HSE 管理简析

HSE 适用范围比较广泛，建筑、制造、服务等行业都可应用，石油化工等高危行业也广泛应用，在油库建设工程中也得到了应用。

（一）HSE 管理体系概念

HSE 管理体系是目前国际石油行业通行的一种管理体系，其主要管理思想和理念表现在“注意承诺、以人为本、预防为主、全员参与、持续发展”等五个方面。HSE 组织体系具有整体性、层次性、持久性、适应性四个特性，是全员、全方位和全过程的管理体系。

H（健康）是指人身体上没有疾病，在心理上（精神上）保持一种完好的状态；S（安全）是指在劳动生产过程中，努力改善劳动条件、克服不安全因素，使劳动生产在保证劳动者安全、健康、企业财产不受损失的前提下顺利进行，安全生产是企业一切经营活动的根本保证；E（环境）是指与人类密切相关的、影响人类和生产活动的各种自然力量或作用的总和，它不仅包括各种自然因素的组合，还包括人类与自然因素间相互形成的生态关系的组合。

安全、环境与健康的管理在实际工作中有着密不可分的联系，因而把健康（Health）、安全（Safetey）、环境（Enviroment）形成一个整体的管理体系是现代石油化工企业的必然选择。中国石油化工集团公司根据自身特点，将三者排列顺序定位为安全、环境与健康，但是在英文叫法上与世界上大多数石油公司一样，也叫作 HSE 管理体系。

（二）世界 HSE 管理体系的发展趋势

随着全球经济一体化发展的加速以及信息技术的革命，开展 HSE 管理体系已成为一种时尚。从当前的发展状况来看，未来 HSE 体系有如下几个方面的发展趋势：

（1）世界各国石油石化公司 HSE 管理的重视程度普遍提高，HSE 管理已成为世界性的潮流与主题，建立和持续改进 HSE 管理体系已成为国际石油石化公司 HSE 管理的大趋势。

（2）作为管理核心的以人为本的思想得到了充分的体现：HSE 方面的事故主要是由技术和人为因素造成的，其中人为因素所引起的事故占 80%以上，有些错误是操作者明知操作程序而发生的。世界上许多大石油公司，如壳牌公司、美国杜邦公司和 BP 集团等都在 HSE 管理上推行以人为本的管理模式。以人为本的管理体制可大大减少因人的因素而发生 HSE 方面的事故，保证安全生产，更好地保护人类环境。

（3）HSE 管理体系的审核已向标准化迈进：目前，国际上环境管理体系的认证（ISO14000 认证）工作正在广泛开展，HSE 管理体系的审核工作也不断向标准化迈进。

（4）世界各国的环境立法更加系统，环境标准更加严格。

（三）HSE管理方针、目标与依据

1. HSE管理方针

HSE管理方针是：安全第一，预防为主；全员动手，综合治理；改善环境，保护健康；科学管理，持续发展。

2. HSE管理目标

HSE管理目标是：追求最大限度地不发生事故、不损害人身健康、不破坏环境，创国际一流的HSE业绩。

3. HSE管理依据

GB/T 29001—2001《职业健康安全体系规范》；

GB/T 19001—2008《质量管理体系要求》；

GB/T 24001—2004《环境管理体系要求及使用指南》；

SY/T 6276—1997《石油天然气工业健康、安全与环境管理体系》。

（四）建立HSE管理体系的指导原则

1. 继承和发展的原则

HSE管理体系是一套与国际接轨的HSE标准体系，只是对原有的规章制度规范化、程序化和标准化，并且予以完善。建立体系不是最终目的，体系的实施运行及国际一流HSE业绩才是我们的要求。杜绝或减少事故、污染和伤害，使我们在社会、在投资者心目中建立良好企业形象，成为国际一流的企业。

2. 第一责任的原则

HSE管理体系强调最高管理者的承诺和责任，各级企业的最高管理者是HSE的第一责任人，对HSE应有形成文件的承诺，并确保这些承诺转变为人、财、物等资源的支持。各级企业管理者通过本岗位的HSE表率，树立行为榜样，不断强化和奖励正确的HSE行为。

3. 全员参与的原则

HSE管理体系立足于全员参与，突出以人为本的思想。在体系中规定了各级组织和人员的HSE职责，强调了各级组织和全体员工必须落实HSE职责。公司的每位员工，无论身处何处，都有责任把HSE事务做好，并通过审查考核，不断提高公司的HSE业绩。

4. 重在预防的原则

HSE管理体系，着眼点在于预防事故的发生，并特别强调了企业的高层管理者对HSE必须从设计抓起，初步设计的安全环保篇要有HSE相关部门的会签批复，设计施工图纸应有HSE相关部门审查批准签章。风险评价是一个不间断的过程，是所有HSE要素的基础。HSE标准规定了企业的最高管理者对事故隐患应做到心中有数，并亲自组织隐患治理工作。

5. 强化考核的原则

要求各企业建立 HSE 业绩管理及监督考核程序，对管理层成员 HSE 业绩进行考核，并与经济责任制相挂钩。

6. 持续改进的原则

HSE 管理体系着眼于持续改进，不断完善 HSE 管理体系。实现 HSE 管理的动态循环。

7. 以人为本的原则

在体系中强调了所有的生产经营活动都必须满足 HSE 管理的各项要求，并强调人的行为对企业至关重要，建立培训系统并对人员技能和能力进行评价，以保证 HSE 水平的提高。

8. 一体化管理的原则

通过一体化管理，使企业的经济效益、社会效益和环境效益有机地结合在一起。

9. 独立审核的原则

要求企业应按适当的时间间隔对 HSE 进行审核和评审，以确保其持续的适应性和有效性。

【085】油库现代管理理论与方法简析

随着科学技术的不断发展，现代管理的理论与方法不断出现并逐步得以完善。现代管理的核心是管理思想现代化和管理手段现代化。用于油库的主要现代管理理论与方法简析如下。

（一）用于油库的主要现代管理的理论

油库是一个比较复杂的包含诸如人员、财务、设备、物资、计划、组织管理等因素的大系统，其管理工作的终极目标是在保证最安全的前提下，获得最大的经济效益和社会效益。现代管理理论的基本思想和方法在广泛应用于工业、农业、国防、国民经济建设诸多领域的同时，也非常适于在油库管理中应用。运筹学、系统工程、预测技术、网络计划技术、决策技术、库存管理理论、目标管理方法和全面质量管理方法等现代管理理论是应用于油库较多且较成功的几种。

（二）几种现代管理理论与方法简析

1. 运筹学

运筹学是应用数学的一门新兴学科，其中心思想是“优化”对于油库的设计、施工、计划、决策、运输与输送、库内流程调配、油库人力与财力以及设备配置运用等可提供最优解决方案。目前，运筹学已成为管理系统工程中定量分析的重要理论基础和数学工具，在管理决策中起着十分重要的作用。

运筹学研究的具体内容包括规划论、排队论、更新论、搜索论、统筹法、优选法、投入产出法、蒙特卡洛法、价值工程等等，分支众多，内容丰富。

2. 系统工程

系统工程也是应用于油库建设与管理的一门新学科，这里所谓的“工程”，不同于一般工程的概念，它是指为完成某项任务所提供的计划、方案、决策和工作程序等，以便保证任务完成得最好。

系统工程着眼于整体的状态和过程，而不拘泥局部的、个别的部分。它是关于组织、管理、规划、设计、研制、制造、试验和使用等各种系统的一种科学理论和方法，它以系统为对象，把要研究和管理的事与物，用概率、统计、运筹、模拟等方法，经分析、判断、推理等程序，建立某种系统模型，进而采用最佳化方法求得系统的最佳化结果，即经过部分互相协调、互相配合，从整体上成为技术先进、经济合算、运行可靠、时间节省的实际可行的系统。

系统工程的一般研究步骤可分为如下几个方面：说明问题、选择目标、系统综合、系统分析、选定方案、系统的发展、系统的运行。

在进行系统规划、研究、设计和使用过程中，要全面筹划，反复试验，多次循环，以求得到最优化，即最后综合成一个技术先进、费用低廉、研制周期短、运行可靠的实际系统。

其核心内容强调系统整体性。将油库整体作为一个大系统，它既是后勤工程保障体系中的子系统，又是由油库的收发作业、输储油、零发灌装、动力供电、安全防卫、环境保护等子系统构成的独立的整体系统。可运用系统工程的基本思想和方法，从油库乃至后勤保障这个大系统整体出发进行全面考虑，分析关联因素，达到整体最优。

3. 预测技术

预测技术是根据事物以往的历史资料，通过一定的科学预测方法，对事物未来的发展趋势与前景做出预计和推测，定性或定量地估计事物发展的规律，以此来指导和调节人们的行动。对社会、经济、科学、技术、军事等领域预测更具特别意义。油库用来对其发展、供应量、储备量、技术改造等进行预测，以提高管理的科学化和高效益。

所谓科学的预测方法，就是通过逻辑推理和数学方法，对大量的数据、资料进行综合、整理、分析与加工，从而得出规律性的结论。

预测过程大致可分为信息输入、信息处理、结果输出等三个阶段。其基本步骤为：明确预测的目标；搜集、整理资料；确定预测方法（搜集资料与确定预测方法这两个步骤常交叉进行）；建立数学模型；按选取的模型，进行数据处理，得出预测的初步结果；分析评价初步结果与实际的误差，或对几种方法得出的不同预测结果进行分析比较，并做出评价；修正预测值，根据分析评价的结论，对预测结果进行修正。有时需对几种预测方法的结果进行综合、平衡，有时需对选择不当的数学模型进行必要的修正，直到得到较满意的结果。

4. 网络计划技术

网络计划技术是用统筹图(又称网络图)来计划、组织、指挥各种社会活动的一种科学方法。同时是对计划实行优化控制，以达到合理使用资源、充分利用时间、提高效益、降低消耗、顺利完成任务的一门组织协调技术。它主要用于编制作业进展计划，以及对计划实行科学管理。

长期以来，大家习惯于用横道图，它对小而简单的进度计划比较适用，而对规模大和控制困难的复杂工程计划是很难适用的。网络计划技术是从横道图发展起来的网络图，它能反映出整个生产过程的全貌，也能反映出各工序之间的逻辑关系。因此，网络图便于对进度计划进行调整和控制。

网络计划技术的基本步骤是先用网络形式来表达一项计划(工程)中的各项工作(任务、活动、工序)的先后顺序和相互关系，其次是通过计算找出计划中的关键工作和关键线路，通过修改和调整计划找到最优方案，最后在计划执行中进行有效的控制和监督，保证合理使用人力、物力和财力，按时保质保量地完成任务。

5. 决策技术

决策技术，就是从许多为达到同一目标可以采取的行动方案中选定最优方案。方案也称为策略。要做出正确的决策，必须首先掌握决策对象的规律，占有必要的资料信息，对资料和信息掌握得越全面、越准确，所做的决策就越符合未来发展的实际情况。同时，还要掌握科学的决策方法，也就是决策技术。

一个科学的决策过程，一般包括以下五个基本步骤：确立目标；拟定多个备选方案；预测未来的自然状态(在实际工作中，第2、3两步常常交叉进行)；做出决策益损表(将所有方案在不同自然状态下的益损值全部估算出来列成一个表，可使方案、自然状态与收益的关系一目了然，这个表称为决策益损表，又叫益损矩阵)；根据益损矩阵，采用适当的方法进行决策分析，确定最优方案。

决策技术应用于油库各项决策时强调必须占有充分的数据资料和各种信息，在为达到同一目标可以采取的行动方案中选定最优方案。这对提高油库科学决策水平、减少失误无疑是十分重要的。

6. 库存管理理论

库存管理理论是研究物资存储的问题。这类问题可以从不同的角度多方面进行研究，如物资的管理体制问题、仓库建设及仓库管理、物资的合理储存量等。其中，物资的合理存储是库存问题中最经常碰到的问题。

物资的合理存储就是研究如何确定一个恰当的库存方案(主要是何时进货、进多少货)。使得既能满足生产与市场的需求，企业获得较高的利润，又使企业由于占用流动资金、支付管理费用和可能的意外损失等所付出的代价尽量少一些。科学地、合理地处理库存管理问题对提高企业的经济效益将会产生明显的效果。据国外报道，一般企业的库存物资平均占资金总额的9%~25%。这个比例虽然与企业的性质和规模有关，但对同类企业来说，在很大程度上取决于其库存管理的水平。

衡量一个库存方案好坏的标准，主要看它给企业的利润带来什么影响。为了对不同的方案进行比较和优选，必须对费用进行定量分析。

7. 全面质量管理

全面质量管理(Total Quality Control，简称TQC)是一种先进的科学管理方法。它以预防为主，把质量管理贯穿于产品的设计制造、辅助生产、用户服务的全过程中去。

质量管理强调三点：一是质量既指产品，也指服务；二是质量必须是满足用户要求的；三是质量必须是以最经济的手段取得的。质量管理就是做到这三点的工作体系。

全面质量管理包括四个方面的含义：管理的对象是产品的全面质量；管理的范围是形成产品的全过程；参加管理的是全体人员；管理的方法是全面的。

8. 目标管理

目标管理又称成果管理，方针目标管理或指标管理，简化为MBO，是一种全新的管理思想、管理概念和管理方法。所谓目标，是系统在一定时期内应达到的预期成果。目标管理就是为了实现系统的总目标和分系统及个人的分目标、子目标而进行的一系列计划、组织、指挥、协调和控制过程。

CHAPTER 12 / 第十二章

油库安全管理问答

【086】什么是现代安全管理和全面安全管理

现代安全管理、全面安全管理都是安全管理，有许多共性，但也有其个性，现分述如下。

（一）现代安全管理

1. 现代安全全管理概述

现代安全管理是在总结安全管理历史经验的基础上，综合应用现代管理科学及安全科学的理论和方法，研究现代条件下安全管理活动的基本规律。现代安全管理不仅包括管理体制、管理组织、管理手段、管理方法的变革，更重要的是要进行安全观念的转变。现代安全管理的核心是预测和决策。所谓预测是预测事故，预测事故发生的可能，预测事故发生前每个环节存在的潜在危险，掌握事故发生的规律，做出定性和定量的评价。这样就改变了传统安全管理只顾堵漏洞，处理已发生事故的被动局面。所谓决策是根据对事故的预测，做出指挥安全生产的决策，达到预防事故的目的。要做好预测和决策工作，则有赖于信息流、安全工作标准化、安全系统工程科学。

2. 现代安全管理的基本使命

安全管理是油库管理的一个组成部分，是以保障作业中的安全为目的所进行的组织、计划、控制、协调、决策等方面的活动。基本使命是发现、分析、消除作业过程中的各种危险，预防事故发生，保障人员安全，避免各种事故损失。

3. 现代安全管理的基本特点

（1）以预防危险为中心，进行预先安全分析和评价。预先对油库作业活动中固有的、潜在的危险进行分析、测评、评估，为确定基本预防事故对策提供依据。

（2）从总体出发，实行系统安全管理。把安全管理引申到作业计划的安全论证、安全设计、安全审核以及设备设施运行、维护的全过程。

(3) 对安全进行定量分析，为安全管理、分析评价、最优方案选择提供科学依据。运用数学方法和计算技术，研究安全及其影响因素的数量关系，对危险等级及可能导致损失的严重程度进行客观评价，从而划定危险与安全、可行与不可行的界限。

(4) 应用现代多种学科领域的知识和专门技术，综合采取管理、技术、教育的对策，有效地防止和避免事故的发生。

4. 推行现代安全管理应变革的观念和方法

推行现代安全管理，必须从安全观念和管理方法方面进行变革，使安全管理适应高新技术和油库发展的需要。主要应从五个方面进行彻底的变革：

(1) 变“纵向单科”为“横向综合”，推行全面安全管理。

(2) 变“面向过去”为“面向未来”，推行事前预测。

(3) 变“事故分析”为“事件分析”，推行系统逻辑分析。

(4) 变“静态管理”为“动态管理”，推行反馈原则指导下的安全评价。

(5) 变“管理对象”为“管理动力”，推行“失误-防护”，抓安全防护装置，即本质安全。

(二) 全面安全管理

全面安全管理是在传统安全管理及预期型安全目标管理的基础上发展起来的。所谓“全面”主要包括全过程、全时间段、全部门、全员、全部等五项内容。

1. 全过程安全管理

全过程安全管理就是从一项工程的孕育开始，一直到完成(报废)消亡为止的全部过程，都要进行安全管理。包括计划、设计、建设、验收、作业……，一直到该项工程的更新、报废为止的全部过程。这样就可以防止在作业前出问题，安全工作者不需在事故后去堵漏洞。

2. 全时间段安全管理

全时间段即是全年、全季、全月、全周、全天及全天的每时每刻都要重视安全管理。当然这是体现对安全的重视程度，因为睡觉以后不可能再进行安全管理。

3. 全部门参与安全管理

全部门即全油库的各个部门，包括政治处、业务处、保管队、机修厂、警卫队、化验室等所有单位都应参与油库的安全管理。

4. 全员参与安全管理

把单位全员都当作安全管理的动力和对象，从单位领导、部门领导、基层领导，到班组长、岗位人员、临时工等全部成员纳入安全管理，甚至单位的家属、子女也应关心单位的安全管理。其中领导层是安全管理的核心。如没有核心，一切安全工作都无法进行。“管业务必须管安全”就是这个道理。广大作业者则是安全管理的基础，只有每个人都重视所在岗位的工作安全，才能搞好安全。专业安全人员、计划和设计人员，都应在各自的业务范围内为安全工作负责。

5. 全部工作安全管理

凡是有作业的地方都有安全问题。所以对每个部分，每个阶段的工艺、设备都应进行全面分析、诊断、辨认、评价，采取全面措施，全面预防。单位的任何场所都要考虑安全管理，所有人员都要注意安全，这些都是搞好全面安全管理的可靠保证。

【087】安全管理的基本内容和六大原则是什么

油库是着火爆炸的危险单位，安全管理是重中之重，因此油库的全员都应懂得安全管理的基本内容和六大原则。

（一）安全管理的基本内容

油库安全管理涉及内容比较多，它是顺利进行各项管理的前提，又是实现管理目标的重要内容和约束条件。其基本内容包括以下几个方面。

1. 安全管理组织体制

安全管理组织体制主要研究安全管理组织机构设置的原则、形式、任务、目标等方面的内容，从而达到优化体制建设的目的。

2. 安全管理基础工作

主要研究安全管理法规贯彻落实，组织安全培训和法规的实施，制定和实施安全检查方案。

3. 安全作业

安全作业主要是研究油库储存和收发作业中的安全管理，如储油输油设备设施，电气、通风、消防设备设施运行作业中的安全管理。

4. 劳动保护

劳动保护主要研究油库生产作业中毒物的来源、危险及防护，油库噪声的危害及控制，油库劳动保护用品等内容。

5. 作业人员的安全管理

作业人员的安全管理主要研究人的行为与安全的关系、行为的退化及预防措施、安全行为的模型、不安全行为的表现以及消除这些不安全行为所采取的对策。

6. 安全评估

安全评估主要研究油库安全评估的标准、组织实施及应注意的问题。

7. 事故管理

事故管理主要研究油库事故调查、分析、处理程序及方法，事故发生发展规律，预测、预报理论和方法等。

综合上述内容，可将安全管理归纳为以下三个方面的内容：

第一、建立健全安全管理机构，全面实行岗位责任制机制，自上而下明确责、权、利。

第二、用情感和规章制度规范人的思想，约束人的行为，保护好劳动者的安全。在安全管理中，实行“走动”管理模式，进行信息交流，疏通思想。

第三、建立事故管理和安全评估机制，真正实现预测预防，对危险因素进行有效的消除或控制。

（二）安全管理坚持的六大原则

1. 坚持管生产同时管安全

安全寓于生产之中，并对生产发挥促进与保证作用。因此，安全与生产虽有时会出现矛盾，但从安全、生产管理的目标、目的，表现出高度的一致和完全的统一。

安全管理是生产管理的重要组成部分，安全与生产在实施过程中，两者存在着密切的联系，存在着进行共同管理的基础。

管生产同时管安全，不仅是对各级领导人员明确安全管理责任，同时也向一切与生产有关的机构、人员明确了业务范围内的安全管理责任。由此可见，一切与生产有关的机构、人员，都必须参与安全管理并在管理中承担责任。认为安全管理只是安全部门的事，是一种片面的、错误的认识。

各级人员安全生产责任制度的建立、管理责任的落实，体现了管生产同时管安全。

2. 坚持安全管理的目的性

安全管理的内容是对生产中的人、物、环境因素状态的管理，有效地控制人的不安全行为和物的不安全状态，消除或避免事故，达到保护劳动者的安全与健康的目的。

没有明确目的的安全管理是一种盲目行为。盲目的安全管理，充其量只能算作花架子，劳民伤财，危险因素依然存在。在一定意义上讲，盲目的安全管理只会威胁人的安全与健康，向更为严重的方向发展或转化。

3. 坚持贯彻预防为主的方针

安全生产的方针是“安全第一、预防为主、综合治理”。“安全第一”是从保护生产力的角度和高度，表明在生产范围内安全与生产的关系，肯定安全在生产活动中的位置和重要性。进行安全管理不是处理事故，而是在生产活动中，针对生产的特点，对生产因素采取管理措施，有效地控制不安全因素的发展与扩大，把可能发生的事故消灭在萌芽状态，以保证生产活动中人的安全与健康。

贯彻“预防为主”，首先要端正对生产中不安全因素的认识，端正消除不安全因素的态度，选准消除不安全因素的时机。在安排与布置生产内容的时候，针对施工生产中可能出现的危险因素，采取措施予以消除是最佳选择。在生产活动过程中，经常检查、及时发现不安全因素，采取措施，明确责任，尽快地、坚决地予以消除，是安全管理应有的鲜明态度。

4. 坚持“四全”动态管理

安全管理不只是少数人和安全机构的事，而是一切与生产有关的人共同的事。缺乏全员的参与，安全管理不会有生气、不会出现好的管理效果。当然，这并非否定安全管理第一责任人和安全机构的作用。生产组织者在安全管理中的作用固然重要，全员性参与管理也十分重要。

安全管理涉及生产活动的方方面面，涉及从开工到竣工交付的全部生产过程，涉及全部的生产时间，涉及一切变化着的生产因素。因此，生产活动中必须坚持全员、全过程、全方位、全天候的“四全”动态安全管理。

只抓住一时一事、一点一滴，简单草率、一阵风式的安全管理，是走过场、形式主义，不是我们提倡的安全管理作风。

5. 坚持安全管理重在控制

进行安全管理的目的是预防、消灭事故，防止或消除事故伤害，保护劳动者的安全与健康。在安全管理的四项主要内容中，虽然都是为了达到安全管理的目的，但是对生产因素状态的控制，与安全管理目的关系更直接，显得更为突出。因此，对生产中人的不安全行为和物的不安全状态的控制，必须看作是动态的安全管理的重点。事故的发生，是由于人的不安全行为运动轨迹与物的不安全状态运动轨迹的交叉。从事故发生的原理也说明了对生产因素状态的控制应该当作安全管理的重点，而不能把约束当作安全管理的重点，是因为约束缺乏带有强制性的手段。

6. 坚持在管理中发展、提高

既然安全管理是在变化着的生产活动中的管理，是一种动态管理，其管理就意味着是不断发展的、不断变化的，以适应变化的生产活动，消除新的危险因素。然而更为需要的是不间断地摸索新的规律，总结管理、控制的办法与经验，指导新的变化后的管理，从而使安全管理不断上升到新的高度。

【088】怎样搞好油库安全教育

要搞好油库安全教育，就必须遵循安全教育学的原则，采取正确的安全教育方法。

（一）安全教育学的基本原则

安全教育学的原则是进行安全教学活动所应遵守的行动准则。它是在教学工作实践中总结出来的，是教学过程中客观规律的反映。安全教育学的基本原则如下。

1. 教育的目的性原则

油库安全教育的对象包括油库的各级领导、油库的一线人员、安全管理人员以及职工的家属等。对象不同，教育的目的也不同。各级领导是安全认识和决策的教育对象；一线人员是安全态度、安全技能和安全知识的教育对象；安全管理人员是安全科学技术的教育对象；职工家属是让其了解油库的工作性质、工作规律及相关的安全知识等的对象。只有准确地掌握了教育的目的，才能有的放矢，提高教育效果。

2. 理论与实践相结合的原则

安全活动具有明确的实用性和实践性。进行安全教育的最终结果是防范事故的发生，只有通过生活和工作中的实际行动，才能达到防范事故的目的。因此，安全教育过程中必须做到理论联系实际。为此，现场说法、案例分析是安全教育的基本形式。

3. 调动教与学积极性原则

从受教育的角度来说，接受教育，利己、利家、利人，是与自身的安全、健康、幸福息息相关的事情。所以，接受安全教育应是发自内心的要求。为此，必须充分认识安全效果的间接性、潜在性、偶然性，全面地、长远地、准确地理解安全活动的意义和价值。

4. 巩固性与反复性原则

安全知识，一方面随生活和工作方式的发展而改变，另一方面安全知识的应用在人们的生活和工作过程中是偶然的。这就使得已掌握的安全知识随着时间的推移而退化。“警钟长鸣”是安全领域的基本策略，其中就道出了安全教育的巩固性与反复性原则的理论基础。

5. 起到安全教育作用的原则

在教学过程中，经常起作用并直接关系教学效果的基本因素有两个：一个是人的因素，包括教育者和被教育者；另一个是物的因素，即有关教学工作的各种物资设备和这些设备的有效使用。特别是随着现代教学工具的发展，教学手段的作用越来越占有重要的地位。

安全教育承担着传递安全作业和安全生活信息的任务。安全教育使得人的安全文化素质不断提高，安全精神需求不断发展。通过安全教育，能够形成和改变人对安全的认识观念、安全活动和事态的态度，使人的行为更符合社会生活及油库作业中的安全规范和要求。因此，安全教育在安全活动领域充当着十分重要的角色。

（二）正确的安全教育方法

安全教育方法和一般的教学方法一样，多种多样。各种方法有各自的特点和作用，在应用中应结合实际的知识内容和学习对象，灵活采用。

1. 安全教育方法的适用对象

合理的教育方法可提高教学质量，达到事半功倍的效果。通常在教学过程中有如下方法可供参考：启发法、发现法、讲授法、谈话法、读书指导法、演示法、参观法、访问法、实验和实习法、练习与复习法、研讨法、宣传娱乐法等。

（1）对于大众的安全教育，多采用宣传娱乐法和演示法等。

（2）对中小学生的安全教育多采用参观法、讲授法和演示法等。

（3）对各级领导和官员多采用研讨法和发现法等。

（4）对于油库一线人员的安全教育则宜采用讲授法、谈话法、访问法、练习和复习法等。

（5）对于安全专职人员则应采用讲授法、研讨法、读书指导法等。

2. 各安全教育方法的内涵

（1）讲授法是教学中常用的方法，它具有科学性、思想性、计划性、系统性和逻辑性。

（2）谈话法是指通过对话的方式传授知识的方法，一般分为启发式谈话和问答式谈话。

（3）读书指导法是通过指定教科书或阅读资料的学习来获取知识的方法，是一种自学方法，需要学习者具有一定的自学能力。

（4）访问法是对当事人的访问，现身说法，获得知识和见闻。

（5）练习和复习法是涉及操作技能方面的知识，往往需要通过练习法来加以掌握。复习法是防止遗忘的主要手段。

（6）研究讨论法是通过研讨的方式，相互启发、取长补短，达到深入消化、理解和增长知识的目的。

（7）宣传娱乐法是通过宣传媒体，寓教于乐，使安全知识和信息通过潜移默化的方式深入员工的思想言行之中。

【089】怎样做好油库安全检查

要做好油库安全检查，先要确定油库安全检查的标准，再定安全检查的重点和范围，落实安全检查的实施措施，划分安全检查和消除危险阶段，按此进行，才能达到安全检查的目的，保证油库生命财产的安全。

（一）油库安全检查应当达到的标准

（1）库领导月查库、保管队长（分库主任）周查库和保管员日查库制度落实，查库记录填写规范认真，发现问题及时处置，无断查、无漏项、无死角。

（2）定期全面检查与专项安全检查组织周密，时间安排科学，内容具体，重点突出，人员组成与分工合理，方法及注意事项清楚，检查责任与监督人员明确。

（3）检查登记制度和问题发现整改督办制度落实，《油库安全检查登记表》和《油库安全整改通知书》填写、签发严肃认真，发现问题报告处置妥当，复核复查到位，隐患排除及时，无屡查屡犯、久拖不决问题。

（二）油库安全检查的重点和范围

现代动态管理、超前管理理论在油库人员管理教育与各项作业活动中的具体应用，是油库安全管理的深化与提高。通过安全检查的有效开展，严密监控、有效消除人、物（主要指油品）、设备设施、规章制度、周围环境等要素中的危险因素和事故隐患，使其在有效监控下正常运行，从而预防事故的发生。

为进一步加强油库安全管理，贯彻落实“安全第一，预防为主”的方针，建立科学、合理、统一的安全检查重点和范围，用以规范安全检查正确实施，充分发挥安全检查在油库安全管理中的作用，特提出安全检查的重点和范围。本重点和范围也可用于油库“三预”活动。

1. 油库决策层安全检查的范围与重点

油库决策层是指油库领导及高级工程师，其安全检查的范围与重点如下：

（1）决策层安全检查的范围：根据油库所承担的储存、供应管理任务，以油库整体安全为目标，以预防跑油和混油、着火爆炸、中毒窒息、静电危害、设备设施失修与损坏、禁区不禁、自然灾害、环境污染、人的不安全意识与行为、人为破坏和失密等业务事故、行政责任事故、自然灾害、刑事案件的发生等为主要内容。

（2）决策层安全检查的重点：以人为本的管理教育，安全技术培训，各项规章制度的完善落实，油库各区域的管理，季节性安全检查，以及发现问题的整改等。

2. 油库中层人员安全检查的范围与重点

油库中层人员是指油库中层领导、机关管理人员以及工程师，其安全检查的范围与重点如下：

(1) 中层人员安全检查的范围：根据单位、岗位职责和分工，以系统整体安全为目标，以储油、输油、装卸、呼吸、通风、电气、消防、加热、供水、防洪等系统的完好，并发现和消除不安全因素为主要内容。

(2) 中层人员安全检查的重点：组织协调油库各项作业活动，注重作业程序和重点环节，落实各项规章与安全技术措施，保证专业系统设备设施技术性能的完好，登记统计的完整与准确，以及单位工作场所和区域的安全，整改措施的制定与落实等。

3. 油库基层业务技术骨干安全检查的范围与重点

油库基层业务技术骨干是指基层管理干部、班组长等，其安全检查的范围与重点如下：

(1) 基层业务技术骨干安全检查的范围：根据承担的具体任务、作业程序、操作规程与相关规章，以作业活动的安全为目标，以保证装卸、输转、储油、通风、清洗、高空、动火、动土等作业活动的协调，相关设备设施技术性能完好，并发现和消除异常现象、操作失误等为主要内容。

(2) 基层业务技术骨干安全检查的重点：各项作业活动过程中的协调一致，重视作业涉及的关键部位和设备设施，防止油料与油气失控和油气积聚，做到作业程序、操作规程与相关规章落实到位，以及有关技术数据、监控记录和登记统计的准确无误等。

4. 油库岗位操作人员安全检查的范围与重点

油库岗位操作人员是实施设备设施操作使用的员工，也包括操作使用设备设施的干部，其安全检查的范围与重点如下：

(1) 岗位操作人员安全检查的范围：根据岗位职责、操作规程、维护保养规定，以设备设施安全操作与正常运行为目标，保证相关设备设施的协调运行，安全设备设施技术状况的完好有效，注重设备设施的技术性能、维护保养周期、使用寿命，操作使用中易发生的问题与异常情况，各种监测仪表的指示，周围环境对安全运行的影响，以及仪器仪表有效监控，登记统计数据的准确，并发现与处理异常情况等为主要内容。

(2) 岗位操作人员安全检查的重点：保证设备设施的技术状况良好，正确操作使用，各项规章的落实到位，设备设施运行和检修记录填写规范、数据完整有效，及时发现并排除故障等。

(三) 油库安全检查的实施措施

(1) 安全检查通常与查库相结合进行，即按油库总部每季、中层单位每月、班组每周、岗位每天的规定进行。

(2) 安全检查应与安全教育、安全技术培训、典型和常见事故分析、安全技术讲座、业务学习以及各级查库、设备设施技术检查和鉴定结合进行，也可单独组织。

(3) 安全检查应有完整、统一的记录，对发现的问题的整改应落实到单位、人头，并规定完成时限。

(4) 安全检查应结合油库实际制定年度计划，每次进行前应检查上次安全检查中发现问题的整改情况。

(5) 安全检查的方法是采用查阅核对记录、座谈讨论、测试考核、实际操作，综合应用眼看、耳听、鼻嗅、手触等人体功能，并借助仪表、工具深入现场，根据安全检查表规定的内容进行检查，必要时解体检查、测试。

(6) 油库应根据实施办法，结合油库实际，认真搞好安全检查，并将实施中发现的问题，特别是带有普遍性和倾向性的问题及时向上反映，以便为更新改造、制定安全技术措施提供依据。

(四) 安全检查和消除危险阶段划分

安全检查和消除危险分为三个阶段：

一是发现问题阶段。它贯穿于各项作业与管理活动中，即事前想一想参加人员、涉及规章、油品性能、设备设施、周围环境以及程序步骤、关键环节、安全措施等方面是否满足要求，还存在什么问题及其危险程度。

二是确认危险阶段。它是在预想、感观与仪表检查的基础上，进一步查实存在的危险因素和问题，并确认其原因。

三是解决危险阶段。它是在确认危险的基础上，进行综合与系统分析，有针对性地采取工程技术、人员素质、安全管理等方面的措施，即落实各项规章、完善作业程序和操作规程，筹组设备设施的检修与更新，以及加强人员安全教育与技术培训等安全技术措施。

【090】怎样做好油库设备设施安全整修

为保证油库设备设施达到完好标准，非商用油库在1990年前进行过防爆电气整修，1990年又提出用三年时间对所属油库的设备设施进行安全整修。编者全程参与了这项工作。制定的油库安全整修的程序、方法、步骤如下：制定整修文件→确定整修现场，设立有形的整修标准→办班推广→检查指导→竣工验收，总结经验。

(一) 制定整修文件

吸收参观学习以及资料中的经验，结合本系统实际，遵循总部整修文件，制定了本系统油库三年安全整修文件：

（1）制定了《油库安全设备设施整修细则》共100条，简称100条，下发所属油库，使整修有规可依。

（2）编绘了《油库安全设备设施整修通用图册》。设计了主要整修图纸，供整修时照图施工。

（3）编写了《油库安全整修工程验收标准及评定方法》，为检查整修工程质量和竣工验收提出了专门规定。

（二）确定整修现场，设立有形的整修标准

本系统油库安全整修现场定在本系统直属油库，按照上级规定的整修项目，结合本系统油库实际，将洞式油库的呼吸系统、储输油系统、排污系统等定为整修重点，在油库现场进行整修安装实践，在现场安装了标准实物。

整修中依编制的"安全整修100条""安全整修通用图册"及国家相关部门等的相关规定、规范进行，在现场树立了有形的整修标准。

（三）举办现场学习班，推广整修技术

针对现场整修样板，举办了现场培训班，由专业人员对整修标准、要求、方法进行培训。

（四）深入油库，检查指导

为了避免施工中的错误，提高油库安全整修质量，及时深入油库进行检查指导。对发现的问题要求其及时整改。

（五）竣工验收，总结经验

在边施工边检查的基础上，最后进行竣工验收，签署验收手续，将资料整理归档。

【091】安全文化有何主要理论

安全文化在油库的推广应用是有理论根据的，其主要理论是冰山理论、海因里希法则、多米诺骨牌效应和墨非定律。

（一）冰山理论

事故的间接损失是直接损失的4~10倍。事故的直接损失仅仅相当于冰山露出来的部分，更大的部分是潜在损失，就像潜在冰山下面的部分，它是事故直接损失的4~10倍。所以，分析事故的损失，更要关注事故的潜在损失。

（二）海因里希法则

（1）事故源于安全隐患：每一起严重事故的背后，必然有29起轻微事故和300起未遂先兆以及1000起事故隐患。要想消除这1起严重事故，就必须把这

1000 多起事故隐患控制住。

（2）人为因素是事故的根源：一是事故的发生是量的积累的结果；二是再好的技术、再完善的规章，在实际操作层面，也无法取代人自身的素质和责任心。事故的原因可以归纳为三个方面：自然原因、物的原因和人为原因。其中，三者的比例大约为：2%(自然原因)+10%(物的原因)+88%(人的不安全行为)。因此，分析事故的主要原因，应该把重点放在人的不安全行为上面。

（3）控制事故的 3E 法则：

① 工程技术(Engineering)：运用工程技术手段消除不安全因素，实现作业工艺、机械设备和作业条件的安全。

② 教育(Education)：利用各种形式的教育和训练，使员工树立“安全第一”的思想，掌握作业必需的知识和技能，使人们学会正确的行为。

③ 强制(Enforcement)：借助于规章制度、法规等必要的行政乃至法律手段来约束人的不安全行为。

（三）多米诺骨牌效应

中止事故链、避免连锁反应。多米诺骨牌是一种用木制、骨制或塑料制成的长方形骨牌。玩时将骨牌按一定间距排列成行，轻轻碰倒第一枚骨牌，其余的骨牌就会产生连锁反应，依次倒下。如果隐患发生之后，触动根本原因，依次触动了间接原因、直接原因，最后导致了损失，这种效应就是“事故链条”。

多米诺骨牌效应带给我们的启示：从人的安全行为着手来消除隐患，中止事故的进程，最终避免事故的发生。

（四）墨非定律

墨非认为：只要发生事故的可能性存在，迟早会发生事故的。著名学者墨非把这结论应用于安全管理，他指出：只要发生事故的可能性存在，不管可能性多么小，这个事故迟早会发生。这个结论就是墨非定律。

墨非定律的基本观点：假设某意外事件在一次实验(活动)中发生的概率为 $P(0<P<1$，并是常数)，则再次实验(活动)中至少有一次发生的概率为 $P_N=1-(1-P)^N$，由此可见，无论概率 P 多么小(即小概率事件)，当 N 越来越大时，P_N 越来越接近 1。

在工作中，不能忽视概率危险事件。虽然危险事件发生概率很小，但在一次实验(或活动)中仍可能发生，因此必须引起高度重视。

墨非定律是安全管理过程中的警钟长鸣名句，安全意识时刻不能松。要想保证安全，必须从现在做起、从我做起，采取积极的预防方法、手段和措施，消除人们不希望有的和意外的事件。

以上是安全文化的基本理论，它揭示了事故发生的本质规律，对预防事故、制定预防事故的措施有很大启示，值得深入理解、牢记。

【092】安全文化有何作用、目的及其他提法

要推行安全文化，必须懂得安全文化有何作用、目的及其他提法。

（一）安全文化的作用

安全文化是企业文化的核心部分，其实质是一种手段，是要建立一整套科学而严密的规章制度和组织体系，就是通过在公司内部创造一种良好的组织环境，培养员工遵章守纪的自觉性和良好的工作习惯、安全意识和态度，在整个厂内营造一个人人自觉关注安全的氛围。

通过各种专业或技能培训提高全体员工的知识和技能，从而改进人员绩效和设备的安全性能，以便整体提高公司的竞争力。安全文化只有与员工的生产实践紧密结合，通过文化的教养和熏陶，不断提高全体员工的安全修养，才能在防止事故发生、保障安全生产方面真正发挥作用。

核电厂的安全文化是国际核能在三里岛事故和切尔诺贝利核事故中提出的关于核安全的管理概念和管理原则，它是传统的纵深防御原则的扩充和延伸，也是核电厂安全管理的一次重大变革。

（二）安全文化的目的

安全文化首先在核电厂提倡。核电厂提倡安全文化，其目的是使其全体员工养成共同的价值观，约束个人行为，规范人际关系，养成正确的思维习惯，最终实现核电厂创优业绩。为什么这么说呢？因为人的行为和核电厂的安全之间联系极为密切，核电厂发生的任何问题在某种程度上都来源于人的错误。然而人的才智在查出潜在问题方面又是十分有效的，任何重大事故前都必须表现有不同的征兆，有经验的和有警觉的员工一般都能发现或觉察出来，只要能及时发现、及时处置，许多安全事故都可以在萌芽状态下消失或终结，不会造成重大核事故。从这一点来讲，人的才智对核安全有着积极的影响。所以我们强调：从事任何核电厂核安全相关活动的全体工作人员都必须按照安全文化的原则行事，自觉地使自己的行为规范满足安全文化的要求。事实上，在现实生活中，安全文化以有形或无形的渠道、正式或非正式的方式传递在群体中的每一个成员中间，用人类创造的安全观念、安全知识、安全技术、安全行为的方式培育着每一个人，使之具有现代安全文化素质。安全文化实际上就是人们的安全素养。

安全文化是保护人在从事一切活动中，使其身心安全与健康，实现安全、健康、舒适、长寿、消灾免难的大安全观、大文化观的文化。它是人类文化宝库中最宝贵、最基础、最重要的部分。

（三）安全文化的其他提法

安全文化还有观念文化、管理和法制文化、科学安全文化等三种提法。

1. 观念文化

观念文化包括：正确的安全观和安全意识；科学的态度、理念和认知；崇尚的伦理、品德和情感等三个方面。

具体有："安全第一"的哲学观；珍惜生命的情感观；合理安全的风险观；安全生产的效益观；综合效益的价值观；人机环境系统观；本质安全科学观。

2. 管理和法制文化

管理和法制文化包括严明的法律、明确的责任、规范的管理等三个方面，分为传统和现代两部分。

传统的管理和法制是"安全第一，预防为主"的方针。安全管理五大原则是监察、监督、管理、法制和全面管理。

现代的管理和法制是：无隐患管理技术；安全目标管理；安全系统工程；安全行为科学；风险评价技术；物流、人流定置管理。

3. 科学安全文化

科学安全文化又可叫安全科技，它影响着安全文化的品质和功能。安全科技在本质上处于文化的深层结构中，但在一般情况下，在安全文化的各个层次中都能见到它。

【093】安全文化有何特性

安全文化以保护人在从事各项活动中的身心安全与健康为目的。它以大安全观、大文化观为基础，是人们实现安全、健康、舒适、长寿、消灾免难的精神和物质的双重保障，是人类文化宝库中最重要、最基本、最宝贵的部分，其特性主要表现在以下七个方面。

（一）时代性

安全文化是人类文化的重要组成部分，是安全科学的基础。安全文化属于上层建筑，它的发展和繁荣受时间、地点、社会政治背景、经济基础、人口素质、科技条件及大众需求的影响，也受科技进步、国际形势、市场竞争的影响。

随着科技进步和现代管理水平的提高，人们对生命的价值有了新的认识，在建立正确的安全价值观的基础之上，倍加爱护自己的生命和别人的生命。人们在总体上不断提高自己的安全文化素质和防灾减灾、自救互救的技能。于是安全生产、安全生活、舒适生存的安全文化需求变得空前活跃，出现了质量安全文化、消防安全文化、环保安全文化、减灾安全文化、节能安全文化、企业安全文化、社区安全文化、校园安全文化、休闲安全文化、健美安全文化、食品安全文化、老龄安康文化等。这些新兴安全文化都表现了大众和社会发展的需求时代性。这些既有物质的安全文化，又有精神的安全文化，都符合时代发展的需求，是时代精神和人们生命价值观发生深刻变化的客观反映。

（二）人本性

安全文化是爱护生命、尊重人权、保护人的身心安全与健康的文化。它是以保护人的生命安全，保护从事一切活动的人的安全与健康，保护生命权、生存权、劳动权，维护人们应当享受的安全生产、安全生活、安全生存的一切合法权益的文化；它是以人生、人权、人文、人性为核心的文化；它是公开、公正地为保护大众的身心安全与健康，维护社会的安全伦理道德，推崇生命价值观和安全行为规范，调整人与人之间安全、关爱、和谐、友善的高尚文化；它是充分体现自尊、自信、自强的安全人格、人性的时代精神的文化。例如 2004 年的安全生产月活动的主题是“以人为本，安全第一”，充分体现了安全文化的本质，是人文关怀。

（三）实践性

安全文化是人类安全生产、安全生活、安全生存的实践活动。安全实践活动的经验和理论，经过传播、继承、提炼和优化，又应用于实践，指导实践，使安全活动更有成效，产生新的安全文化内容。没有安全文化的实践活动，就没有新的理论和现代安全科技方法和手段。正在发展中的安全文化是否合理，是否能为大众所接受，是否有益于建立安全生产的长效机制，也需要实践来证明。只有经得起实践检验，并不断充实、优化、创新的安全文化，才是符合时代发展和需要的文化。人们不要因为自己对安全文化的暂时不理解而忽略安全文化的实践活动，不愿参与由政府或企业组织的各项安全活动。因为真知源于实践，创新源于实践。没有大众安全文化的活动实践，安全文化就得不到优化和发展，安全文化就会成为无本之木、无源之水。大众的安全文化实践活动是安全文化丰富、发展的源泉和动力。

（四）系统性

安全文化的内涵丰富，涉及领域广泛，不仅体现在文化科学与安全科学的交叉与综合上，还体现在自然科学与社会科学的交叉与综合上。要解决人的身心安全与健康的本质和运动规律问题，必须以文化的观点，用系统工程的思路，综合处理的方法，建立安全文化系统工程的体系，应用各种科技手段，根据安全文化建设的总指标和分指标，对安全文化的总系统工程及分系统工程进行综合分析和计算，用以评价安全文化总系统和分系统的科学性、有效性。安全文化建设工程是一个复杂的系统工程，有安全文化技术工程系统，有安全文化社会工程系统，有安全文化非技术系统，有安全文化的自然科学和社会科学交叉的系统。只有采取现代计算机技术和信息技术，才能得到一个综合的、量化的、合理的安全系统。

（五）多样性

安全文化内涵丰富，安全文化活动涉及的领域和时空广泛。大众对安全文化接受的程度和安全文化素质，决定了安全文化的多样性特点。因此，安全文化既有生产领域的，也有非生产领域的，乃至整个生存环境都存在各具特色的安全文化。由于人们对安全问题认识的局限性和阶段性，在安全价值观和安全行为规范上存在的差异性，精神安全需求和物质安全需求的不同，必然会产生或形成各式各样的安全文化样式，为不同知识水平的人所接受。这种差异就使安全文化呈现了多样性。

（六）可塑性

文化是可以继承和传播的，不同文化还可以在融合中创新。文化可为不同社会、不同民族、不同国家接受。按时代的需求，按人们的特殊要求，可以使不同文化互相借鉴，优势互补，也可以进行融合再造，能动地、科学地、有意识有目的地创造出一种理想的新文化。例如，我国的注册安全工程师制度，就是把国外的类似制度与我国的国情相结合，创造性地推出了在国际上绝无仅有的中国特色的一项安全制度。美国有安全工程师协会，其会员是安全师，没有安全工程师一说；在我国的广东及一些地方建立了注册安全主任制度。在实践中，这两种制度，在各自的社会政治经济背景下，对企业安全生产起到了促进作用。又如，我国的安全生产管理格局也随着社会发展而不断地变化着，从“行政管理、国家监察、群众监督”到“企业负责、行业管理、国家监察、群众监督”，再到现在的“政府领导、部门监管、企业负责、群众监督、社会支持”的新格局。值得注意的是，这些在不同时期形成的管理格局，都是人们结合不断变化的实际情况预先提出来，并在实际工作中产生了积极影响的管理模式。

（七）预防性(超前性)

以安全宣传教育为手段，从培养人的安全意识、安全思维、安全行为、安全价值观入手，通过安全文化知识的传播，科普知识教育、三级安全教育、继续安全工程教育的途径，贯彻企业职工安全卫生教育管理规定，以及对决策层、管理层、操作层人员的安全文化知识教育，安全文化素质的提高，灌输了“安全第一，预防为主”的方针，宣传了人命关天，“责任重于泰山、隐患险于明火、防范胜于救灾”“安全第一，消防结合”“预防为主，治疗为辅”“预防为主，防治结合”的安全防范思想。

在任何时候都要坚持“安全第一”的原则，做到安全工作要超前，依靠先进的安全技术和安全系统工程成果，建立智能化、自动化的监测、预报和预先处理的安全隐患机制。对安全状态和环境要监控，要预测、评价和安全预报，对重大事故发生要有应急抢救和逃生的措施。在处理日常工作与安全的关系时，安全与生产矛盾时，要安全第一；在处理安全与经济工作关系时，要安全第一；在处理安全与行政工作矛盾时，要安全第一。安全第一，珍惜生命，要形成公众理念、大众的习俗。

【094】安全文化的九个要素是什么

油库安全文化是一个完整体系，内容很丰富，涵盖很广泛。具体归纳起来主要有以下九个要素。

（一）确立安全理念

安全理念是牢固树立在员工头脑意识中的安全意识和安全价值观，是安全文化的核心。安全文化建设也就是要把安全工作的指导思想通俗化、口语化、简明化，形成建设愿景、建设使命、核心理念以及安全文化的价值观，达成员工思想共识和心理认同。

（二）完善安全制度

安全制度是建立在国家法律法规基础上，校正和约束员工安全言行的无形力量，是安全文化的基础。安全文化建设就是要根据形势任务的不断变化，结合自身实际，把各项安全规章制度具体化、简洁化、本库化，给刚性的、冰冷的制度注入文化元素，使员工更加容易理解、接受和执行。

（三）严格安全管理

安全管理是安全文化的支撑。没有安全管理，安全文化就失去了依托。安全文化建设就是要在严格管理的基础上，注入人文特色，使管理更加具有人文关怀，使员工自觉自愿严格管理。

（四）严明安全责任

安全责任是安全文化的关键。安全文化建设就是要通过建立安全责任目标，融入“我执行、我安全、我快乐”等人文理念，不断增强各级各类人员做好安全工作的使命感和归属感，切实让“安全责任重于泰山”成为安全文化的主旋律。

（五）开展安全传播

安全传播是安全文化的载体。就是要通过运用多种媒体熏陶，让安全意识在潜移默化中进入员工思想，融入员工生活，使员工在不知不觉中产生一种自主约束；自觉把个人安全与员工形象、油库安危紧密结合起来，切实增强安全工作的主动性。

（六）推进安全科技

安全科技是安全文化的后劲。推进安全科技是安全文化建设的深层实践。安全文化建设不仅需要从思想上升级改造，更需要充分运用现代科技手段，使安全理念与安全实践有机统一，实现物态最大安全。

（七）提升安全素养

安全素养是安全文化的内涵要求。由于安全素养的局限性，很容易造成对事故和风险分析判断的失误。安全文化建设就是要提高员工安全素养，让他们拥有系统的安全知识与技能，不断提高从容应对各种复杂情况的能力。

（八）引导安全行为

安全行为是员工在日常工作、生活、学习中体现出来的行为习惯，是安全文化的外在表现。安全文化建设就是要在点滴积累和思想渗透中，不知不觉引导员工安全行为，使员工在循序渐进中把安全精神转化为自觉行为。

（九）建设安全环境

安全环境是指员工工作、学习、生活等场所的物态安全，是安全文化的本质属性。安全文化建设就是通过打造一流的安全环境，体现出对员工的安全保护，使大家时时处处有安全感。

【095】安全文化的核心理念是什么

安全文化的核心理念说得通俗一点就是观点，就是对事物的认识。在油库推广安全文化中，全体员工通过不断学习、不断总结，在认识上不断提高、不断深化。对安全文化的核心理念归纳如下。

（一）只有想不到的危险，没有不可控的风险观

俗话说得好：明枪易躲，暗箭难防。想不到的危险往往比想得到的危险更可怕，风险就存在于麻痹之中，只有事前把风险想细、想全，才能使危险得到有效避免和有效控制。关键是要能够见微知著、未雨绸缪，越是安全的时候越能够想到安全，越是在稳定的时候越想到稳定，只有始终提高警惕，居安思危，才能防患未然，把握安全主动权。

（二）“安全出战斗力，安全出保障力”的价值观

战斗力、保障力是建立在人员、装备和物资器材安全基础上的，唯有安全才能有效实现人装合一，才能使战斗力、保障力发挥出最大效能。保住了员工生命安全，保护了装备物资的安全，就是保住了战斗力和保障力生成的基础，就是提升了战斗力、保障力的效能，就是实现了人与物资装备的最大价值。

（三）“长效安全靠文化”的文化观

人们越能认识行为的意义，就越能产生行为的推动力。安全文化就是通过对各种安全制度、法规和安全知识的宣传、推广和普及，让员工充分认识到安全对个人、油库以及对整个社会的重要性，认识到违反安全规定的危险性和危害性，

从而在头脑中始终绷紧安全这根弦，增强风险意识和自我保护意识，主动减少和避免事故的发生。

（四）“安全永远是最薄弱环节”的认知观

安全是基础、是根本，是最薄弱的环节，它不是全局，却牵动全局；不是中心，但影响中心。确保安全是一个永恒的话题，它贯穿了我们工作、生活的全过程，包含了事物的方方面面，任何时间、任何地点、任何事情都会有安全问题存在，只是大小或早晚不同而已。只有对安全有了清醒的认识，才能在工作中规范操作，在检查中发现问题，在管理中防微杜渐，在落实中不打折扣。

（五）“以人为本抓安全”的人本观

人是影响安全的最主要因素。任何事故都可从中找到人的因素。因此，抓安全必须要从抓人开始，只有抓住人的思想才能抓住人的行为，只有抓住人的行为才能有效控制事故风险。同时，抓安全还要充分相信人、依靠人，只有这样才能把蕴藏在员工心里深处的价值实现感、成就欲、事业心、自尊、自爱、自强心理与主动性、创造性自然地倾泻出来，把工作做得尽可能好。

（六）“一切事故均可避免”的预防观

油库安全事故是可以预防的，不论是行政管理事故，还是业务管理事故，只要科学预防、提前设防、关口前移、超前分析，实行全员、全过程、全方位的综合治理，完全可以将隐患消灭在萌芽状态。

（七）“安全源于事业心”的责任观

事业心是干好一切工作的基础，更是确保安全稳定的前提。没有强烈的事业心，安全工作就失去了可靠的保障。只有不断增强事业心、责任感，才能真正打牢员工一心一意想事业、尽心尽职干工作的思想基础，使全体员工心系油库，遵守各项安全管理规定，执行各项规章制度，提高油库建设的安全度。

（八）“执行不打折扣、细节决定安全”的落实观

规章面前，没有万分之一的侥幸，只有百分之百的服从。聪明人以规章为准绳，精确执行，不打折扣，严格面对业务场所的每一个细节，用自己的安全行为换来一生的平安和油库的发展；愚蠢的人视制度为儿戏，心存侥幸，违章操作，不拘“小节”，对细小的安全隐患麻痹大意，必将自食其果，也给单位带来不可估量的损失。

（九）“安全是最大的节约”的效益观

安全是最大的效益，事故是最大的浪费。油库安全没有保障，员工的生命就会受到威胁，国家和油库的财产就会遭受无法弥补的损失。

（十）“一人安全，全家幸福”的亲情观

安全是幸福之本。一个人的安全不光是个人的事情，而是关系到全家幸福的大事。财富是宝贵的，但比财富更宝贵的是人的生命，一个人失去了生命，会给亲人、朋友带来无法估量的痛苦和哀伤，给社会造成沉重的负担。对于油库员工来说，高高兴兴上班，平平安安回家，就是带给家人最大的幸福。

（十一）“依靠全员实现安全”的主体观

一人把关一处安，众人把关稳如山。确保油库安全不是一个人、一个岗位或者一个专业的事，而是需要全员参与，依靠全体人员的力量实现油库安全。每名同志都要非常清楚安全是分内之事，人人懂得安全道理，个个都能善待生命，把安全第一作为业务工作的指导思想和行为准则，在各自的岗位上尽心尽职，全员、全过程、全方位保障安全。

（十二）“人人对安全负责，安全对人人负责”的辩证观

油库建设的性质决定了每个人时时处处都要以安全为前提，以安全为基础，做到管理到位、措施到位、技术到位、检查监督到位，切实对安全负责，把握安全管理主动权。同时，也只有安全工作抓好了，才能确保个人价值的实现，才能确保油库建设任务的完成，才能享受到快乐幸福的生活。

（十三）“安全没有任何借口”的执行观

安全就是旗帜，安全就是命令，安全就是方向。“安全没有任何借口”的执行观，就是让员工清楚担负的安全责任，摆正自己的安全心态，尊重客观实际，尊重事实依据，执行安全制度不打折扣，不谈价钱，不讲情面，在安全工作面前不论任务多重、困难多大，都要认认真真，雷厉风行，持之以恒，坚决执行，始终做到没有任何借口、无条件的服从。

【096】油库安全文化建设有何愿景、使命、目标与原则

推行任何事项必须有明确的愿景、使命、目标、原则，在油库中推行安全文化当然也是一样。只有这样，安全文化建设才会在油库顺利推行。

（一）油库安全文化建设愿景

只有安全发展才能协调发展，只有安全发展才能可持续发展，只有安全发展才能和谐发展。以文化的形式融入安全管理之中，让安全理念真正植根于员工头脑，扎根于员工的学习、训练、工作生活之中，创建出和谐的环境，形成“人人想安全、处处保安全、时时抓安全”的安全管理新局面。

（二）油库安全文化建设使命

安全是发展的基础，更是保障力的基础。油库安全文化就是要通过文化潜移默化的渗透作用，使员工形成一种惯性思维的模式，自觉将安全理念转化为所有员工的共同认识和心理认同，形成群体心理定势，既可通过明确的意识支配安全

行为，也可由潜意识产生安全行为，从而自觉关注油库建设的安全度，维护单位建设的前途和声誉，为油库的安全发展自觉贡献个人力量，为全面提升保障力打下坚实的基础。

（三）油库安全文化建设目标

油库安全文化建设的目标是增强油库全体员工的安全意识，提高安全素质，实现员工、油库及社会对安全的需求，在倡导“以人为本、关心人、爱护人”的基础上，把“安全第一”作为油库生产经营活动的首要价值取向，形成浓厚的安全氛围。油库安全文化建设的功能是：安全知识的教育和普及，安全法律法规和各项标准的健全，安全生产政令畅通，安全技术咨询方便，安全操作合格达标，安全预警预报系统灵敏好用，意外事故应急预案切实有效。由于安全文化是传统的硬性管理的一种补充，在油库倡导和推广，员工易于接受，使员工自身所需的安全真正成为其主观需要。这样，工伤事故就会大大减少，即使偶尔发生事故，其由主观因素所致的“三违”比例也会大减，伤亡和损失也会降到最低程度。

（四）油库安全文化建设原则

要搞好油库安全文化建设，实践证明必须遵循以下原则。

1. 吸纳管理精髓

油库安全文化绝不是另起炉灶，而是建立在油库多年来安全管理经验基础之上，既有对过去成功管理模式的梳理和总结，又有对现代管理模式的借鉴和运用，是现代管理安全科学应用的结晶，切实做到传承历史精髓、吸纳现代精华，从而形成富有时代特色的新时期后勤管理工作的新模式。

2. 融通文化内涵

文化有一种感染、熏陶、浸润的影响作用。当安全管理变成安全文化时，油库的各种安全规章制度就不再是印在纸上或贴在墙上的条条框框，而是变成了员工头脑里的一种理念，一种思维模式，安全的概念也在员工头脑中形成惯性思维，形成群体心理定势，既可通过明确的意识支配安全行为，也可由潜意识产生安全行为，大大增强员工主动承担责任和修正个人行为的自觉性，从而自觉关注油库建设的安全度，维护单位建设的前途和声誉。

3. 全员参与互动

油库安全文化是全员的文化，是全时空的文化，是全方位的文化，涵盖油库的各个专业和方方面面，具有广泛的群众基础，这就要求每个人都要积极参与进来，实现从被动参与到主动实践的转化，尤其是领导干部不仅要成为组织者，更要成为自觉践行者和落实者，切实让安全文化成为全体员工积极参与的文化。

【097】油库安全文化建设常用哪些手段

国内外油库安全文化建设的理论和经验表明，主要可采取以下六种办法和手段来建设油库安全文化。

（一）安全管理手段

采用现代安全管理的办法，从精神与物质两方面去更有效地发挥安全文化的作用，保护员工的健康与安全。一方面改善油库的人文环境，树立科学的人生观和安全价值观，在安全意识、思维、态度、理念、精神的基础上，形成油库安全文化背景；另一方面，通过管理手段调节“人、机、环境”的关系，建立一种安全文化氛围中的安全生产运行机制，达到安全管理的期望目标。例如，通过安全目标管理，安全行为管理，劳动安全卫生监督、检查，发挥行为管理作用，无隐患管理、预期型管理、油库安全人性化管理、油库安全柔性管理等，其各种途径的对象和目的集中于对人的重视和爱护。

（二）行政手段

发挥行业、油库内部的行政和业务管理中的一切办法，贯彻政府、行业的法规、条例、标准；保证执行安全生产的各种规章制度、操作程序、操作规程；坚持“三同时”，即新、改、扩建工程的劳动安全卫生设施必须与主体工程同时设计、同时施工、同时投产；坚持“五同时”，即在计划、布置、检查、总结、评比生产的同时，计划、布置、检查、总结、评比安全；严格执行安全生产的奖惩制度；加强事故管理；真正贯彻管“生产必须管安全”的原则，并落实到油库法人代表或第一责任人头上。行政手段要充分运用制度安全文化的功能，规范员工的行为，人人遵章守纪，防止“三违”现象，保护自己、保护他人、保障油库安全生产。

（三）科技手段

依靠科技进步，推广先进技术和成果，不断改善劳动条件和作业环境，实现生产过程的本质安全化，不断提高生产技术和安全技术水平。例如，应用和发挥安全工程技术，消除潜在危险和危害；用新设备、新工艺、新材料、新方法代替人的手工操作和笨重体力劳动，改善劳动环境，减少职业危害；采用防火防爆工程、现代消防技术、阻燃隔爆等方法，减少和防止油气爆炸和火灾；采用安全系统工程、安全人机工程、闭锁技术、冗余性技术，以及能量、时间、距离控制等技术，保障“人、机、环境”和谐协调运转，保护人与设备的安全。总之，利用安全文化的物质特性和物化的技术、材料、设备、保护装置，维护生产经营活动安全卫生地进行。

（四）经济手段

保障安全生产，不仅是保护员工在生产经营活动中的身心健康与安全，也不仅是减少意外伤亡事故及其经济损失，它还要体现生产技术与安全技术有机结合所产生的能动作用，使经济处于良性的正增长态势。特别是在市场经济条件下，怎样掌握经济规律及其杠杆作用，实现安全生产，创造良好的劳动作业环境，保障安全所需要的投入。怎样才能科学而合理地解决投入，如何能适应油库的安全文化和经济背景，以最小的安全投入取得最大的经济效益。例如利用安全经济的信息分析技术、安全产出的投资技术、事故直接经济损失计算技术、事故间接非价值对象损失的价值化技术、安全经济效益分析技术、安全经济管理技术、安全风险评估技术、安全经济分析与决策技术等，在安全投入、技术改造、兴建工程、安全经济决策、安全奖励等方面都显示出安全经济手段的重要作用。技术经济学和安全经济学的理论与实践是应用经济手段促进安全生产的理论依据。

（五）法治手段

进入21世纪以来，我国立法步伐加快，安全生产方面的法律法规以及国家标准、行业标准日益健全，无法可依的时代已经过去。因此，要充分利用安全生产和工业卫生的法律法规，以及政府部门依据这些法律法规制定的一系列行政规章和有关政策，对油库的安全生产状况，包括油库的生产改造、扩建、改建或新建工程、生产经营活动等进行安全监督和监察，利用安全法制规范人的安全生产行为。例如，宪法、刑法、工会法、劳动法、企业法、建筑法等法律中有关安全生产与职业病防治的条款；安全生产法、职业病防治法、消防法等专门法律；国务院颁布的“三大规程”和“五项规定”、危险化学品安全管理条例、工伤保险条例、建设工程安全生产管理条例等行政法规；有关安全生产的所有国家标准和行业标准；行业（部门）制定的各项安全生产规章制度等。用好这些法律规章和制度，保护油库员工的合法权益，保护其在劳动生产过程中的安全和健康。同时，也要用法制来规范员工的安全生产行为，依法惩治安全生产的违法行为。使每个员工知道遵章守法是公民的义务，是文明人对社会负责任的表现。

（六）教育手段

教育即教化，教者，传授、指导、培训，使之变也；化者，变之结果也。此教，乃社会之文教；此化，乃受教者之文化。换言之，教育的目的，就是把一个自然人塑造成一个社会人。再通俗一点讲，教育是一种传播文化，传递生产经验和社会经验，是促进世界文明的重要手段。员工的安全生产、生活以及社会公共安全的知识、态度、意识、习惯，可以通过科学技术和精神需求的教育、宣传、学习、升华不断提高。教育是培养和造就高素质人才的必由之路。油库的全员安全教育必须常抓不懈，不断提高，以适应安全科学技术的进步和现代安全管理的需要。例如，新员工的上岗安全知识、规章制度的培训教育，特殊工种资格培训教育，油库决策者、各级生产经营管理人员、安全主管人员的任职资格教育，安全法律法规及标准的告知，油库及其危险场所潜在危险的告知，安全科普、安全文化知识教育、员工家属安全文化教育等。通过各种宣传、教育的形式和手段，来影响、塑造符合油库发展和社会文明的安全文化人。全体员工不仅要具有安全生产技术、安全行为规范，还要有正确的安全观念、安全思维、安全态度、意识和应急反应能力，要有安全心理和安全的精神需求，达到真正健康与安全的状态。

安全工作是精神文明建设的重要方面，安全工作中的“三不伤害”的全部内容都包括在道德范畴里面，油库安全文化建设的出发点与归宿都是“三不伤害”。做到了“三不伤害”，你就是一个高尚的、有理想、有道德的人。因此，衡量一个人道德品质如何，高尚与否，就看其对安全的态度如何，就看其在生产指挥和操作中是否能做到“三不伤害”；而能不能做到“三不伤害”就反映出你的安全文化素质如何。“三违”是对“三不伤害”的直接否定，有“三违”习惯的人，无疑是品质低劣者；“三违”现象严重的油库，无疑是精神文明和道德建设极差的油库。例如，油库领导利用职权把配偶或子女从危险岗位调走，以减弱对危险部位的担心，或雇农村剩余劳动力干脏、累、苦、危害大、危险性强的工作；短期行为、违章指挥、鼓励冒险、重生产轻安全等。这既是安全问题，又是道德问题，这些问题都是油库从上到下最普遍、最习以为常的事情。人的行为一旦成了不利于人的习惯，实际上就演变为一种反文化的恶习，这是对生命的漠视，对人类自身的否定。因此，安全道德教育如同安全立法一样重要，应视为油库安全文化建设的当务之急，要下力气切实抓紧抓好。

【098】怎样对油库进行安全度评估

安全度评估是对该单位安全程度的评定，非商业油库部门专门制定了《油库安全度评估标准》，现摘编如下，供地方油库对安全度评估参考。

（一）油库安全度评估总则

（1）为建立科学、统一、规范的油库安全考核方法，加强对事故的预防预测，特制定本标准。

（2）本标准所称油库安全度是油库安全的可靠程度，油库安全度评估是指以

《石油库设计规范》《汽车加油加气站设计与施工规范》《油库管理规则》等规章制度为依据，以安全检查表为基本形式，通过考核油库主要设备、设施和安全管理的现状，发现危险因素和事故隐患，从定量与定性分析的结合上，对油库安全状况作出客观、公正的综合评估。

（3）油库安全度评估工作应当遵循“谁组织谁考核谁负责”的原则。

（4）本标准是考核油库安全程度的基本依据。

（二）油库安全度评估方法及评分标准

1. 安全度评估方法

油库安全度评估采用安全检查表的方法，实行评测单元、评估系统和油库三步骤的安全度基本评估程序。

（1）评测单元的划分：评测单元为基本的评估对象。评测单元的划分以油库设备、设施具有相对独立性为原则。

① 储油罐评测单元：

A. 洞式油库和带巷道的半地下油库储油罐以一条洞为一个评测单元。

B. 地面油库以储油罐组为评测单元。即以同一防火堤内所有储油罐为一个评测单元。

C. 独立的覆土立式油罐以 4 个罐为一个评测单元。按 4 个储油罐建立评测单元后，余数不足 4 个罐的，单独建立评测单元。

D. 卧式储油罐组、高位(架)罐、回(放)空罐，以各自独立罐罐组为一个评测单元。

② 装卸油作业设备设施评测单元：装卸油作业设备设施以每处为一个评测单元。如铁路装卸油作业设施、油船装卸油作业设施、汽车装卸油作业设施、灌桶设施、油泵房等。

（2）评估系统的划分：评估系统由若干个评测单元组成。从油库整体功能和全局安全出发，按照“整体、分类、合并”的原则，评估系统划分为储油系统、装卸油和输油系统、辅助作业系统、消防系统、防护抢救装备、安全管理系统 6 个评估系统。

2. 安全度评分标准

安全度评估采用三级判分体系。将油库设备、设施、安全管理中的不安全因素对人身及油库安全的威胁程度，分为高、中、低三级，0—1—4—8 用于高危险程度，0—1—3—5 用于中危险程度，0—1—2—3 用于低危险程度。在评定过程中，依据规范、标准、规程等安全技术要求，分为不符合要求、有严重缺陷、基本符合要求、符合要求等四种类型分别判分，见表 12-1。如有的安全状况介于相邻两种类型之间，其判分可取相邻类型之间的中间分。

表 12-1　油库安全度评估评分标准

项目	不符合要求	有严重缺陷	基本符合要求	符合要求
高危险程度	0	1	4	8
中危险程度	0	1	3	5
低危险程度	0	1	2	3

3. 安全度评分方法

(1) 采用汇报、查阅核对记录、座谈、考试、测试、实际操作演练等形式，综合应用眼看、耳听、鼻嗅、手触等人体功能，并借助必要的仪表、工具深入现场，根据“安全度评估表”所列评测项目和考评内容逐项评测判分，必要时可进行解体检查、测试。

(2) 无项及缺项的处理：

① 凡因油库不承担任务而缺少的项目、评测单元或系统，不进行评测，也不列入统计计算。

② 凡是油库应有而没有的项目，评测时判为“不符合要求”，并列入统计计算。

(三) 油库安全度评估计算方法及等级划分

1. 油库安全度评估计算方法

油库安全度评估计算方法，分为基本评估计算方法和综合评估计算方法两种。

(1) 油库安全度基本评估计算方法：

① 油库安全度基本评估计算由评测单元、系统、油库三个层次构成。

A. 评测单元安全度值计算公式见式(12-1)：

$$D_i = \text{评测单元内各项目实得分之和/评测单元内各项目应得分之和} \tag{12-1}$$

式中　D_i——任意一个评测单元安全度值。

B. 评估系统安全度值计算公式见式(12-2)：

$$X_i = \text{系统内各评测单元安全度值之和/系统内评测单元数} \tag{12-2}$$

式中　X_i——任意一个系统安全度值。

C. 油库安全度基本评估值计算公式见式(12-3)：

$$A = \text{各系统安全度值加权和}(\sum Q_i X_i) \tag{12-3}$$

式中　A——受评油库安全度基本评估值；

Q——任意一个系统权重系数。

② 系统权重系数：根据事故概率、危险程度等情况，综合确定各评估系统的权重系数值，见表 12-2。

表 12-2 系统权重系数分配表

系统名称	储油系统	装卸油和输油系统	辅助作业系统	消防系统	防护抢救装备	安全管理系统
权重系数	0.25	0.20	0.15	0.15	0.10	0.15

（2）油库安全度综合评估计算方法：

① 油库安全度综合评估计算是以油库安全度基本评估计算值为基础，再根据执行油库重要规章制度情况进行修正。计算公式见式(12-4)：

油库安全度综合评估值=油库安全度基本评估值
-油库重要规章制度执行情况扣分值 (12-4)

② 油库重要规章制度执行情况评估实行百分制，按其执行情况的好坏程度，分为优、良、中、低、差 5 个等级分别扣分，见表 12-3。

表 12-3 油库重要规章制度执行情况扣分标准

等级	≥90	≥80~90	≥60~80	≥40~60	<40
	优	良	中	低	差
扣分值	0	0.02	0.05	0.08	0.1

2. 油库安全度评估等级划分

将油库安全度综合评估值划分为 A、B、C、D、E 五个等级，分级标准见表 12-4。

表 12-4 油库安全度分级标准

级别	A 级	B 级	C 级	D 级	E 级
	优良安全型	安全型	基本安全型	临界安全型	不安全型
安全度综合评估值	≥0.95	≥0.90~0.95	≥0.85~0.90	≥0.80~0.85	<0.80

注：各级库站的定义如下：

1. 优良安全型油库：是指在现有编制、技术和经济条件下，油库安全性、可靠性达到满意的社会效益，即油库设备、设施、安全管理符合规范、标准、规程等规定的安全技术要求，预示着油库安全、可靠运行。

2. 安全型油库：指其设备、设施、安全管理与规范、标准、规程等规定的安全技术要求基本相符，但存在潜在危险性较小的不符合之处，预示着油库可安全运行。

3. 基本安全型油库：是指其设备、设施、安全管理与规范、标准、规程等规定的安全技术要求有部分不符之处，具有潜在危险，但不会马上构成危险。预示着油库运行中必须注意危险的转化，或采取措施消除危险。

4. 临界安全型油库：是指其设备、设施、安全管理与规范、标准、规程等规定的安全技术要求有较大的差距，具有严重的潜在危险，需要立即整改。否则，就可能导致油库运行中灾害事故的发生。

5. 不安全型油库：是指其设备、设施、安全管理与规范、标准、规程等规定的安全技术要求相差甚远，具有现实危险，如不立即整改，将导致灾害事故发生。

（四）油库安全度评估结论

（1）根据油库安全度综合评估计算值，确定油库安全度级别类型。

（2）对于评测中发现的不安全因素、事故隐患，应列出问题存在的部位、危险程度，并提出解决问题的办法或应采取的措施。

（3）对于油库安全度为D级的油库，其整体安全性已达临界状态，应立即采取措施，以保证油库安全运行；对于油库安全度为E级的油库，其潜在危险已相当严重，整体安全性已达到不能安全运行的状态，必须立即采取措施，并进行整顿。必要时应停止收发油作业，进行彻底整顿或改造，以防止灾害事故的发生。

【099】怎样对油库进行安全工作评价

安全工作评价是对本单位成员安全工作的态度与业绩的评定，非商业油库部门专门制定了《油库安全工作评价标准》，现摘编如下，供地方油库对安全工作评价参考。

（一）油库安全工作评价总则

（1）为全面、合理、客观地评价油库安全工作成绩，强化油库安全激励与约束机制，提高科学管理油库水平，特制定本标准。

（2）本标准所称油库安全工作评价是指将油库安全工作与油库实际贡献联系起来，综合考虑油库容量、收发供应量和油库安全度等因素，运用确立的评价指标，对油库一段时间内安全工作所做的定量分析。

（3）油库安全工作评价应当遵循“谁组织谁考核谁负责”的原则。

（4）本标准是上级机关考核油库安全工作成绩的基本依据，也是油库自我检查和整改的重要依据。

（二）油库安全工作评价指标

油库安全工作评价指标由安全度指标、连续无事故时间指标、业务主管任期内连续无事故时间指标、允认事故指标等四部分组成。

1. 安全度指标

安全度指标直接引用《油库安全度评估标准》的考核成绩，反映油库安全基础工作的好坏，在评价标准中占60%，满分为60分。其计算公式见式（12-5）：

$$Y_a = A \times 60 \tag{12-5}$$

式中 Y_a——油库安全度考核成绩；

A——油库安全度综合评估值。

2. 连续无事故时间指标

该指标反映油库安全工作的基本状况和稳定性，在评价标准中占10%，满分为10分，统计期为10年，事故影响逐年递减。其计算公式见式(12-6)：

$$Y_b = L \tag{12-6}$$

式中 Y_b——连续无事故时间考核成绩；

L——连续无事故年数。

3. 业务主管任期内连续无事故时间指标

该指标反映现任油库主管的安全工作实绩，在评价标准中占10%，满分为10分，统计期为整个任期，事故影响逐年递减。其计算公式见式(12-7)：

$$Y_c = R_w / R \times 10 \tag{12-7}$$

式中 Y_c——业务主管任期内连续无事故时间考核成绩；

R_w——任期内连续无事故年数；

R——已任期年数。

4. 允认事故指标

该指标是指在完成一定任务量的情况下，所发生某些差错的限度。在评价标准中占20%，满分为20分，统计期为二年，即考评年度的前一年和当年。其计算公式见式(12-8)：

$$Y_d = 20 - X \tag{12-8}$$

式中 Y_d——允认事故考核成绩；

X——发生事故的扣分数，见表12-5。

表12-5 发生事故的扣分标准表

安全计算容量 Q/万 m^3	发生事故等级	扣分数
$Q \leqslant 5$	等级事故	20
$5 < Q \leqslant 10$	四等事故	10
	三等事故	20
$10 < Q \leqslant 20$	四等事故	0
	三等事故	10
$Q > 20$	三、四等事故	0

注：1. 安全计算容量 Q=油库公称容量+三年平均收发量；

2. 发生一、二等事故者，扣20分；

3. 发生两次等级事故及以上者，扣20分；

4. 连续两年发生等级事故者，扣20分。

（三）油库安全工作评价标准

1. 安全工作成绩的计算

根据油库安全工作各项评价指标的考核结果，计算出油库安全工作成绩。其计算公式见式(12-9)：

$$Y=Y_a+Y_b+Y_c+Y_d \quad (12-9)$$

式中 Y——安全工作成绩；

Y_a、Y_b、Y_c、Y_d——符号含义同【099】。

2. 安全工作的等级划分

按油库安全工作成绩得分多少，分为 A、B、C、D、E 五个等级，见表 12-6。

表 12-6　油库安全工作成绩分级标准

级别	A 级	B 级	C 级	D 级	E 级
总得分 Y	≥95	≥90~95	≥85~90	≥80~85	<80

注：1. 如油库隐瞒等级事故，不论总得分多少，都评为 E 级；

2. 如油库隐瞒等外事故或重大事故苗头，最高只能评为 D 级。

（四）油库安全工作评价结论

油库安全工作评价结论是对油库安全工作总的评定，见表 12-7。

表 12-7　油库安全工作评价结论表

评价指标	标准值		成绩	备注
	代号	标准		
油库安全度	Y_a	60		
连续无事故时间	Y_b	10		
业务主管任期内连续无事故时间	Y_c	10		
允认事故	Y_d	20		
总得分	Y	100		
评语：				
考评结论：				

CHAPTER 13 / 第十三章

油库管理文件等编写问答

【100】怎样编制油库“规划”

油库一些“规划”，如“‘十二五’规划”“油库安全专项整治规划”“油库设备设施更新改造规划”“油库后勤综合配套建设规划”“油库近期发展规划”“油库远期发展规划”等，这些规划的编制，尽管内容类似，但其依据、结构、层次、思路、表现形式、篇幅长短都有差异，究竟怎样编制一份好的油库“规划”，值得探讨。

好的“规划”，虽无统一标准，编者认为应从以下几方面着眼。

（一）“规划”要符合上级要求

上级要求油库制定的“规划”，通常上级机关都有明确要求，编制时应准确领会上级要求的精神，吃透内容，理解实质，编制出符合上级要求的“规划”。

（二）“规划”要符合国情、行情

符合国情、行情，就是本行业油库“规划”的编制要考虑国家或本行业对油库经费投入的可能性。因为油库的建设经费最终来源于国家或本行业。

符合国情、行情，就要符合国家的方针政策和本行业的规定，如勤俭节约、节能环保、土地利用、安全防护等政策。

（三）“规划”要符合库情

符合库情，就是符合本库的实际情况。任何“规划”均要从本库实际出发，紧密贴切本库实际情况。比如：《油库安全专项整治规划》《油库设备设施更新改造规划》，则应首先找准本库存在的安全隐患或设备设施存在的问题。《油库后勤综合配套建设规划》，则应考虑本库的实际需要。《油库近期发展规划》《油库远期发展规划》，则应考虑本库的使命任务和发展的必要性和可能性。

符合库情，还表现在所定“规划”目标的高低应符合本库实际，要量力而行。太低了，不与时俱进；太高了，无法实现，达不到预期效果。只有高低适度，符合本库实际，才会激励全库员工的积极性和进取性，才会提高“规划”实现的可能性。通过大家努力，使“规划”实现了，才能体现“规划”的作用。否则，定个高不可攀的“规划”，大家无信心去努力实现，“规划”落空了，就失去了定“规划”的意义。或者定个不用怎么努力就会实现的“规划”，对本库也没有改观，这“规划”也没有意义。

（四）“规划”要符合国家及行业的规范、标准

“规划”的实施方案及技术措施，应有科学依据，而国家、行业规范、标准，是经过实践检验的科学总结。所以无论“油库安全专项整治规划”还是“油库设备设施更新改造规划”，都必须符合国家、行业的规范、标准。

（五）“规划”要结构合理、层次清楚

一些油库“规划”，结构有所不同。有的结构不尽合理，篇幅较长，重复较多，层次不清，逻辑性不强。

作者认为“规划”以如下结构为好：“规划”综合说明→油库基本情况→存在问题及原因分析→解决问题的方案及措施→列项、概算及汇总。这样的结构，层次清楚，逻辑性较强，不易重复，篇幅也不会太长。

“规划”综合说明，是对“规划”的高度概括，即“规划”的缩影，相当于书的前言和内容提要。“规划”综合说明应包括：编制“规划”的目的、依据，“规划”的组成，“规划”项目和经费的合计，“规划”实现后本库可达到什么标准或水平等。使领导及审批“规划”的上级，看了综合说明就可大致知道“规划”的基本内容。

油库基本情况，是编制“规划”的基础依据，应包括油库的历史沿革、编制、使命任务、功能定位、现有设备设施的保障能力、保障特点（或难点）等。

存在问题及原因分析、解决问题的方案及措施，这两部分也可合起来写。在每个问题后可接着分析原因、接着提出解决方案及措施。

列项、概算及汇总，可用列表的方式表示。

（六）“规划”要有显明的表现形式

一些油库“规划”，表现形式有所不同。有的全篇采用文字叙述，甚至在列“规划”项目时，章、节、条仍采用“规范”“标准”的层次并以文字编写的形式，如：1、1.1、1.1.1…2、2.1、2.1.1…。这种形式不适合用于“规划”的编制。因为这种形式表现不够显明，难以让人一目了然，篇幅还较长，看起来很费时间。

作者认为“规划”综合说明、油库基本情况、存在问题及原因分析、解决问题的方案及措施等可用文字叙述。但列“规划”项目、计算经费时，最好采用如表13-1的形式。这样一目了然，篇幅还不长，看起来很省时间。

表 13-1 ×××××“规划”项目表

编号	项目名称	单位	工程量	单价(元)	合价(万元)	整治原因	整治方案简介	备注
一								
1								
2								
二								
1								
2								
3								
综合说明	本“规划”共列大项目×项，子项目××项，共需经费××万元。其中已上报批复×项，下拨经费×万元，尚有×项需解决，尚缺经费××万元							

从表 13-1 编号中可以看出共列多少大项目，每个大项中包括几个子项目，并可看出大项目与子项目的关系。从项目名称中可以看出大项目和子项目的名称。从单位、单价中可以看出所选单位、单价的合理性。从工程量、合价中可看出各项工程规模和投资大小。从整治原因中可审查所列项目的理由是否充分。从整治方案简介中可审查所用解决方法是否合理可行。备注栏内可注明是否上报批复、下拨经费等。

表内综合说明也可写在表格前面，作为“规划”项目的表前引言，给审核者总体印象。

另外，为了使审查“规划”时不烦，在“规划”第一页封面上应写出“规划”名称、编制单位、编制时间；第二页可列出“规划”目录，使其可大体了解“规划”的总体结构和基本内容；第三页为“规划”综合说明。看了这 3 页，审核者可立刻知道本“规划”的总盘子。究竟盘内的项目列得合理与否，必然要接着看后边的内容。这就是“规划”的形式所起的作用。

【101】怎样编制油库全年计划和年终总结

计划是工作开始前的安排，也是制定要达到的目标和完成任务的措施。总结是工作后的回顾和检查，是继续提高的加油站。所以对于每个要求上进的单位和个人，计划和总结是必不可少的一项进步措施。

（一）怎样编制油库全年工作计划

1. 定计划的必要性

国家有五年规划，有年度计划。有些人也是“五年有规划、年年有计划、月月有安排、周周有想法、天天有打算”，他们的体会是“计划使工作不乱，计划使工作不累，计划使效率提高，计划使任务按时完成”。

每个企业、每个油库年初也应定出全年的工作计划，提出全年要完成的任务，达到的标准、指标，奋斗目标等。使全库人员明确今年干什么、怎么干，做到心中有数，可见定计划的必要性。

如有的油库今年的总目标是由二级库晋升为一级库，则在上年底就定了今年的计划，并在年初在全库做动员，吹响了今年晋升一级油库的号角。

2. 年度计划的内容

（1）今年的奋斗目标：如有的油库计划今年的奋斗目标是由一级晋升到标兵级。当然目标定的要确合实际，定得太高达不到，定得太低发挥不了大家的积极性。

（2）全年要完成的任务：首先应考虑上级给本库的任务，如收油、发油任务等，这是必须完成的；再根据本库实际，考虑应搞的工作，如设备维修保养等。

（3）任务分配及工作分工：任务分到单位，工作分到个人。分工负责，增强单位和个人的责任心，也便于库部检查落实。

（4）提出完成任务的办法及措施。

（5）制定完成任务的时间安排。

3. 定计划的方法步骤

定年度计划通常分以下四个步骤：

第一步，库领导下达定计划的任务，通常这任务应下达给业务处。

第二步，业务处制定出年度计划初稿。

第三步，库领导办公室对计划初稿进行修改后，发有关部门及人员征求意见。

第四步，库领导办公室再行修改定稿。

（二）怎样撰写油库年终工作总结

1. 撰写年终工作总结的原则

年终工作总结是自我对过去一年的回顾，目的是肯定成绩、找出不足，总结经验，吸取教训，所以应遵循以下原则：

（1）年终工作总结应遵循实事求是的原则，不应夸大，也不应缩小。

（2）年终工作总结应遵循既要全面不漏项又要突出重点的原则。

（3）年终工作总结应遵循总结成绩为主、表扬为主的原则。

（4）年终工作总结应遵循与年初工作计划对照、与本库纵向比较的原则。

2. 年终工作总结的内容

年终工作总结是汇总全年的工作，所以内容要全面，要照顾到单位及个人，要指出好与差的两个方面，要与年初计划对照，要上升到理性，总结出经验及教训。

（1）全年完成的任务及工作。

（2）对照年初计划，哪些任务完成了，完成得怎么样；哪些任务没有完成，是什么原因。

（3）工作中表现好的单位及个人，有何先进事迹。

（4）总结经验及教训。

3. 年终工作总结的方法步骤

年终工作总结通常分三个步骤：

第一步，各部门、各班组座谈讨论。总结全年的成绩，并找出不足的地方；评选出先进单位和先进个人。

第二步，汇总大家意见，写出年终工作总结。

第三步，开总结大会，宣讲年终工作总结，表扬先进单位和先进个人。

【102】怎样编制油库应急处置预案

油库是着火爆炸的危险单位，油库应急处置预案编制和演练是油库安全管理的重要措施，油库应急处置预案有多种，但编制的单位、要求、程序及注意事项大同小异。

（一）编制应急处置预案的单位及要求

油库应急处置预案一般由油库业务部门负责编制，政治、管理、保管和检修等部门的有关人员参加。

油库应急处置预案的编制要求是：应结合油库实际；按照突出重点、兼顾一般的原则；分析、确定应急情况预想；采用文字和图表相结合的形式；做到文字简练、图表清晰、数据准确。

（二）编制应急处置预案程序

油库应急处置预案编制程序一般按照下述程序进行：成立组织→收集整理资料→研究分析情况→实施编制→演练修改→上级审批。

（1）成立编制小组。编制小组应由油库业务处负责，政治处、保管队和检修所等单位的有关人员参加。学习有关规定要求和技术规范，明确编制任务。

（2）收集整理有关资料。进行实地勘察和情况调查，掌握本油库地理环境、区域布局、建(构)筑物、设备设施等情况。

(3) 研究分析情况。根据油库的体制编制确定预案中的组织机构与人员配备；选定所需设备、装备的类型和数量；经过反复论证，选定应急情况处置的战术、技术，进行必要的工艺设计；研究确定预案中各类预想情况的处置方法、手段和措施。

(4) 实施编制。根据研究分析的结果编撰提纲→撰写文字→绘制各类图表，形成符合有关规定和技术规范要求，满足油库现有条件的初步预案。

(5) 演练修改。按照制定的初步预案进行演练，广泛征求意见，进一步修改完善。

(6) 上级审批。将编制、修改完善后的预案，经油库主任审查后报上一级业务主管部门审批。

(三) 编制应急处置预案的注意事项

(1) 编制过程中如油库现有设备设施不符合有关规范要求时，应先进行整改，再编制预案。在未完成整改之前，应制定临时补救预案。

(2) 与驻地附近有关部门协同，制定应急情况处置协作方案。

(3) 油库上一级业务主管部门须按照油库编制的应急情况处置预案，组织油库进行演练，审验预案。

(4) 应急情况处置预案应当分类装订成册，报上级油料管理部门备案。

(5) 应急情况处置预案应当每年修订一次，如有情况变化，及时进行局部修订。

油库应急处置预案是油库平时进行演练的依据，油库有关人员要熟悉预案内容，油库每年应组织进行两次演练，并对演练情况进行登记和总结，为今后修订预案准备第一手资料。

【103】怎样编制油库安全作业应急处置预案

为了油库作业的安全，所以应预想作业中可能发生的险情，制定油库安全作业的应急处置预案。此处主要介绍油库安全抢收抢发、安全抢险与安全抢修应急处置预案的编制，避免在作业中发生险情时束手无策。

(一) 油库安全抢收抢发应急处置预案的编制

抢收抢发应急处置预案中应充分体现“立足平时装备，适应灾害需要，保障快速高效”的原则。

1. 抢收抢发应急处置预案主要内容

抢收抢发应急处置预案主要内容包括以下 8 个方面：

(1) 任务分析。根据油库储存物资情况、应急工作要求，确定应急保障对象和任务。

(2) 组织机构。油库抢收抢发分队的人员组成、分工和任务。

(3) 作业场地。预设的抢收抢发作业场地位置及状况。

(4) 装备配置。抢收抢发作业所需装备的配置情况、技术参数及维护管理要求。

(5) 工艺设计。为抢收抢发作业而进行的工艺流程设计和技术参数确定。

(6) 作业准备。抢收抢发分队的集结地点、行动方式、路线和通信手段，以及到达作业场地的时间。

(7) 作业实施。根据不同的情况预想，分别明确以下内容：

① 警卫、消防力量部署和防护伪装措施。

② 抢收抢发力量部署和任务区分。

③ 抢收抢发装备的展开程序。

④ 收发作业实施方法和程序。

⑤ 收发作业中的安全要求和措施。

⑥ 抢收抢发装备的撤收程序。

(8) 附录。主要包括抢收抢发装备配置表、抢收抢发作业场地布局图、抢收抢发作业工艺流程图、驻地附近保障力量情况表等。

2. 抢收抢发应急处置预案的要求

抢收抢发应急处置预案一般应符合以下 6 条规定：

(1) 应成立抢收抢发分队，通常下设指挥组、技术保障组、作业组、消防警戒组和后勤保障组，各组人员从平时担负相同任务的人员中抽组。指挥组组长由油库领导或业务处处长担任。

(2) 抢收抢发情况预想应根据油库的实际情况确定，通常分为铁路、水路、公路收发设备设施遭到严重破坏而需要紧急收发作业或临时需要紧急快速扩大油库收发能力等情况。

(3) 油库应预设铁路、水路抢收抢发场地和汽车抢发场地各 1 处。铁路抢收抢发作业场地应设置在距收发油栈桥 200~1000m，并靠近铁路专用线的地域；汽车抢发作业场地应设置在靠近公路、便于车辆进出的地域；水路抢收抢发作业场地根据水域和船只停靠等情况确定。

(4) 油库应在油罐区或主干输油管路上预设有满足抢收抢发需要的接口，并配备备用管线。

(5) 油库应配备机动式油料抢收抢发作业装备，其收发能力须满足油库实际收发能力的 30%以上，并应集中存放在库房内便于进出的位置。

(6) 抢收抢发作业展开时间应在20min以内。采用电动式油泵作业时，其自发电设备能够满足用电要求。

(二) 油库安全抢险应急处置预案的编制

抢险应急处置预案中应充分体现“反应快捷，控制及时，处置得当，排险有效”的原则。

1. 安全抢险应急处置预案的主要内容

(1) 任务分析。根据油库洞口位置、油罐、管线建造年限等情况，确定战时或发生自然灾害时可能出现重大危险情况的部位，分析抢险任务的特点。

(2) 组织机构。油库抢险分队的人员组成、分工与任务。

(3) 装备配置。抢险作业所需装备的配置情况、技术参数及维护管理要求。

(4) 作业准备。参加抢险人员的集结地点、行动方式路线、通信手段和到达不同抢险地点的时间。

(5) 作业实施。根据不同情况预想分别明确以下内容：

① 警卫、消防力量部署；

② 抢险力量部署和任务区分；

③ 抢险人员的防护手段；

④ 抢险作业方法、程序和完成时间；

⑤ 抢险作业中的安全要求和措施；

⑥ 与上级及驻地附近抢险队伍协作抢险方案。

(6) 附录。主要包括抢险装备配置表、油罐作业工艺流程图、上级及驻地附近抢险队伍情况表。

2. 安全抢险应急处置预案的要求

(1) 油库应成立抢险分队，通常下设指挥组、抢险组、消防警戒组和后勤保障组，各组人员从平时担负相同任务的人员中抽取。指挥组组长由油库主任担任。

(2) 抢险情况预想应根据油库的实际情况确定，通常分为洞口被炸、洞库爆炸、油罐、管线跑油、漏油、发生自然灾害而需要进行紧急排险等情况。

(3) 油库抢险装备可在应急抢修装备的基础上，根据抢险任务需要配置，并应集中存放在库房内便于进出的位置。

(4) 备用储油罐应根据油库的工艺流程和储存油品情况确定。

(5) 抢险人员在没有防护装具的情况下，严禁进入洞库、罐室、管沟等危险场所排险作业。

(三) 油库安全抢修应急处置预案的编制

抢修应急处置预案中应充分体现“工艺科学，操作简捷，安全可靠，机动快速，先恢复后完善”的原则。

1. 安全抢修应急处置预案的主要内容

(1) 任务分析。根据油库主要设备设施情况、可能遭受破坏或损坏的部位，分析需要担负的抢修任务。

(2) 组织机构。油库抢修分队的人员组成、分工与任务。

(3) 装备配置。进行抢修作业所需装备的配置情况和技术参数以及维护管理要求。

(4) 作业准备。抢修人员的集结地点、行动方式路线、通信手段以及到达主要抢修地点的时间。

(5) 作业实施。根据不同情况预想分别明确以下内容：

① 警卫、消防力量部署。

② 抢修力量部署和任务区分。

③ 抢修作业人员的防护手段。

④ 根据不同情况预想的抢修作业方法、程序和完成时间。

⑤ 被抢修设备的质量要求及检查验收方法。

⑥ 抢修作业中的安全要求和措施。

(6) 附录。主要包括抢修装备配置表、抢修工艺设计图、驻地附近抢修力量情况表等。

2. 安全抢修应急处置预案的要求

(1) 油库应成立抢修分队，通常下设指挥组、抢修组、消防警戒组和后勤保障组，各组人员从平时担负相同任务的人员中抽组。指挥组组长由油库领导或业务处处长担任。

(2) 抢修情况预想应根据油库的实际情况确定，通常分为管线破损、油罐渗漏、栈桥、油泵房、汽车零发油亭损坏等需要紧急修复的情况。

(3) 油库应配备应急抢修装备，其配置应能满足抢修任务需求，进行动火和不动火修理。应急抢修装备应集中存放在库房内便于进出的位置。

(4) 经抢修后的设备应符合安全要求，能够正常运行，满足使用需要。

【104】怎样编制油库突发情况应急处置预案

油库突发情况是难以预测但又可能发生的事件，为了加强油库安全防范工作，提高预防突发性事件的应变能力，搞好自防自救，增强职工自我保护意识，确保人身和财产安全，油库在受到外界力量威胁时，在岗人员应立即进行应急处置，确保油库安全。为此，油库应制定防范突发事件应急处置预案。

（一）报警

(1) 发生突发事件时，由警卫人员按警铃通知在库人员，并及时报告值班主任。

(2) 用内部电话通知在岗人员。

(3) 视情况打110报警台，请求公安机关前来处理。同时，报上级值班人员或直接报上级领导，预案应有领导电话、上级值班室电话。

(4) 报警时应简明扼要地说明事发地点、性质、主要情况等。

（二）情况处置与防范设备器械

1. 情况处置

(1) 集合地点一般在油库前大门内侧附近，或者其他适合的位置。

(2) 警卫值班人员(或发现情况者)应及时报告值班主任，并对肇事者进行劝解教育，尽量防止事态进一步扩大。

(3) 在库人员听到警报或接到通知时，应迅速赶到出事地点，按照领导的指令果断进行处置。

(4) 领导在处理突发事件时，要判断情况正确、处置果断有效。

2. 安全防范设备器械

(1) 器械配备。警卫、巡检、值班主任拟各配一支警棍。

(2) 根据油库具体情况，将器械配放在适当位置。

（三）突发性事件可能的几种情况

(1) 社会闲杂人员在油库大门外寻衅闹事。

(2) 个别不法分子怀着政治目的或个人目的，企图入库进行破坏。

(3) 不法分子企图入库盗窃。

(4) 酒后闹事。

(5) 其他危及油库财产和人员安全的行为。

（四）平时预防突发事件的措施

(1) 加强安全教育，组织员工进行实地演练，熟悉方案内容，提高安全防范意识和防范能力。

(2) 值班人员坚守岗位，落实巡检制度，值班主任夜间不少于三次巡查，安全员和消防队按规定时间进行巡检，及时发现，并整改安全隐患。

(3) 加强与周边单位、居民和公安部门联系，搞好治安防范工作。

(4) 油库财务人员要严格按财务管理制度规定，做好现金管理工作。

(5) 每月与治安联防单位召开一次简明社情会，及时掌握社情动态。

(6) 警卫人员要坚守岗位，陌生人员来库办事、找人，不得单独入库，警卫人员可联系被找人后，由被找人员陪同方可入库；夜间禁止人员入库(上级检查除外)。

【105】怎样编制油库自然灾害应急处置预案

油库自然灾害是难以预测但又可能发生的事件，为了加强油库安全防范工作，提高应变能力，搞好自防自救，增强职工自我保护意识，确保人身和财产安全，所以应编制自然灾害应急处置预案，特别是防汛和防震一定要有应急处置预案。

（一）防汛应急处置预案的编制提要

1. 制定预案的原则

（1）组织原则：油库防汛应急处置预案，应服从油库的统一领导，坚持“局部利益服从全局利益，一般工作服从全局工作”的基本原则。

（2）协调原则：防汛应急处置工作应与油库日常行政管理、安全管理、消防管理协调一致，在防汛应急处置实施过程中应具有权威性，应充分调动各部门积极性，密切配合，共同实施。

（3）灾害发生的危害：防汛应急处置预案应考虑洪水给油库引起的意外事件，如储油输油设备设施的损坏，油品流失，进而引发火灾，甚至随着洪流扩大蔓延。

（4）预案使用范围和启动条件：预案制定后，报上级备案，凡油库发生洪灾时，预案开始启动。

2. 组织机构与职责分工

（1）组织机构：

① 油库应成立防汛应急处置领导小组，设组长和副组长各 1 名。组长由油库主管担任，副组长由油库书记担任，成员由各部门领导参加。

② 防汛应急处置预案，一般设有抢险组、设备设施保护组、后勤保障组。

（2）职责分工：

① 领导小组：负责防汛应急处置的组织指挥。组长任总指挥，负责现场组织、指挥、协调工作，副组长协助组长工作。

② 抢险组：一般由保管、勤务、保卫等部门组成，负责洪灾中物资的抢救、重要物资器材的转移、库区积水排出等。

③ 设备设施保护组：一般由设备管理和检修部门组成，负责储输油设备设施的保护和抢修。

④ 后勤保障组：一般由物资、行政管理、医疗卫生部门人员组成，负责受伤人员抢救、物资保障。

3. 应急处理原则

（1）领导小组实施防汛应急处置的组织指挥，应执行上级部门有关指示、要求、预案，根据上级指示和要求组织应急处置的实施。

（2）根据油库所处区域可能发生洪水大小、库区可能受洪水危险的区域、灾害程度，制定预案。

（3）在雨季前和雨季中应经常与当地气象部门联系，及时了解和掌握汛情，设置天气预报牌，向全员通报天气情况和汛情（有的地区不见雨而空发洪灾，如雪山周围流域）。

（4）协调好各小组的抢险、救灾、医疗、救护、消防、安全、保卫、物资救援和保障等工作。

（5）向上级负责预案的实施。

4. 应急物资

（1）根据油库可能受威胁的区域、危害程度，确定防汛物资数量，并明确取土部位。

（2）主要防汛物资有编织袋、铁锹、雨具、胶鞋、手电筒、电池等。

（3）防汛物资应指定地点存放，不得挪作他用。

5. 预案演练

（1）每年进行一次预案演练。

（2）演练结束后，及时对排水设施维修、保养，恢复正常。

（3）及时填写预案记录，根据演练中发现的问题修改完善预案。

（二）防震应急处置预案的编制提要

处于地震区域的油库，应加强破坏性地震的应急处置管理，地震发生后，最大限度地减轻因地震及其次生灾害而造成的损失，充分利用现有条件和行业优势，为震后恢复工作和作业创造有利条件。为此，油库应制定防震应急处置预案。

1. 制定预案的原则

（1）组织原则：油库防震应急处置预案，应服从油库的统一领导，坚持“局部利益服从全局利益，一般工作服从全局工作”的基本原则。

（2）协调原则：防震应急处置应与油库日常行政管理、安全管理、消防管理协调一致，在应急处置实施过程中应具有权威性，调动各部门的积极性、组织能力，密切配合，共同实施地震后抢救工作。

（3）灾害发生的危害：由于油品的危险特性，决定了油库因地震引起次生灾害的严重性。地震极易造成油罐和工艺管道的破坏，引起油品流失、火灾、污染环境等次生灾害，甚至其危害远远大于地震本身造成的灾害，油库应急预案应充分考虑这些问题。

（4）预案使用范围和启动条件：预案制定后，报上级备案。预案适用于油库所在区域发生6级以上地震，当地震发生时，预案开始启动。低于6级的一般破坏性地震按日常管理程序处置。

2. 组织机构与职责分工

（1）组织机构：

① 油库应成立防震应急处置领导小组，设组长和副组长各1名。组长由油库主管担任，副组长由油库书记担任，成员由各部门领导参加。

② 防震应急处置预案，一般设抢险组、设备设施保护组、后勤保障组。

（2）职责与分工：

① 领导小组：负责地震应急处置的组织指挥。组长任总指挥，负责现场组织、指挥、协调工作，副组长协助组长工作。

② 抢险组：一般由保管、勤务、保卫等部门组成，负责震后受伤人员和重要资料、物资、器材的抢救等。

③ 设备设施保护组：一般由设备管理和检修部门组成，负责储输油设备设施的抢修。

④ 后勤保障组：一般由物资、行政管理、医疗卫生部门人员组成，负责人员救治、物资保障。

3. 应急处理原则

（1）领导小组实施应急处置指挥时，应执行上级部门有关指示、要求、预案，根据上级指示和要求组织应急处置的实施。

（2）协调小组的抢险、救灾、医疗、救护、消防、安全、保卫、物资救援等工作。

（3）在地震区域的油库，应向地震部门了解可能发生地震的情况，特别是在发出地震预报时，应组织检修和保管人员，处理好油罐的防护，如断开油罐与工艺管道的连接、检查工艺管道软管连接部位等。

（4）向上级负责实施预案。

4. 预案演练

（1）每年进行一次预案演练。

（2）演练结束后，及时填写预案记录，修改完善预案。

【106】怎样编制油库消防预案

油库是着火爆炸的危险场所，消防灭火是必须掌握的手段。所以消防预案必须提前编制，按照消防预案进行消防演练是油库全员的必修课，消防灭火技术是全员必须学会的本领。

（一）编制消防预案的原则

消防预案中要充分体现以下五条原则：

（1）“预防为主，防消结合”的消防工作原则。

（2）“统一指挥，协同配合，准确迅速，机智勇敢，保证安全”的灭火战斗行动原则。

（3）“准确、迅速，集中兵力打歼灭战，先控制、后消灭”的灭火战术原则。

（4）“救人第一，减少损失”的救灾原则。

（5）“就近快速，机动灵活，保障重点，兼顾一般”的供水原则。

（二）消防预案的主要内容

消防预案主要包括下列七个方面的内容：

（1）基本情况。油库地理位置、周边环境、交通道路、区域划分、主要业务设备设施和储存物资等情况。

（2）组织机构。油库消防组织的人员组成、分工与任务。

（3）消防力量。油库消防人员、装备和消防设备设施情况；驻地附近消防力量的位置、人员、装备、到达油库时间、联系方式和联防等情况。

（4）报警信号。消防区域的划分及报警信号形式、处置方法和传递过程。

（5）灭火准备。消防人员到达各消防区域的集结地点和时间；火场指挥部设立位置。

（6）灭火方案。按照火情预想分别制定不同的灭火方案，方案中要明确以下内容：

① 火场警戒区域、人员和任务。

② 火情侦察的组织方法与人身保护措施。

③ 抢救人员的组织方法。

④ 灭火力量部署和任务区分。

⑤ 灭火所需要的消防器材及消防泡沫和冷却水数量。

⑥ 进行灭火战斗的展开地点、装备位置及使用的消防设备设施。

⑦ 根据火势变化而进行的灭火战术、方法和程序。

⑧ 防止火灾蔓延的方法和措施。

⑨ 物资疏散措施和保护方法。

⑩ 火场清理及善后处理方案。

（7）附录。主要包括油库消防配置图、消火栓定位布局图、消防用水和泡沫量计算书、消防车技术性能表、消防器材配备表、消防报警系统布局图等。

（三）消防预案的要求

消防预案一般应符合以下七条规定：

(1) 油库应成立消防领导小组，通常下设指挥组、灭火组、通讯联络组、火场供水组、医疗抢救组、警戒保卫组、后勤保障组，各组人员从平时担负相同任务的人员中抽组。指挥组组长由油库主任担任。

(2) 火情预想应根据油库的实际情况确定，通常分为洞库火灾、半地下油罐火灾、地面油罐火灾、铁路收发油作业区火灾、油码头火灾、汽车零发油作业区火灾、油泵房火灾、输油管线火灾、库房火灾、电气火灾和其他火灾等。

(3) 火场指挥部通常应设在接近火场，便于观察、指挥、联络且比较安全的地点，并设置明显标志。

(4) 火场警戒区域应依据火灾规模确定，通常把距火源(油罐)下风方向不少于120m、距其他方向不少于100m的地区划为火场警戒区域。火场警戒区域的边缘应设置明显标志。

(5) 油库消防队(班)接警出动时间不超过1min，消防车到达火场时间不超过5min，火情侦察、战斗展开时间为3min。

(6) 固定消防设施的消防泵流量、扬程应满足灭火需要，能在5min内启动出水。

(7) 使用移动式泡沫灭火设备时，应放置在地势较高且在火源上风方向的地段，并要与火源保持一定的安全距离，泡沫消防车不小于25m，移动泡沫炮宜保持在30m。

(四) 消防灭火的方法

消防预案应根据不同火灾类型采取不同的灭火方法，油库常见火灾情况及应采取的灭火方法如下：

(1) 地面、半地下油罐火灾：通常采用冷却、隔离灭火法。通常应启用固定、半固定或移动式泡沫灭火设备灭火，并对着火罐和相邻罐进行冷却。

(2) 洞库火灾：通常采用封闭窒息灭火法，即关闭、封堵洞库门和通风、透气口洞。

(3) 油罐测量口、油罐车装油口、油盆等火灾：通常采用覆盖灭火法，即迅速采用石棉被等覆盖物盖严火灾部位。

(4) 油料流散火灾：通常采用拦堵、分割与覆盖灭火法，通常应迅速采取拦堵措施，防止火势蔓延，用泡沫、干粉、消防砂等覆盖灭火。火场面积较大的火灾，可采取泡沫、干粉联用的方法进行灭火。

(5) 电气火灾：通常应迅速断电，选择符合要求的灭火器具进行灭火，严禁使用泡沫和水进行灭火。

【107】怎样撰写“专业学术文章”

撰写专业学术文章是专业技术干部必须有的能力素质，晋级晋职或晋升技术职称的一个重要条件。

（一）怎样才能写出“专业学术文章”

学术研究类文章，通常是科研成果的总结或学术问题的探讨，这应有实验研究成果或坚实的专业理论基础，写出这类文章确实不太容易，但工作探讨类文章就相对容易一些。要想写出“专业学术文章”作者认为应从以下几方面努力。

1. 刻苦学习专业知识，钻研专业问题，夯实理论基础

随着社会的发展、科学的进步，新理论、新技术、新工艺、新设备、新材料的不断涌现，即是专业人员也必须紧跟形势，刻苦学习专业知识，钻研专业问题，才会不落伍、不掉队。对于非专业人员，更应如此。

2. 要做好专业事，干好专业活，积累实践经验

在专业岗位的人，要安心本职工作，做好专业事，干好专业活，在实践中磨炼、实践中提高、实践中产生灵感、实践中发现问题、实践中总结提高，水到渠成，即可成文章。

3. 注意收集、积累专业资料，准备文章素材

文章素材是靠日积月累的，要边读书学习，边写笔记，记下心得体会；参观专业展览、参加专业研讨、听专家讲课、听学术报告，都要勤动脑、勤动手，记下核心要点。将收集、积累的专业资料，经过思考、总结、提高，发现新的亮点、规律性的东西、值得大家共享，即可动笔写成文章。

4. 加强文化修养，提高文字水平，增强写作能力

会写文章，特别是能写出好的文章，不是几日之功，必须加强文化修养，提高文字水平，增强写作能力，没有捷径可走。

要加强文化修养，提高文字水平，就必须多读书、多看报。要增强写作能力，就必须勤动笔、多写作。开始可能写不好，不会被发表。越写越会好，一定会发表。功夫不负有心人，铁柱也能磨成针。

（二）怎样写好“专业学术文章”

写好“专业学术文章”应思考以下几个问题。

1. 文章名称的选择

文章名称的选择很重要，好的文章名称，可以吸引读者。文章名称的选择应着眼下面几点：

（1）名称应选当前急需的题材。

（2）名称要选超前的、有指导性的、别人还未想到的。

（3）名称要醒目、新颖、独特。

（4）名称应能反映全文内容。

（5）名称尽量简短，不宜太长。

2. 文章结构的设计

搭建文章结构很重要，需要反复思考、反复修改。按框架→提纲→目录等顺序，不断完善、不断细化。在编写过程中，还需要不断修改、调整。

文章结构要系统性、逻辑性强，条理、思路清晰，让读者好看、好查、好用、好记。

3. 文章核心的突显

核心突显就是主题突出、显明。文章要有新内容、新亮点，避免陈旧、过时的东西。文中可以引用别人的东西，但要慎重，应注意以下几点：

（1）别人的科研成果、专著中的核心内容，未征求本人同意，不得引用。

（2）别人编写的书中通用资料（公式、定律、公理），可以引用。

（3）自己主编或参编的书中内容，可以引用。

（4）规范、标准中的内容，可以引用。但军队或国家保密内容不得引用。

4. 文章表现手法

文章的表现手法，也就是文章的叙述形式，这也很重要，也是吸引读者的方法，通常应注意以下几点：

（1）语言要准确，文字要简练。语言准确，才会使读者看得明白；文字简练，才能让读者看得不烦。另外，一篇文章，不宜整篇文字，不分段落、不分条点、平铺叙述，否则也让读者厌烦。

（2）用表格形式表达。表格形式篇幅短，一目了然，还有对比的效果。文章中穿插表格，很适合写论文。

（3）用插图形式表达。对应插图表叙，同样可一目了然，更易让人看懂，并给予深刻影响，篇幅也不会长，这种形式也很适合写论文。

（4）用曲线形式表达。学术文章中能有曲线，表明文章有一定技术含量，提高了文章的档次，也会吸引读者阅读的兴趣。

（5）巧妙地应用字体、字号。根据文章结构层次设大小标题，巧妙地运用不同的字体、字号，也可起到突出重点、吸引读者注意、加深影响的效果，这一点也不可忽视。

【108】怎样编写“专业书”

（一）写书应先激发写书动力

写书的动力来源于“奋斗目标”“写书欲望”。

（1）奋斗目标：即对自己的要求和要夺取的成果，这是写作的动力。没有奋斗目标，就没有动力。

体会：一个成功的人，长期应有理想，短期应有目标。

（2）写书欲望：即写书的兴趣、目的、动机。有兴趣才愿意写；目的、动机正确，才会写出读者喜欢的作品。

体会：有欲望，有目的，才有兴趣；有兴趣，有目的，才不感觉累。

（二）写书应抓紧时间，订好计划

（1）时间是有的，但要去抓。“时间如流水，只能流去不能回”。本书第一主编的第一本书《油库工艺设计手册》（80 万字），主要是利用业余时间写的。第一主编在夫人 6 年多病重期间，编写出版了两本手册：2007 年出版了《油库建设与管理手册》（80 万字），2009 年出版了《油库设计实用手册》（100 万字）。

（2）抓住了时间，还要合理安排，这就要订计划。

体会一：计划使工作不乱，使工作不累，使效率提高，使任务按时完成。

体会二：五年有规划，年年有计划，月月有安排，周周有想法，天天有打算。

体会三：目标是要夺取的成果，计划是夺取成果的时间表。

（三）写书应先立稳三根基柱

第一根基柱，注意收集、积累资料。

体会一：高楼是由无数建材堆积而成，脑子里没有素材是不会写出书的。

体会二：收集资料既要靠平时积累，也应有临时针对性地收集。

第二根基柱，加强文学修养。

要多看书、多思考、多总结，学习每本书的书名、选材、结构、亮点、写作艺术、表现手法等等。

第三根基柱，提高文字水平。

准备个小本子随手记，注意收集积累词汇、成语，要分类存放并设标记，这样便于查找、选用。

（四）写书应有的七种技巧

第一，选题确定书名的技巧。

选题确定书名应考虑以下三个方面：

(1) 选现时急需的题材，最好选择市面尚无或市面虽有但已不符合现行规范标准。

(2) 选超前的、有指导性的，别人还未想到，或考虑还不全面的。

(3) 书名要醒目、新颖、独特、简短，反映全书核心。

第二，搭建书的框架、结构的技巧。

框架、结构的搭建要系统性、逻辑性强；条理、思路清晰；篇、章、节、大点要层次分明，前后照应；框架、结构的搭建要由粗到细，由提纲逐渐到目录，由篇、到章、再到节、直到大点；并应边编写、边修改、边完善。成书后让读者好看、好查、好用、好记。

第三，选择书中内容与亮点的技巧。

书中应有新鲜内容，避免陈旧、过时的东西，绝对不能有过时的规范标准。要有闪光点，即新亮点。

第四，满足出版要求的技巧。

每个出版社可能有不同要求，所以事先应了解该出版社的要求，按其体例要求编写，减少返工。

第五，发挥自己优势的技巧。

发挥自己的专业或写作专长，表现出自己的风格、特点，这样才能发挥自己的优势。

第六，选择书的表现形式及手段的技巧。

采用什么表现形式及手段，不同类型的书有所不同。

(1) 教材形式：篇、章、节。

(2) 标准规范形式：1，1.1，1.1.1。

(3) 不宜成片文字叙述，不应不分段落、不分条点。

(4) 最好有表格、数据、曲线、插图，并分条、分点论述。

(5) 巧妙地应用字体、字号、框图等手段，突出重点、吸引读者注意，加深影响。如写投标的标书、发言稿，这一点尤其重要。

第七，写“结束语”或“编后记”的技巧。

写“结束语”或“编后记”：要提示使用该书的读者注意事项，如《油库设计实用手册》的结束语缩编如下，供参考。

在手册的最后，作者再次感谢本书所参考文献的作者及对本书给以支持的单位和同行；真诚欢迎读者对本书提出宝贵意见；在此还想对使用本书提点注意事项。

(1) 对本书所列规范、标准使用时的注意事项：………

(2) 对书中所列材料设备的资料使用时的注意事项：………

(3) 对书中所列计算公式和技术数据使用时的注意事项：………

(4) 对书中所提的设计原则、思路、方法、技巧、图例等使用时的注意事项：书中所提的设计原则、思路、方法、技巧、图例等，是作者多年实践中的体会，提出来与同行探讨，不是非遵守不可的规定，设计时仅供参考。

(五) 写书应走的八步法

第一步，检索相关图书、资料，评估写书的必要性和可能性。

通过检索：若同类图书、资料较多，就没有必要再写；若同类图书、资料一点没有，写成的可能性很小或难度很大，也不宜选择。

第二步，收集筛选相关资料，吸取有用的素材。

在检索相关图书、资料的同时，及时收集相关资料，接着进行筛选，吸取有用的素材。再选取平时积累的相关资料。

第三步，搭建框架→逐渐细化成提纲→目录。

搭建框架很重要，需要反复思考、反复修改，不断完善、不断细化，由框架→提纲→目录。在编写过程中，还需要不断修改、调整。

第四步，按目录分别摆放收集的素材。

将筛选的有用素材和平时积累的相关资料尽量都用上，按目录分别摆放其应在的位置。这一步作者称其“堆写”。“堆写”不考虑文字修饰和语言顺畅，只要素材摆放的位置对即可。

第五步，深入思考，确定应保留或缺失的素材。

“堆写”到目录内的素材是否适合，应深入思考。不合适的去掉，缺什么再找资料补上，这一步称为“粗写”。“粗写”也不管文字修饰和语言顺畅，只是再审查一下选材对不对、素材少不少。

第六步，反复修改、文字加工。

在“粗写”的基础上再反复修改，使前后次序、内容相接顺畅，去除重复，然后再文字加工。

第七步，编排表号、图号、公式号等。

在基本定稿后，内容不再可能增加或删去时，再编排表号、图号、公式号，宜按章排序，不宜全书为一个序号。

第八步，反复校对，防止出错。

在基本定稿后，再校对。特别是数据表格，一定要定稿后再校对。

校对的方法如下：

① 对公式、数据、规范标准、定律、引用成果等重要内容，要与原稿认真反复比对。

② 对你熟悉的或你写的内容，则不必比对，直接查看就可以。

③ 对于有顺序的表号、图号、公式号，应从前往后逐项顺对。

④ 对于有对应关系的，如目录与文中章、节、标题，应比对校审。

⑤ 不能光靠一人校对，最好请多人校对。

⑥ 不能光靠别人校对，作者最少应校对一次。

⑦ 作者不只是满足校对，在校对中还应注意思考是否有需要修改的地方，或者是否有错误的地方。当然同行能这样校对，找出错误，作者应深表谢意。

（六）写书体会七字经，牢记“有”“才”10句话

“有理想，才有成就”；

“有欲望，才有兴趣”；

“有计划，才能不乱”；

“有总结，才有提高”；

“有积累，才能成山”；

“有胆略，才出成果”；

“有虚心，才能完美”；

“有精细，才有精品”；

“有严谨，才少出错”；

“有吃苦，才能成功”。

【109】怎样重整油库业务资料室

（一）重整业务资料室的步骤方法

第一步，学习业务资料室的新标准。

为了搞清楚不同类别资料的区别，应逐类学习、深入体会其内容、含义、要求，以便重新调整资料的类别。

第二步，将原来资料，重新分类。

对现有资料仔细审阅，重新分类，由原来旧标准的分类重新按照新标准分类。

第三步，对照新标准，找出淘汰与缺失资料。

在对现有资料仔细审阅的过程中，同时找出应淘汰的资料与尚缺失的资料。

被淘汰的资料是指没有保存价值的业务资料，主要包括：已拆除建(构)筑物的工程图纸；已淘汰或报废的设备档案；过时淘汰的电脑软件；已超过保存期的作业凭证、业务报表、账册、登记统计资料等。

缺失的资料是指应当有而现在没有和丢失的有用资料，这些资料都应补上。

第四步，审批淘汰资料，补充缺失资料。

淘汰资料切勿轻易销毁，须经有关人员及领导审批通过，按保密规定处理。

缺失资料应分工负责，调查收集，缺失的资料要组织人补写，丢失在其他地方的资料，要尽快找回来。

第五步，编号造册，归档保存。

为了便于查找资料，对保存资料的柜、架、盒及盒内资料应进行编号，即编柜号、架号、盒号及盒内资料的类号和序号。同时应输入电脑、刻成光盘，还应打印装订成“业务资料登记册”，按保密规定归档保存。

第六步，锦上添花，提升看点。

为妥善保管和美观，对破旧的资料应加封面和封底重新装订。

根据保存资料的柜、架结构形式，在柜面上可设计图案、表格，表示柜号及柜内存放资料的类别和主要内容。这样可锦上添花，提升看点。

（二）油库新型业务资料室的亮点

（1）油库业务资料室：是了解油库全貌、保存油库工程资料、设备档案、技术资料、业务书籍、作业凭证等资料的重要场所，是上级来检查、领导来视察的必看之地。因此重整业务资料室时，应创造几个亮点，如油库沙盘、相册、六图、资料编号造册及柜架标志等，给人以焕然一新的感觉。

（2）油库沙盘：是油库缩小的模型。可形象看到油库的全貌，如油库地形、建(构)筑物、作业场所、管线走向，还可形象看到洞库剖面、作业流程。若用电子沙盘，表现得更加灵活多样。

（3）油库相册：是直观记载油库发展变迁、上级检查、首长视察各项活动等的珍贵资料。照片加文字编辑，比单纯文字资料则更形象、更美观。

（4）油库六图：绘制成彩图，挂墙展示，与沙盘对应，也是个很好的看点。

（5）资料编号造册及柜架标志：不但查找资料方便，柜架标志好的图案设计也是个看点。

（三）“油库表、图”的要求与绘制

1. 表的要求与填写

应数字准确、项目齐全、字迹整洁。

如果要挂在墙上，则应考虑美观大方。颜色及大小应与墙面协调，表格线条粗细、字体字号选择应适当，表格长与宽比例应好看，表大小宜相等。表在墙面上的布置，其高低、间距既要考虑美观，也要利于观看。

2. 图的要求及绘制要点

要求方位准确、比例适当、版面适宜、字迹工整、图例与线条符合绘图要求，并对每幅图都有原则要求。

（1）油库总平面布置图的要求及绘制要点：油库总平面布置图，应在油库地形图上标出库区范围、油库分区、各区的建(构)筑物等。如：油罐及储油区，各种管线，铁路、公路、水路收发设施，业务、办公、生活建筑，库内道路、绿化等。为了表明油库的方位，还宜将其周围相邻的单位及标志性的建(构)筑物标注出来。图中还应有相关说明、指北针、图例、标题栏等。

油库总平面布置图应有比例，一般为 1∶1000、1∶2000 或 1∶5000。

油库总平面布置图，根据不同用途可有不同表示重点和内容。为油库施工用的总平面布置图，还应标出建(构)筑物的坐标和标高；为油库管理用的总平面布置图，可不标出建(构)筑物的坐标和标高，甚至可不标出地形等高线。

为了清楚显明，油库管理用的总平面布置图表现手法和技巧还应注意以下几点：

① 库区围墙界线应划粗线，围墙外其他单位的建(构)筑物及地形等高线应划颜色浅的细线。

② 建(构)筑物应编号、列表，注明名称、大小及结构形式等。若建(构)筑物的边框内够大时，也可将名称、大小及结构形式直接写在框内。

③ 建(构)筑物及道路的边框内宜涂颜色，油罐、管线的颜色应符合上级统一规定。

④ 图中表格、说明、指北针、图例、标题栏应布置在适当位置，大小也应适中，使整个图幅协调。通常指北针在图上角，标题栏在右下角。

（2）油库工艺流程图的要求及绘制要点：油库工艺流程图是表示油品的流动过程，是标注库内储输油的罐、泵、管、阀等设备组成的系统。油库工艺流程图的绘画技巧有以下几点，供参考。

① 油库工艺流程图按设计阶段和用途，可有 3 种。在方案设计时可画方块工艺流程图；在扩初设计和施工图设计时可画平面工艺流程图；轴侧工艺流程图，有立体感，美观易懂，为管理用最好选择这一种。

② 书本上讲，油库工艺流程图无比例、无方位要求。但是为了好看、好懂，油罐等大型设备宜有大小的区别。储油区、作业区、油泵站等的方位宜与总平面图方位相一致。

③ 为了使图面清晰，且体现储油区、作业区、油泵站等的完整性，宜将这些建(构)筑物用细线框起来，并标名称。

④ 罐、泵、管、阀应根据不同油品，按上级规定涂不同颜色。罐、泵、阀尚应编号。管线应标出管径，线条粗细、间距大小应与整幅图相适应。

⑤ 油库工艺流程图上还应有图例、说明、标题栏等，其位置的考虑同于油库总平面布置图。

（3）油库物资储存布局图的要求及绘制要点：

① 油库物资储存布局图，即在总平面图上，列表注明油罐和库房的编号、容量、面积，存放物品、数量、质量、性质。

② 图上也应有图例、说明、标题栏等，其位置的考虑同于油库总平面布置图。

（4）油库供应保障区域图的要求及绘制要点：油库供应保障区域图，即在合适的地图上，标注油库距铁路公路干线、码头、县、市和大的供应单位的相对位置和距离。这幅图的绘制方法步骤如下：

第一步，统计本库所供应保障的大单位及所在的省区。

第二步，用电脑上网选择合适的地图下载，或购买合适的地图拍照或扫描输入电脑。

第三步，用电脑在所选地图上标出本油库及所供应保障的大单位。

① 在图上标注单位的符号、字体、字号时，其颜色、大小、位置应与图幅相协调。

② 图上也应有图例、说明、标题栏等，其位置的考虑同于油库总平面布置图。

第四步，列表注明本油库所供应保障的大单位的名称、地址、与本库的距离。标注油库距铁路公路干线、码头、县、市与本库的距离。

（5）油库联防警卫图的要求及绘制要点：根据联防警卫方案，在油库总平面图上，用作战防卫的特定符号，标出防卫目标、战斗区域、防御工事、联络信号、兵力配置、集结地域等。图上也应有图例、说明、标题栏等，其位置的考虑同于油库总平面布置图。

（6）油库发展规划图的要求及绘制要点：

① 根据油库中、长期发展目标，绘制中、远景规划图。

② 规划应符合国家和行业的建设方针、设计规范，应技术先进、安全可靠、经济合理、切合实际，应合理利用地形、充分利用原有道路，新老建筑注意协调等。

③ 在图上表示新规划的与原有的建(构)筑物时，应有明显区别。

④ 图上也应有图例、说明、标题栏等，其位置的考虑同于油库总平面布置图。

【110】油库应承担哪些任务、员工应怎样做好本职工作

(一) 油库应承担哪些任务

油库管理的基本任务是贯彻落实油库规章制度，管好储存和供应的油料，使用管理油库设施设备，确保油库安全。具体要求如下：

(1) 油库管理工作应当遵循“统一计划、保障供应，勤俭建库、注重效益，作业规范、确保安全”的原则。

(2) 油库管理应当以油品储存供应为中心，以安全工作为重点，按照业务工作制度化、设施设备标准化、作业程序规范化、保障手段信息化、库区建设园林化的要求组织实施。

(3) 油库工作人员应当热爱本职工作，认真履行职责，掌握专业技能，积极完成各项任务。

(4) 按照上级的计划、指示，安全、及时、准确地做好油品的收发、保管和供应工作。

(5) 正确使用、管理油库各项技术设备和建筑设施，及时检查维护、计划维修，使之经常处于良好状态，达到完好标准。

(6) 搞好油库安全管理，组织实施油库消防、警戒防卫，搞好库区绿化、伪装和环境保护工作，确保油库安全。

(7) 搞好技术人员的业务培训，不断提高全库人员的业务技术水平；不断进行技术革新，逐步提高油库信息化管理水平。

为完成上述任务，油库领导必须认真贯彻执行油库管理的规则、规范和条例，执行上级有关的指示，全面加强油库建设，提高油库科学管理水平和供应保障能力，以适应国民经济建设和国防建设需求。

(二) 油库员工应怎样做好本职工作

油库是储存能源的地方，保密性很强，它又是易燃易爆的场所，安全管理要求很高，所以对员工的素质要求很高，包括政治、思想、文化、学历、专业、业务等素质，这些素质在油料行业的不同系统各自都有具体要求，但大同小异。但对油库中不同职位、不同业务的人员要求有所不同，本题仅对员工做好本职工作的共性要求加以归纳。

职位不分高低，岗位没有好坏，作为一名油库员工，应安分守己，自强自律，要做到如下 8 条：

(1) 要遵纪守法，做一名合格的中华人民共和国公民。

(2) 服从领导，听从指挥，遵守油库的各项规章制度，做一名称职的员工。

(3) 积极努力，做好本职工作，不折不扣地完成组织交给的任务。

(4) 团结协作，密切配合，圆满完成集体的任务。

(5) 努力学习，提高创新能力，迎接新的工作，干一行爱一行。

(6) 按制度管理，按规程操作，保证设备和人身安全。

(7) 遵守保密守则，保守国家、行业和油库的秘密。

(8) 爱库如家，关心库内事情，献计献策，争取为油库作出贡献。

参 考 文 献

[1] 总后勤部油料部．油库技术与管理手册[M]．上海：上海科技出版社，1997.

[2] 马秀让．钢板贴壁油罐的建造[M]．北京：解放军出版社，1988.

[3] 马秀让．石油库管理与整修手册[M]．北京：金盾出版社，1992.

[4] 马秀让．油库设计实用手册[M]．北京：中国石化出版社，2009.

[5] 马秀让．地下混凝土钢衬里油罐钢板外表面的防腐[J]．油气储运，1983，2(1)：28-29.

[6] 林香发，史学杰，马秀让．用注水加压法修复吸瘪油罐[J]．油气储运，1996，15(1)：40-43.

[7] 马秀让．油库安全整修必须强化“规范”意识[J]．军用油料，1991，(2)：9-10.

[8] 马秀让．对报废钢板离空油罐整修改造方案的探讨[J]．军用油料，1993，(4)：14-16.

[9] 马秀让．油库工程问题探讨之一——单罐容量的选择[J]．军用油料，1994，(4)：21-23.

[10] 马秀让．油库工程问题探讨之二——油罐几何尺寸的选择[J]．军用油料，1994，(5)：16-17.

[11] 马秀让．油库工程问题探讨之三——油罐基础设计[J]．军用油料，1994，(6)：9-10.

[12] 马秀让．油库工程问题探讨之四——油罐组防火堤设计[J]．军用油料，1995，(1)：12-13.

[13] 马秀让．油库工程问题探讨之五——半地下油罐结构形式浅谈[J]．军用油料，1995，(2)：3-4.

[14] 马秀让．油库工程问题探讨——埋地卧式油罐的基础设计[J]．军用油料，1996，(3)：6-8.

[15] 马秀让．油库工程问题探讨——立式油罐及其罐区的消防[J]．军用油料，2001，(2)：30-32.

相关图书推荐

书号：978-7-5114-5840-7
定价：48.00 元

书号：978-7-5117-5905-3
定价：52.00 元

书号：978-7-5114-5760-8
定价：48.00 元